中等职业教育"十二五"规划教材

中职中专计算机类教材系列

计算机组装与维护

袁红梅　主编

科学出版社

北　京

内 容 简 介

本书是以中等职业技术教育培养目标的要求和计算机维修工国家职业标准为依据编写的，以"项目制"为主线，将各章的技能实训操作贯穿于知识讲授中，并介绍了当前各种主流配件的性能指标和选购要点，形成清晰的技能知识与实训有机结合的构架，是一本实用性很强的技能型教材。

本书详细介绍了各种当前计算机主流配件的分类、技术特性、选购原则、基本工作原理、常见使用和维护方法，以及如何将它们组装成一台多媒体微型计算机，如何合理进行软硬件设置、测试及优化；还简要介绍了硬盘初始化的方法及 Windows XP 的安装，常见驱动程序的安装，克隆软件的基本操作等；叙述了多媒体微型计算机系统的故障形成原因，维修步骤和原则，常规检测方法，以及日常的维护与维修；讲解了网络基本知识及简单局域网的组建及设置方法。本书配有大量的图片，以详细、直观的步骤讲解相关操作，易于读者理解和掌握。

本书可以作为中等职业学校的教材，也可以作为参加全国各类计算机职业技能认证考试的教学用书和自学用书。

图书在版编目（CIP）数据

计算机组装与维护/袁红梅主编 . —北京：科学出版社，2008
（中等职业教育"十二五"规划教材·中职中专计算机类教材系列）
ISBN 978-7-03-022440-8

Ⅰ. 计⋯ Ⅱ. 袁⋯ Ⅲ. ①电子计算机-组装-专业学校-教材②电子计算机-维修-专业学校-教材 Ⅳ. TP30

中国版本图书馆 CIP 数据核字（2008）第 097428 号

责任编辑：韩　洁/责任校对：耿　耘
责任印制：吕春珉/封面设计：耕者设计工作室

科学出版社 出版
北京东黄城根北街 16 号
邮政编码：100717
http://www.sciencep.com

北京虎彩文化传播有限公司 印刷
科学出版社发行　各地新华书店经销
*

2008 年 7 月第一版　　开本：787×1092　1/16
2019 年 7 月第八次印刷　印张：15 3/4
字数：357 000

定价：38.00 元
（如有印装质量问题，我社负责调换〈虎彩〉）
销售部电话　010-62134988　编辑部电话　010-62138979-8203

编 委 会

前　　言

中等职业技术教育是培养与社会主义现代化建设要求相适应，德智体美全面发展，具有综合职业能力，在生产、服务、技术和管理第一线工作的高素质劳动者和中级专门人才。本书是以中等职业技术教育培养目标的要求和计算机（微型计算机）维修工国家职业标准为依据编写的。学习本教材后，学生（尤其是计算机专业的学生）能熟练掌握微型计算机系统的基本部件的性能、使用方法、常见故障的维修，有较为过硬的组装微型计算机和系统设置、测试及系统维护、维修和优化的动手能力，通过考核将成为国家职业标准规定的中级计算机（微型计算机）维修工。

本书编写时将知识点与专业技能训练有机结合，将学科技能教育与计算机技能考试相适应，从最有利于学生学习的角度组织教材，充分体现了"以学生为主体"的主导思想，达到教学与认证考试一体化。在内容组织方面，以"必需、实用"为本，以"够用、适度"为纲，形成清晰的技能知识与实践有机结合的框架。

本书详细介绍了各种当前主流配件，如主板、中央处理器、内存条、软盘驱动器与软盘、硬盘驱动器、光盘驱动器与光盘、显示卡与显示器、声卡和音箱、打印机、扫描仪及相关网络设备等部件的分类、技术特性、选购原则、基本工作原理、常见使用和维护方法，及如何将它们组装成一台多媒体微型计算机，如何合理进行软硬件设置、测试及优化；简要介绍了硬盘初始化的方法及 Windows XP 的安装，常见驱动程序的安装，克隆软件的基本操作；叙述了多媒体微型计算机系统的故障形成原因，维修步骤和原则，常规检测方法及日常的维护与维修；讲解了网络基本知识及简单局域网的组建及设置方法。

袁红梅任本书主编，参加编写的还有王慧娴、王默和许沽。如需本书的素材、课件、习题答案可与作者联系（yuanhm1968@sohu.com），也可到科学出版社网站（www.abook.cn）下载。

由于作者水平有限，书中难免出现缺点和错误，敬请广大读者批评指正。

项目一

计算机基础知识概述

知识目标

- 了解计算机的发展史
- 了解计算机的特点、应用和分类
- 掌握计算机的常用术语和系统组成

技能目标

- 掌握计算机的应用领域
- 熟练应用计算机常用术语
- 能够掌握计算机系统的组成
- 能够区分常见系统软件和应用软件

1.1   计算机的起源和发展历程

世界上第一台电子计算机 ENIAC（Electronic Numerical Integrator and Calculator）于 1946 年诞生于美国宾夕法尼亚大学，这台电子计算机使用 1.88 万个电子管，1 万个电容，7000 个电阻，6000 个继电器，机重 30t，占地 170m²，需要 150kW 的电力才能启动。整个计算过程在程序控制下自动执行，中间无需人工干预，每秒可做 5000 次加法运算，或 500 次乘除法运算，工作 1 小时完成的计算量相当于 100 个人用手摇计算机计算两个月。ENIAC 被认为是电子计算机的始祖，它开创了电子计算机的历史。

1945 年，美籍匈牙利数学家冯·诺伊曼博士在研究 ENIAC 的基础上，提出了"程序内存式"计算机的设计思想，1946 年他又提出了计算机的基本工作原理。由于冯·诺伊曼在计算机逻辑结构设计上的伟大贡献，他被誉为"计算机之父"。冯·诺伊曼提出的计算机基本工作原理主要内容为：计算机由运算器、控制器、存储器、输入设备、输出设备组成，程序和数据在计算机中用二进制数表示，计算机的工作过程由存储程序控制。

电子计算机诞生后的半个世纪，构成计算机硬件的电子器件发生了几次重大的技术革新，计算机的发展经历了电子管、晶体管、集成电路和大规模集成电路及超大规模集成电路时代，现在正在迈入人工智能时代。

由于制造工艺的不断进步，计算机正在向巨型化和微型化两极发展。按照计算机规模，并参考其运算速度、输入/输出能力、存储能力等因素划分，通常将计算机分为巨型机、大型机、小型机、微型机等几类。微型机也称为微机、个人计算机或 PC（Personal Computer）机。1981 年，美国 IBM 公司推出了第一台个人计算机，从此，人们对计算机不再陌生，计算机开始深入到人类生活的各个方面。

PC 机按其技术特点大致可以分为桌面 PC 和便携式 PC（也称笔记本电脑）两大类，这两类 PC 机的核心技术是一致的，所不同的是，笔记本电脑采用了一些专门技术，以缩小体积减少功耗，增加抗震性能等。

1.2   计算机常用术语

掌握常用计算机术语对于后面的知识学习会起到很大的帮助。

1. 数据与信息

计算机要分析处理各种数字化内容，通过预先设置的程序进行加工，最后得到人们想要的结果。通常所说的数字化内容，即数据，而内容本身就是信息。

信息是计算机通过语言、文字、声音、图形、图像等信号表示、传送的实际内容。信息不能独立存在，它需要转化为某种物理形式存在，即通常所说的数据。数据的形式会随着物理媒介的改变而发生变化。比如，一首歌，用磁带录制下来，用 CD 刻录出来，在磁带上，数据是磁性强度不同的磁信号；在光盘上，数据是深浅不同的凹坑；但是数据记录的信息是相同的。

在计算机中，所有的数据都是以二进制编码的形式存在的。

2. 计算机系统使用的数制

按进位的原则进行计数，称为进位计数制，简称"数制"。在计算机中，由于电路固有的通断特性，决定了计算机采用 0、1（二进制）代码来表示数据。

二进制，逢二进一，用数字"0"和"1"表示，通常写成 $(1101)_2$ 或 $(1101)_B$。表 1.1 是部分十进制数所对应二进制数表。

表 1.1 部分十进制数所对应的二进制数表

十进制	二进制	十进制	二进制	十进制	二进制
0	0	5	101	10	1010
1	1	6	110	11	1011
2	10	7	111	12	1100
3	11	8	1000	13	1101
4	100	9	1001	14	1110

3. 数据的存储单位

由于计算机中的数据是以二进制编码的形式存储的，因此采用二进制数的长度作为度量单位，来衡量数据、空间的大小。

计算机中常用的存储数据的单位有位、字节等。

（1）位

位（bit）也称比特，在计算机中就是一个"0"或"1"，记为 bit 或"b"，这是最小的信息单位，也是存储器的最小组成单位。

（2）字节

字节（Byte）由 8 位二进制数构成，记为 Byte 或"B"，字节是度量存储器容量大小的基本单位。

（3）字和字长

字是计算机内部 CPU 进行数据处理的基本单位，通常它与 CPU 内部的寄存器、总线宽度等一致。一般将计算机数据总线所包含的二进制位数称为字长。字长为 16 的 CPU，就称之为 16 位 CPU，使用 16 位 CPU 的计算机，就称之为 16 位计算机。

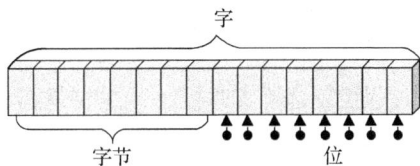

图 1.1 字、字节、位之间的关系

如图 1.1 所示为字、字节、位之间的关系。

4. 编码

当在键盘上敲击一个字母 A 时，显示器会显示一个 A 字符，计算机怎么会知道所敲的是字符 A 呢？这主要是编码的结果。在计算机中把一个字符用一串固定的二进制代码来表示，即编码。如 ASCII 码用 7 位的二进制数表示一个字符，EBCDIC 码用 8 位的二进制数表示一个字符。

5. 运算速度

运算速度通常用每秒钟计算机所执行指令的条数来表示，单位为 MIPS（Million Instruction Per Second），即每秒钟运行百万条指令的意思。

1.3　计算机的应用

计算机技术的发展迅速推动着整个社会的发展。计算机应用主要表现在以下几个方面。

1. 科学计算

科学计算也称为数值计算，主要解决工程技术和科学研究中的数学计算。社会生产的进步，使得人脑的计算能力无法应对，计算机作为一种计算工具，以其高速度、高精度使人脑望尘莫及。它被快速应用在需要进行大量数据计算的各种数学模型中。现代科学技术中有大量复杂的计算，如航天、气象、地震预测等，都需要计算机快速而且精确地计算。

2. 数据处理

数据处理也称非数值计算，是对大量数据进行处理，得到有用的数据信息。数据处理被广泛地应用在办公自动化、事务管理、情报分析、企业管理等方面。数据处理已经发展成为一门新的计算机应用学科，它可对大量的数据进行分类、排序、合并、统计等加工处理，例如，人口统计、财务管理、银行业务、图书检索、卫星图像分析等。

3. 过程控制

过程控制也称实时控制，主要是指计算机在军事和工业方面的应用，计算机能及时地采集和检测数据，并按照最优方案实行自动控制，按照最佳效果给出数值，实现对控制对象的科学控制。过程控制主要应用于生产的自动化控制，大大节约了劳力和智力资源，提高了效率和质量，降低了成本，节约了能源。

4. 计算机辅助系统

计算机辅助系统包括计算机辅助设计（CAD）、计算机辅助制造（CAM）、计算机辅助教学（CAI）、计算机辅助教育（CAE）等。计算机辅助设计 CAD（Computer-Aided Design）是以计算机为平台进行设计，由于计算机具有高速计算、高度精确及强大的处理分析功能，使得设计工作快速而又高效。计算机辅助制造 CAM（Computer-Aided Manufacturing）是指用计算机实现生产设备监控和操作的技术，可以提高效率，降低劳动成本和能源消耗，缩短生产周期。计算机辅助教育 CAE（Computer-Aided Education）是在多媒体技术和网络技术的发展下兴起的，它使教育手段发生全新的改变，是现代教育的必由之路。

5. 人工智能

人工智能一般指模拟人脑进行演绎推理和决策分析的过程。计算机技术促成了人工智能 AI（Artificial Intelligence）的研究和使用。在计算机程序中设计一些定理和推理规则，由计算机自己探索解决问题，用计算机模拟人的智能，使其具有推理和学习的能力。例如，计算机诊断、计算机下棋、语音识别系统等。

6. 电子商务和信息高速公路

电子商务（E-Business）是指通过计算机和网络进行商务活动，已经成为一种初具规模的商业活动。美国在 1993 年正式提出"国家信息基础设施"（NII）计划，俗称"信息高速公路"计划，掀起全球信息化浪潮。电子商务和信息高速公路是由于 Internet 的不断强大而产生和发展的，计算机正在改变着整个世界。

1.4 计算机系统的组成

计算机系统包括两大部分：计算机软件系统和计算机硬件系统。硬件就是计算机的躯体，软件就是计算机的灵魂，两个部分相辅相成、不可分割。只有将计算机硬件和计算机软件完美地结合在一起，才能更好地为用户服务。

1. 软件系统

计算机软件是根据解决问题的方法、思想和过程编写的程序的有序集合。程序则是指令的有序集合，它们可以由指令编写，也可以由高级程序语言编写。人们通过软件控制计算机各个部件和设备的运行。

从功能的角度来看，计算机的软件可分为系统软件与应用软件两类。

系统软件是指为用户管理和使用各种计算机资源而开发的程序，如操作系统、BIOS 等。操作系统是计算机的基础，是应用软件与计算机硬件之间的桥梁，用来对整个计算机系统的硬件和软件资源进行配置和管理，并且负责解释用户对计算机的管理命令。常见的操作系统有 DOS、Windows、UNIX、MAC OS、Linux 等。

应用软件是为了解决实际工作中的问题而设计的软件。例如：过程控制、事务管理、科学计算、工程设计、数据处理等。应用软件包括的范围很广，办公软件（WPS、Word、Excel、PowerPoint 等）；数据库系统（FoxPro，Access，Delphi 等）；软件开发工具（如C、Basic 等）；Internet 浏览器（IE、Netscape 等）；网页开发软件（FrontPage、Dreamweaver 等）；图像处理软件（如 Photoshop、CorelDraw、3D Studio MAX 等）；数学软件包（Mathematica，MATLAB 等）；计算机辅助设计软件（AutoCAD 等）；多媒体开发软件（Authorware、Director 等）；游戏软件等，都可以称为应用软件。

2. 硬件系统

硬件是构成计算机的各种有形设备的总称，即由机械零部件和电子器件构成的具有输入、输出、存储和控制功能的物理设备，它是计算机的物质基础。

根据冯·诺伊曼式计算机原理，计算机由运算器、控制器、存储器、输入设备和输出设备 5 部分组成。运算器、控制器和内部存储器共同组成计算机的主机，外部存储器和输入、输出设备组成外部设备，如图 1.2 所示。

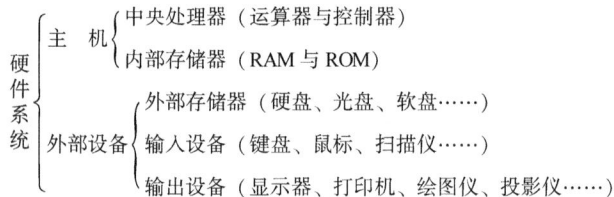

图 1.2　计算机硬件系统的结构

计算机的常用硬件包括主板、CPU、硬盘、内存、显示卡/显示器、软驱、CD-ROM、DVD-ROM、声卡、网卡、调制解调器、打印机、扫描仪、数码相机、UPS、机箱、电源、鼠标、键盘、手写输入设备、语音输入设备等。对于计算机用户和维护人员来说，最重要的是微机的实际结构，即由哪些部件组成，各个部件的功能是什么，各部件之间的关系是怎样的，据此可以对计算机进行维护和升级。

3. 微型计算机中的信息通道——系统总线

前面介绍的微型计算机的各功能部件构成了微型计算机的硬件系统，在计算机的工作过程中，各部件之间要快速传递各种各样的信息，而这些信息都是通过微型计算机中的信息高速公路——系统总线实现的。

系统总线是 CPU 与其他部件之间传送数据、地址和控制信息的公共通道。根据传送内容的不同，可分为数据总线、地址总线和控制总线，每组总线都由多根导线组成。系统总线与各部件之间的连接如图 1.3 所示。

（1）数据总线

数据总线 DB（Data Bus）用于 CPU 与主存储器、CPU 与 I/O 接口之间传送数据。

数据总线的宽度就是指在同一时刻能传多少个字节，等于计算机的字长。一个 32 位的数据总线在同一时刻能传 4 个字节，一个 64 位的数据总线在同一时刻能传 8 个字节。

（2）地址总线

地址总线 AB（Address Bus）用于 CPU 访问主存储器或外部设备时，指出数据总线上传送的数据的原地址和目的地址。所谓地址总线的宽度，简单地说就是 CPU 与内存之间的物理连线有多少根。比如说地址线是 32 位，也就是说 CPU 与内存之间有 32 根连线。地址线的宽度决定了内存容量，假设有 N 根地址线，则 CPU 能访问的最大内存空间为 2^N。

地址总线的宽度决定 CPU 的寻址能力。

（3）控制总线

控制总线 CB（Control Bus）用于传送 CPU 对主存储器和外部设备的控制信号，负责控制 CPU 及外设与内存之间的数据交换。

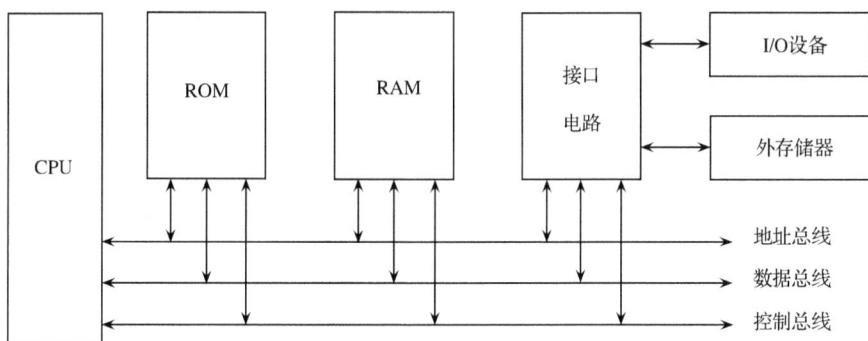

图 1.3 微型计算机的系统总线

思考与练习

一、填空题

1. 微型计算机系统由_____和_____两部分组成。

2. 计算机主机是_____、_____和_____的总称。

3. 微机硬件根据在数据处理过程中所起的作用不同，可将它们划分为五个基本部分，即_____、_____、_____、_____和_____。

4. _____是微机进行算术和逻辑运算的部件。

5. _____和_____是微机的核心，两者合称为中央处理器。

6. _____是用来存放信息的部件。

7. 系统总线是 CPU 与其他部件之间传送数据、地址和控制信息的公共通道。根据传送内容的不同，可分为_____、_____和_____。

二、判断题

1. 总线按功能可分为数据总线和控制总线两种。   （   ）

2. 计算机所要处理的信息要先转换为电信号，才能处理。　　　　　　（　　　）

3. 运算器是进行加、减、乘、除运算的部件，它不能进行逻辑运算。　（　　　）

4. 操作系统属于计算机应用软件。　　　　　　　　　　　　　　　　（　　　）

5. 计算机只能处理 0 和 1 两个二进制数。　　　　　　　　　　　　（　　　）

6. 运算器运算的结果通常不会存储在存储器中。　　　　　　　　　　（　　　）

7. 存储器的速度一般不会对计算机的运行速度造成影响。　　　　　　（　　　）

8. 计算机的外存储设备，如硬盘等，既可以作为一种外部存储设备，又可以作为一种为 CPU 提供输入、输出功能的外设。　　　　　　　　　　　　　　（　　　）

三、单项选择题

1. 第一代计算机的典型代表是（　　　）。

    A. ENIAC　　　　　　B. UVIAC　　　　　C. IBM360　　　　　D. IBM PC/XT

2. 电子计算机技术在半个世纪中虽有很大的进步，但至今其运行仍遵循着一位科学家提出的基本原理，这位科学家就是（　　　）。

    A. 牛顿　　　　　　　B. 爱因斯坦　　　　　C. 爱迪生　　　　　D. 冯·诺依曼

3. 微型计算机的发展史可以看作是（　　　）的发展历史。

    A. 微处理器　　　　　B. 主板　　　　　　　C. 存储器　　　　　D. 电子芯片

4. 对于微型计算机来说，（　　　）的工作速度基本上决定了计算机的运算速度。

    A. 控制器　　　　　　B. 运算器　　　　　　C. CPU　　　　　　D. 存储器

5. 计算机的（　　　）是计算机和外部进行信息交换的设备。

    A. 输入输出　　　　　B. 外设　　　　　　　C. 中央处理器　　　D. 存储器

6. 输入设备就是负责把计算机所要处更换的问题转换为计算机内部所能接受和识别的（　　　）信息。

    A. ASCII 码　　　　　B. 二进制　　　　　　C. 数字　　　　　　D. 电

7. Linux 属于（　　　）软件。

    A. 系统　　　　　　　B. 应用　　　　　　　C. 办公　　　　　　D. 压缩

8. 微机中运算器所在的位置为（　　　）。

    A. 内存　　　　　　　B. CPU　　　　　　　C. 硬盘　　　　　　D. 光盘

9. 计算机字长取决于（　　　）的宽度。

    A. 地址总线　　　　　B. 控制总线　　　　　C. 数据总线　　　　D. 通信总线

10. 如果按字长来划分，微机可以分为 8 位机、16 位机、32 位机和 64 位机，所谓 64 位机是指该计算机所用的 CPU（　　　）。

    A. 同时能处理 64 位二进制数　　　　B. 具有 64 位的寄存器

    C. 只能处理 64 位二进制定点数　　　D. 有 64 个寄存器

11. 根据计算机的主控件进行分类，第四代计算机属于（　　　）时代。

    A. 电子管　　　　　　　　　　　　　B. 晶体管

    C. 中小规模集成电路　　　　　　　　D. 超大规模集成电路

12. PC 是指（　　　）。

A. 计算机　　　　　B. 微型计算机　　C. 个人计算机　　D. 笔记本电脑

13. 计算机术语中，（　　　）指人工智能。

A. OA　　　　　　B. CAD　　　　　C. AI　　　　　　D. CBE

14. 计算机中最小的数据单位是（　　　）。

A. 位　　　　　　B. 字节　　　　　C. 字　　　　　　D. 位权

15. 计算机中存储容量 1GB 表示的字节数是（　　　）。

A. 1024×1024

B. 1000×1024

C. $1024 \times 1024 \times 1024$

D. $1000 \times 1000 \times 1024$

16. 用 MIPS 来衡量的计算机性能指标是（　　　）。

A. 处理能力　　　B. 存储容量　　　C. 可靠性　　　　D. 运算速度

17. 用计算机进行资料检索工作是属于计算机应用中的（　　　）。

A. 数据处理　　　B. 科学计算　　　C. 实时控制　　　D. 人工智能

18. 计算机系统采用总线结构对 CPU、存储器和外部设备进行连接。总线通常由三部分组成，它们是（　　　）。

A. 逻辑总线、传输总线和通信总线　B. 地址总线、运算总线和逻辑总线

C. 数据总线、信号总线和传输总线　D. 数据总线、地址总线和控制总线

19. 计算机中的一个（　　　）是由八个二进制位组成的。

A. Byte　　　　　B. 字　　　　　　C. 汉字代码　　　D. ASCII 码

四、多项选择题

1. 下列外部设备属于输入设备的有（　　　）。

A. 键盘　　　　　B. 鼠标　　　　　C. 显示器　　　　D. 手写输入

2. 下列外部设备属于输出设备的有（　　　）。

A. 音箱　　　　　B. 鼠标　　　　　C. 绘图仪　　　　D. 数码相机

3. 下列（　　　）可能是二进制数。

A. 101101　　　　B. 000000　　　　C. 111111　　　　D. 212121

4. 主机主要由（　　　）组成。

A. 存储器　　　　B. 运算器　　　　C. 指令译码器　　D. 控制器

5. 存储器的存储容量单位有（　　　）。

A. 位　　　　　　B. 字节　　　　　C. 字　　　　　　D. 升

6. 下列哪些是主机箱内部必备的（　　　）。

A. 主板　　　　　B. CPU　　　　　C. 内存　　　　　D. 声卡　　　　　E. 网卡

7. 下面叙述中正确的是（　　　）。

A. 计算机中存储数据的最小单位是字节

B. 计算机中计算数据的最大单位是位

C. 计算机中用来表示信息的最小单位是位

D. 计算机中用来表示信息的最大单位是位

E. 计算机中计算数据的最小单位是字节

五、名词解释

1. 位、字节、字长
2. DB、AB、CB
3. 电子商务、信息高速公路
4. I/O 设备

六、简答题

1. 一台微机主要由哪几个部件组成？
2. 多媒体计算机的硬件系统包括哪几部分，常见的微机配件有哪些？
3. 列举一些常见的输入、输出设备。

项目二

计算机主要配件的介绍与选购

知识目标

- 了解计算机主要配件的结构组成
- 熟悉主要配件的种类和性能指标
- 掌握各配件的选购原则

技能目标

- 熟练识别计算机各配件及常见种类
- 掌握计算机各配件的主要技术参数
- 能够根据实际需要选购适合需求的计算机

2.1 CPU 的介绍与选购

CPU 的英文全称是 Central Processing Unit，即中央处理器，是整个计算机系统的核心部分，负责计算机系统中最重要的数值运算和逻辑判断工作。CPU 不仅决定着计算机系统整体性能的高低，而且是计算机中至关重要的组件，没有它计算机就不可能开展任何工作。

2.1.1 CPU 简介

CPU 从诞生至今已有 30 余年的发展历程，CPU 的制造工艺和制造技术也有了长足的进步和发展。从外表观察，CPU 其实就是一块矩形固体物体，通过密密麻麻的引脚与主板相连，这就是 CPU 的封装。在 CPU 的内部，其核心是一片大小通常不到 1/4 英寸的薄薄的硅晶片（英文名称为 Die，也就是核心的意思）。在这块面积不大的硅晶片上，布满了数以百万计的晶体管。这些晶体管的作用就好像是我们大脑上的神经元，相互配合协调，以此来完成各种复杂的运算和操作。

不管什么样的 CPU，其内部结构归纳起来可以分为控制单元、逻辑运算单元和存储单元（包括内部总线及缓冲器）三大部分，这三个部分相互协调，便可以进行分析、判断、运算并控制计算机各部分协调工作。简单的加、减、乘、除，或是更复杂的多媒体图像处理等运算，都须在 CPU 中完成工作，因此 CPU 的处理速度经常会被认定是计算机性能的指标。

CPU 的工作原理，就像一个工厂对产品的加工过程：进入工厂的原料（指令），经过物资分配部门（控制单元）的调度分配，被送往生产线（逻辑运算单元），生产出成品（处理后的数据）后存储在仓库（存储器）中，最后等着拿到市场上出售（交由应用程序使用）。从这个过程，可以发现从控制单元开始，CPU 就开始了正式的工作，中间的过程是通过逻辑运算单元来进行运算处理，交到存储单元后工作结束。

2.1.2 CPU 的主要技术指标

影响 CPU 性能的主要技术指标如下。

1. CPU 的位和字长

在数字电路和计算机技术中采用二进制数据，数码只有"0"和"1"。其中无论"0"或"1"，在 CPU 中都是一位。在计算机技术中，对 CPU 在单位时间内能一次处理的二进制数的位数称为字长。所以，能处理字长为 64 位数据的 CPU 通常就称为 64 位的 CPU。

2. 主频

CPU 的主频即 CPU 内核工作的时钟频率，单位是 Hz。CPU 的主频表示在 CPU 内数字脉冲信号振荡的速度，与 CPU 实际的运算能力并没有直接关系，因为 CPU 的运算速度还要看 CPU 各方面的性能指标（缓存、指令集和 CPU 的位数等）。CPU 的主频不代表 CPU 的速度，但提高主频对于提高 CPU 运算速度却是至关重要的。

3. 外频

外频是 CPU 乃至整个计算机系统的基准频率，单位是 MHz（兆赫兹）。在早期的计算机中，内存与主板之间的同步运行的速度等于外频，在这种方式下，可以理解为 CPU 外频直接与内存相连通，实现两者间的同步运行状态。

4. 倍频系数

CPU 的核心工作频率与外频之间存在着一个比值关系，这个比值就是倍频系数，简称倍频。原先并没有倍频概念，CPU 的主频和系统总线的速度是一样的，但 CPU 的速度越来越快，倍频技术也就应运而生。它可使系统总线工作在相对较低的频率上，而 CPU 速度可以通过倍频来无限提升，那么 CPU 主频的计算方式变为：主频＝外频×倍频，当外频不变时，提高倍频，CPU 主频也得到提高。

5. 前端总线

前端总线（Front Side Bus），通常用 FSB 表示。CPU 就是通过前端总线（FSB）连接到北桥芯片，进而通过北桥芯片和内存、显示卡交换数据。前端总线是 CPU 和外界交换数据的最主要通道，因此前端总线的数据传输能力对计算机整体性能作用很大，如果没有足够快的前端总线，再强的 CPU 也不能明显提高计算机整体的速度。

6. 缓存

缓存（Cache）大小也是 CPU 的重要指标之一，而且缓存的结构和大小对 CPU 速度的影响非常大。缓存的作用简单地讲，就是用来存储一些常用或即将用到的数据或指令，当需要这些数据或指令时直接从缓存中读取，这样比到内存中读取要快得多，能够大幅度地提升 CPU 的处理速度。但是从 CPU 芯片面积和成本的因素来考虑，缓存不可能很大。

缓存分为一级缓存和二级缓存，L1 Cache（一级缓存）是 CPU 第一层高速缓存。内置的 L1 高速缓存的容量和结构对 CPU 的性能影响较大，不过高速缓冲存储器均由静态RAM组成，结构较复杂，在 CPU 管芯面积不能太大的情况下，L1 级高速缓存的容量不可能做得太大，一般 L1 缓存的容量通常在 20～256KB 之间。L2 Cache（二级缓存）是 CPU 的第二层高速缓存，分内部和外部两种芯片，现在的主流产品中二级缓存都是全速的。L2 高速缓存容量直接影响 CPU 的性能，原则上是越大越好，现在主流 CPU 的 L2 高速缓存分别是 2MB、4MB、8MB，如图 2.1 所示。

二级缓存

主频

前端总线

图 2.1   Intel Core2 E6400 CPU

7. 制造工艺

制造工艺指在硅材料上生产 CPU 时内部各个元器件间的连接线宽度，通常其生产的精度以微米来表示，目前正在向纳米方向发展。精度越高，生产工艺越先进，在同样的材料中可以制造的电子元器件越多，连接线越细，CPU 的集成度越高，CPU 的功耗也越小。制造工艺在 1995 年以后，从 0.5μm、0.35μm、0.18μm、0.15μm、0.13μm、0.09μm，到现在主流的 CPU 基本都采用 0.065μm 制造工艺，新的 CPU 已经发展到了 0.045μm 制造工艺。

8. 工作电压

工作电压是 CPU 正常工作所需的电压。随着 CPU 的制造工艺与主频的提高，CPU 的工作电压也在逐步下降。AMD Athlon 3800＋已经采用 1.5V 的工作电压，Intel Core2 Extreme QX6600 已经采用 1.2V 的工作电压。

9. CPU 的接口

CPU 需要通过某个接口与主板连接才能进行工作。CPU 经过这么多年的发展，采用的接口方式有引脚式、卡式、触点式、针脚式等。CPU 接口类型不同，在插孔数、体积、形状上都有变化，所以不能互相接插。

目前 CPU 的接口大多是针脚式接口，对应到主板上就有相应的插槽类型，主要有 AMD 系列 CPU 使用的 Socket 754、Socket 939（如图 2.2 所示）和 Socket AM2（如图 2.3 所示）接口，Intel Pentium 4 使用的 Socket 478、Pentium D 和 Core 系列使用的 LGA 775（如图 2.4 所示）接口等。LGA 775 是当前 Intel 的 CPU 采用的最新接口，用金属触点式封装取代了以往的针状插脚，有 775 个触点。因为从针脚变成了触点，所以采用 LGA 775 接口的处理器在安装方式上也与现在的产品不同，它并不能利用针脚固定接触，而是需要一个安装扣架固定，让 CPU 可以正确地压在 Socket 露出来的具有弹性的触须上。

图 2.2　Socket 939 接口　　　图 2.3　Socket AM2 接口　　　图 2.4　LGA 775 接口

2.1.3　CPU 的散热技术

由于 CPU 的集成度越来越高，速度越来越快，伴随而来的就是高发热量，普通 CPU 表面温度一般在 40 ~ 60℃，内部高达 80℃ 以上。如果计算机经常发生莫名其妙的问题，如自动重启、死机、蓝屏错误等，排除软件问题，一般是 CPU 过热造成的。

CPU 的降温方式通常有风冷、水冷、半导体降温等方式，最常用的就是风冷方式。一般的风冷散热器由风扇和散热片组成，如图 2.5、图 2.6 所示，热量由 CPU 表面传递给和它紧密接触的散热片，再由风扇转动产生的气流将热量带走，以达到降温的目的。

图 2.5　Intel CPU 散热风扇　　　　图 2.6　AMD CPU 散热风扇

衡量散热器的主要技术指标是风扇功率、风扇转速、风扇使用的轴承及扣具等。

2.1.4　CPU 的选购

购买计算机必须根据实际需要、经济条件及期望，来选购计算机或者计算机部件。在计算机所有的部件之中，CPU 无疑是重要的部件之一。要买到适合的 CPU，需要注意以下几点。

1. 频率与性能的关系

AMD 的 Athlon 处理器现在采用一种叫做 PR 相对频率标称值（AMD CPU 处理器型号后的“+”，代表其 CPU 的频率采用 PR 值标识，不是 CPU 的实际频率，而是 AMD 公司认定它的 CPU 与 Intel 同级别的同频 CPU 相当）的方法来表示 CPU 的性能水平。以 Thoroughbred 核心的 Athlon XP 处理器为例，CPU 的 PR 标称值 =（3 × CPU 实际运行频率）÷2

－500，由此可以得出：AMD CPU 的实际频率 =（PR 标称值 ＋500）×2÷3。

Intel 的 CPU 产品从 Pentium 时代开始，就一直以真实频率的标称方法来标识 CPU，并不存在 PR 的概念。

2. 按需选购 CPU

根据实际检测的结果，在不同应用环境下对于 CPU 的性能水平的要求也是不同的。对于 CPU 没有必要一味地追求高频性能，选择什么样的 CPU 首先考虑计算机的用途。

（1）普通家用

应该说目前市场上所有处理器都能满足普通家庭用户对计算机性能的要求，例如，上网、玩普通的 3D 游戏、文字处理、欣赏音乐、看 DVD 光盘，只要处理器的频率是当前主流配置就可以满足要求。所以对于一般家庭用户来说，目前市场上的最低端处理器产品也可满足用户的需要。

（2）办公应用

普通办公应用对处理器的要求同样不高，如果追求性价比，建议购买中端偏低的 Athlon 处理器；如果偏爱 Intel 品牌，但同时资金有限，建议采用赛扬 D CPU；如果是高端办公要求，建议购买中端主流的 Pentium D 处理器，但没必要购买高端酷睿处理器。

（3）游戏玩家

对于目前的一些高端的 3D 游戏而言，其对处理器的要求是比较高的，同时还需要有高性能的显示卡、主板和大容量的内存。对于这类用户，建议考虑中端主流的 PD 或 Core 处理器，如果资金有限，可考虑购买中端的 Athlon 64 处理器。

（4）多媒体应用

不管是音频、视频制作，还是网页设计等多媒体应用，如果消费者是专业用户，对性能要求较高，建议购买高端的 PD 或 Core 处理器。因为很多相关软件都针对 SSE2 指令集进行了优化，因此性能相当不错。

（5）图形设计

相对而言，2D 图形设计对于 CPU 的性能要求并不是很高，Athlon 和 Pentium D 在这一应用领域的差距并不大。如果是普通的图形设计需要，建议购买中端双核心产品，如果是高端用户，建议购买高端的双核心产品。

因为 CPU 的价格是随行就市的，建议选择中端主流的产品，这个价位段的产品性价比是最高的。并不是 CPU 最快的计算机就是性能最高的，所以最简单的方法就是花钱买够用的计算机。所谓"只买对的，不选贵的"才是购买 CPU 的准则。

2.2　主板的介绍与选购

主板（Main Board）也叫母板（Mother Board），实际上就是一块电路板，如

图 2.7 所示。它是所有电子部件和外设的基地，计算机中几乎所有的零部件，如果不是直接安装在主板上，就是利用数据线与主板相连。主板在计算机系统中占有举足轻重的地位，其好坏是决定计算机性能好坏的一个主要因素。

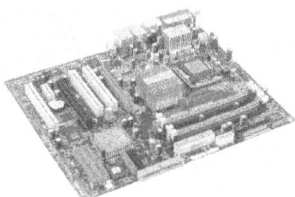

图 2.7 主板

2.2.1 主板的构成

下面介绍主板的物理结构与各个常见主要部件的名称和作用。

1. CPU 插槽（插座）

CPU 插槽（插座）主要分为 Socket 和 Slot 两种，而目前的 CPU 产品基本上都是 Socket 的插座，Slot 插槽主要是用于安装 Pentium Ⅱ、部分 Pentium Ⅲ 及早期的赛扬，现在市场上这几种产品已基本被淘汰。

大多数 CPU 的接口都是针脚式接口，对应到主板上就有相应的插座类型。如图 2.8 所示分别为支持 Pentium D、Core 2 系列处理器的 LGA 775 插座，支持 Pentium 4、Celeron D 处理器的 Socket 478 插座和支持 Athlon 64 系列处理器的 Socket AM2 插座。从插座中间可以看到测量核心温度的测温探头及测温电阻。一般处理器插座上有一个挤压杆，通过挤压杆使 CPU 与插座间结合更加紧密，并且使 CPU 更稳固地安装在主板上。

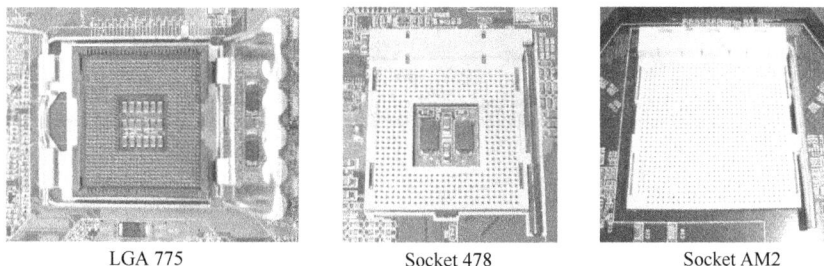

LGA 775　　　　　Socket 478　　　　　Socket AM2

图 2.8 CPU 插座

2. 内存插槽

内存插槽是内存条与主板连接的桥梁，用来插入内存条。早期的主板使用的内存条类型主要有 FPM、EDO、SDRAM 和 RDRAM，目前主板上常见的有 DDR、DDR2、DDR3 等类型内存插槽。不同类型的内存条只能和与之相匹配的内存插槽配合使用，如图 2.9 所示分别为 168 线的 SDRAM 内存插槽和 184 线的 DDR 内存插槽；如图 2.10 所示为 240 线的双通道 DDR2 内存插槽。

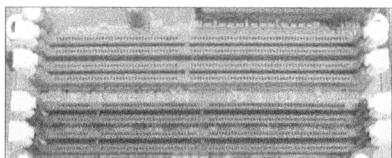

图 2.9 DDR 和 SDRAM 的内存插槽

图 2.10 双通道的 DDR2 内存插槽

图 2.11　PCI 插槽

3. PCI 插槽

PCI 插槽是基于 PCI 局部总线的扩展插槽，其颜色一般为乳白色，如图 2.11 所示。可插接显示卡、声卡、网卡、内置调制解调器、内置 ADSL 调制解调器、USB2.0 卡、IEEE1394 卡、IDE 接口卡、RAID 卡、电视卡、视频采集卡及其他种类繁多的扩展卡。PCI 插槽是主板的主要扩展插槽，通过插接不同的扩展卡可以获得目前计算机能实现的几乎所有外接功能。

4. AGP 插槽

AGP（Accelerated Graphics Port）是在 PCI 总线基础上发展起来的，主要针对图形显示方面进行优化，专门用于图形显示卡。AGP 标准也经过了几年的发展，从最初的 AGP 1.0、AGP 2.0，发展到现在的 AGP 3.0，如果按倍速来区分的话，主要经历了 AGP 1X、AGP 2X、AGP 4X、AGP PRO，最高版本就是 AGP 3.0，即 AGP 8X。

AGP 插槽通常都是棕色，如图 2.12 所示，目前常用的 AGP 接口为 AGP 8X 接口。随着显示卡速度的提高，AGP 插槽已经不能满足显示卡传输数据的速度，目前 AGP 显示卡已经逐渐被淘汰，取代 AGP 插槽的是 PCI-Express 插槽。

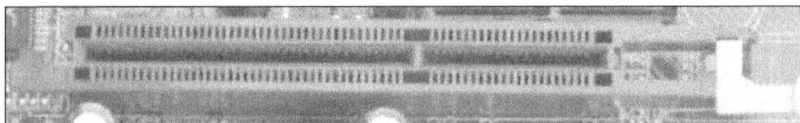

图 2.12　AGP 8X 插槽

5. PCI Express 插槽

PCI Express 是最新的总线和接口标准，如图 2.13 所示。这个新标准将全面取代现行的 PCI 和 AGP，最终实现总线标准的统一。它的主要优势就是数据传输速率高，目前最高可达到 10GB/s 以上，而且还有相当大的发展潜力。

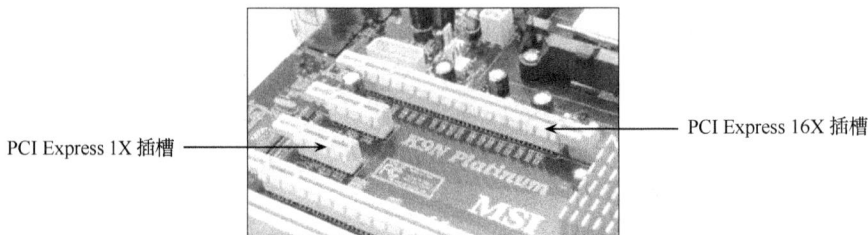

PCI Express 1X 插槽　　　　　　PCI Express 16X 插槽

图 2.13　PCI Express 插槽

PCI Express 也有多种规格，从 PCI Express 1X 到 PCI Express 32X，能满足现在和将来一定时间内出现的低速设备和高速设备的需求。PCI Express 的接口长短也不同，1X 最小，越往上则越大。同时 PCI Express 不同接口还可以向下兼容其他

PCI Express 小接口的产品，即 PCI Express 1X 的设备可以插在 PCI Express 8X 或 16X 上进行工作。

6. AMR 插槽

AMR 全称是 Audio/Modem Riser，即音效/调制解调器插槽，如图 2.14 所示，用以插入低成本音频卡或调制解调器卡，现在大多数主板已经取消了这个插槽。

7. IDE 接口和软驱接口

IDE 接口是一种硬盘的传输接口，它有另一个名称叫做 ATA。IDE 接口主要用于连接硬盘和光驱等设备。IDE 接口中有 40 根针，和 IDE 数据线里的 40 条线一一对应，而底座上的那个小小的缺口同时具有防反插和定位的作用。IDE 接口右边稍短一点的接口就是软驱口了，其作用是连接主板和软驱。软驱接口中有 34 根针，除了针的数目不同以外，它的结构和 IDE 接口几乎完全一致。如图 2.15 所示为 IDE 接口和软驱接口。

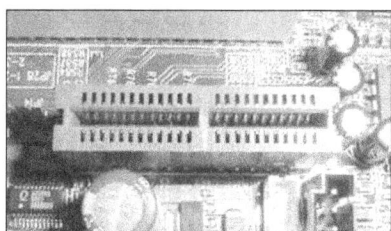

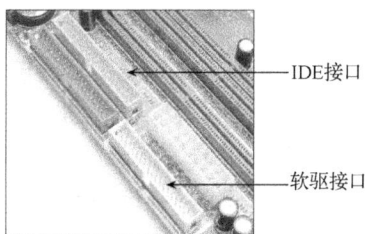

图 2.14　AMR 插槽　　　　　图 2.15　IDE 接口和软驱接口

8. SCSI 接口

SCSI 接口为 80 线孔状插槽，多用于服务器和高端工作站上，如图 2.16 所示。目前主流的 SCSI 接口规范为 SCSI 80 和 SCSI 160，标准传输速度分别为 80MB/s 和 160MB/s。

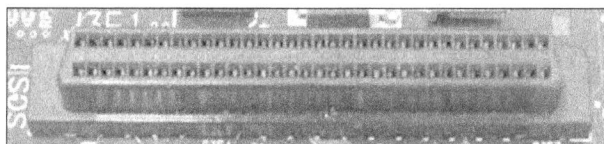

图 2.16　SCSI 接口

9. Serial ATA 接口

SATA 是 Serial ATA 的缩写，即串行 ATA。这是一种完全不同于并行 ATA 的新型硬盘接口类型，因采用串行方式传输数据而得名。串行接口具有结构简单、支持热插拔的优点。其标准数据传输率为 150MB/s，新一代的 SATA Ⅱ 标准的数据传输率为 300MB/s，其后的 SATA Ⅲ 标准的数据传输率将达到 600MB/s。如图 2.17 所示为 Serial ATA 接口。

10. BIOS 芯片

BIOS 芯片一般是内嵌在主板上的一块长方形或正方形芯片，如图 2.18 所示。BIOS 实质上是一个 ROM 芯片，其中主要存放计算机的基本输入/输出程序、系统设置信息、开机自检程序和系统自举程序。

图 2.17　Serial ATA 接口　　　　图 2.18　主板的 BIOS 芯片

11. 主板芯片组

主板芯片组（Chipset）是主板的核心组成部分，芯片组几乎决定了这块主板的功能，进而影响到整个计算机系统性能的发挥，芯片组是主板的灵魂。位于主板中间，紧靠着 CPU 插槽，上面通常覆盖着银白色散热片的芯片就是主板的北桥芯片。一般来说，芯片组的名称就是以北桥芯片的名称来命名的。南桥芯片一般位于主板上离 CPU 插槽较远的下方，PCI 插槽的附近，这种布局是考虑到它所连接的 I/O 总线较多，离处理器远一点有利于布线。南桥芯片和北桥芯片合称为芯片组。

北桥芯片是主板芯片组中起主导作用的、最重要的组成部分，负责管理 CPU、AGP 总线及内存间的数据交流，CPU 的类型、主板的系统总线频率、内存类型及容量和性能、显示卡插槽规格等都是由芯片组中的北桥芯片决定的；南桥芯片管理 IDE、PCI 总线与硬件监控，扩展槽的种类与数量，扩展接口的类型和数量（如 USB、IEEE1394、串口、并口、笔记本计算机的 VGA 输出接口）等。

Intel 从 815 时开始就已经放弃了南北桥这种做法，Intel 的 MCH 相当于北桥芯片，ICH 相当于南桥芯片。如图 2.19 所示为 Intel 的 P965 芯片组，它支持 Core2 Duo 处理器。

图 2.19　Intel P965 芯片组

12. 电源接口

电源接口用于为主板供电。它有 ATX 和 AT 标准之分，目前 AT 标准的已经很少见了。ATX 电源接口有 20 针和 24 针之分，现在多为 24 针，如图 2.20 所示。

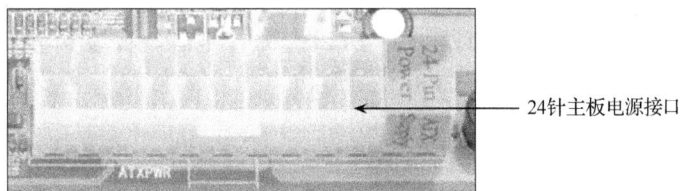

——24针主板电源接口

图 2.20 ATX 主板电源接口

13. CPU 风扇接口和 4 针电源接口

如图 2.21 所示为 CPU 风扇接口和 4 针电源接口。CPU 风扇接口用来为 CPU 风扇提供电力和风扇与主板间的信号传输。图中白色的 4 针电源接口用于提供 12V 电压，只有符合 ATX 12V 标准的电源才有 4 针接口，通常 4 针插座为 Pentium 4 主板的标配。

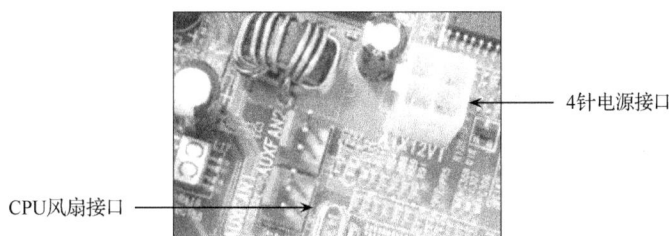

4针电源接口

CPU风扇接口

图 2.21 CPU 风扇接口和 4 针电源接口

14. CMOS 供电电池和主板蜂鸣器

CMOS 中记录着主板的硬件信息及启动信息，如果 CMOS 电池没电，则会丢失硬件设备设置信息，导致系统时间显示不正常、端口开启失败及其他问题。蜂鸣器起到提示作用，通常 CPU、内存、显示卡接触不良或其他硬件出现问题，蜂鸣器会发出声响以提示用户，在判断硬件故障时起着至关重要的作用。如图 2.22 所示为 CMOS 供电电池和主板蜂鸣器。

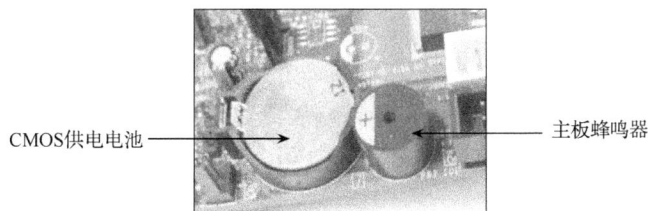

CMOS供电电池

主板蜂鸣器

图 2.22 CMOS 供电电池和主板蜂鸣器

15. 其他常规接口

这些接口都是用来连接主板和外部设备的，如图 2.23 所示。最左边的两个圆形的接口是 PS/2 接口，紫色的接口连接键盘，绿色的接口连接鼠标。右边下面的短一点的梯形接口是串口，用来连接外置调制解调器，老式鼠标等设备。上面长一点的梯形口是并行口，因为它一般用来连接打印机，所以俗称打印口。右边 6 个接口是新出现的USB 接口及内置网卡接口。最右边 3 个圆形接口为音频接口，主要用于连接音箱和耳机。

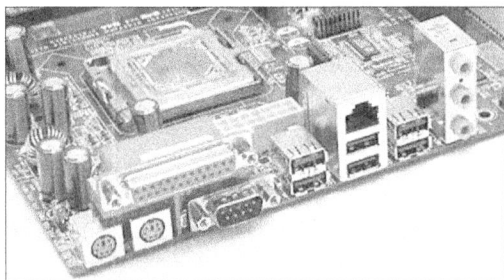

图 2.23　主板接口

2.2.2　主板的结构

所谓主板结构就是根据主板上各元器件的布局排列方式、尺寸大小、形状及所使用的电源规格等制定出的通用标准，所有主板厂商都必须遵循。

主板结构分为 AT、Baby-AT、ATX、Micro ATX、LPX、NLX、Flex ATX、EATX、WATX及BTX等结构。其中，AT 和 Baby-AT 是多年前的老主板结构，现在已经被淘汰；而 LPX、NLX、Flex ATX 则是 ATX 的变种，多见于国外的品牌机，国内尚不多见；EATX 和 WATX 则多用于服务器/工作站主板；ATX 是目前市场上最常见的主板结构；Micro ATX 又称 Mini ATX，是对 ATX 结构的简化，即常说的"小板"；BTX则是 Intel 制定的最新一代主板结构。

1. AT 和 Baby-AT

AT 主板的尺寸为 33cm × 30.5cm（13 英寸 × 12 英寸），板上集成有控制芯片和 8个 I/O扩充插槽。由于 AT 主板尺寸较大，因此系统单元（机箱）水平方向增加了5.1cm（2 英寸），高度增加了 2.5cm（1 英寸），这一改变也是为了支持新的较大尺寸的 AT 格式适配卡。

Baby-AT 主板经常简称为"AT"板，标准的 Baby-AT 主板从外形上看就是将标准 ATX主板旋转了 90°，但结构简单了很多，除了设置一个键盘插座外，将串、并口等插座全部改用插座固定并用电缆连接安装在机箱上。目前市面上已经很难看到 AT 和Baby-AT 的主板了。

2. ATX 和 Micro-ATX

标准 ATX 主板的尺寸通常"横长竖短"，俗称"大板"，如图 2.24 所示。ATX 主板针对 AT 和 Baby AT 主板的缺点做了以下改进：主板外形在 Baby AT 的基础上旋转了 90°，其几何尺寸改为 30.5cm×24.4cm；采用 7 个 I/O 插槽，CPU 与 I/O 插槽、内存插槽位置更加合理；优化了软硬盘驱动器接口位置；提高了主板的兼容性与可扩充性；采用了增强的电源管理，真正实现计算机的软件开/关机和绿色节能功能。另外，ATX 主板必须使用 ATX 结构的机箱电源，这样才能保证 ATX 主板的定时开机、调制解调器唤醒、键盘开机等特殊功能的实现。

图 2.24　ATX 主板

Micro-ATX 主板保持了 ATX 标准主板背板上的外设接口位置，与 ATX 兼容，如图 2.25 所示。Micro ATX 主板把扩展插槽减少为 3~4 只，DIMM 插槽为 2~3 个，从横向减小了主板宽度，其总面积减小约 5.9cm²，比 ATX 标准主板结构更为紧凑，降低了厂家的生产成本和用户组装计算机时的投资。目前很多品牌机主板使用了 Micro ATX 标准，在 DIY 市场上也常能见到 Micro ATX 主板。

3. BTX 主板

BTX 是 Intel 提出的新型主板架构 Balanced Technology Extended 的简称，如图 2.26 所示。BTX 规范对计算机机箱与主板布局做了全新的规划，它能够在不牺牲性能的前提下缩小计算机体积，保证机箱具有更好的散热效果；新型的线路设计和部件布局，能够更好地支持一些新型技术，如 SATA、PCI Express 等。根据板形的宽度不同，分为标准 BTX、Micro BTX、Picro BTX 三种类型。

BTX 主板通过优化主板的线路布局，将 CPU、北桥、南桥排列在一条直线上，在内部形成直线气流运动，对流更加通畅，提高了散热效率，强化了整体的散热效果，从而获得更佳的系统散热功能，更有效地保证了系统的稳定性和系统寿命。BTX 规范中，使用了新的螺钉孔布置方式，保证主板受力均匀、安装更加简便并且提供了可选的 SRM（支持及保持模块）配件来防止主板变形，保证系统的稳定性。

图 2.25　Micro-ATX 主板　　　　图 2.26　BTX 主板

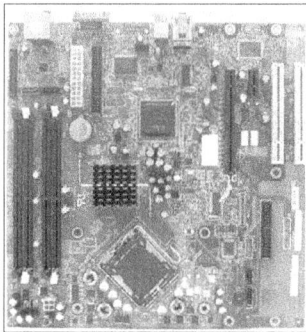

2.2.3　主板的选购

主板是计算机的核心，各种配件的性能都要通过主板来发挥，所以购买主板的时候要认真挑选。目前市场上主板的生产厂商和品牌非常多，价格差别很大，质量也参差不齐，但是所能提供的功能却类似。下面来介绍一下选择主板必须关注的因素。

1. 性能和速度

首先要考虑性能和速度，简单地说是"快不快"，一般都是用专门的测试软件来评估主板在实际应用环境下的速度。不过一般性能和速度只有在不同产品之间比较才有意义，由于只有在完全相同的硬件和软件环境下的数据才具有可比性，所以普通用户难以做到，只有一些专业机构才会进行同类产品的横向比较。

2. 必要的功能

其次是考虑主板能否实现必要的功能。例如，大容量硬盘、主机板的各个接口、电源、HDD 工作指示灯、重启（Reset）、扬声器等是否能正常工作及 BIOS 的种类、系统实时时钟是否正常等。

3. 稳定和可靠

一般来说主板的稳定性和可靠性与不同厂商的设计水平、制作工艺、选用的元器件质量等有非常大的关系，但是很难精确测定，常用的测试方法有三种。

1）负荷测试：是指在主板上尽可能多地加入外部设备，例如，插满内存，使用可用频率最高的 CPU 等。在重负荷情况下，主板功率消耗和发热量均较大，主机板如果有稳定性和可靠性方面的问题比较容易暴露。

2）烧机测试：是让主板长时间运行，看看系统是否能持续稳定运行。

3）物理环境下的测试：可以改变环境变量，包括温度、湿度、振动，以便考察主板在不同环境下的表现。

4. 兼容性

对兼容性的考察有其特殊性，因为它很可能并不是主板的品质问题。例如，有时主板不能使用某个功能卡或者外设，可能是卡或者外设本身的设计就有缺陷。不过从另一个方面看，兼容性问题基本上是简单的有和没有，而且一般通过更换其他硬件也可以解决。对于自己动手装计算机的用户（DIYer）来说，兼容性是必须考虑的因素。

5. 升级和扩充

购买主板的时候还需要考虑计算机和主板将来升级扩展的能力，尤其扩充内存和增加扩展卡最为常见，还应可以升级 CPU。一般主板插槽越多，扩展能力就越好，不过价格也更贵。

6. 价格

价格是用户最关心的因素之一。不同产品的价格和该产品的市场定位有密切的关系，大厂商的产品往往性能好一些，价格也就贵些。有的产品用料比较差一些，成本和价格也就可以更低一些。用户应该按照自己的需要选择性能价格比最好的主板，完全抛开价格因素而比较不同产品的性能、质量或者功能是不合理的。

7. 其他因素

1）技术支持和售后服务，主要是考察厂商对产品的技术支持、售后服务，大的厂商往往有比较固定的代理商，能提供比较好的服务。

2）还应考虑主板是否容易使用，说明书是否简洁明了，附件是否齐全，跳线说明是否清晰等因素。

3）电磁兼容性也不能忽视，因为电磁泄漏大的产品会影响使用者的身体健康。

2.3　内存的介绍与选购

内存是安装在主板上的存储部件，它与 CPU 直接交换数据，存放各种输入/输出数据和中间计算结果，与外部存储器交换信息时作缓冲之用。内存作为计算机硬件的必要组成部分之一，容量与性能已经成为衡量计算机整体性能的一个决定因素之一。

2.3.1　内存的分类

内存按其工作原理可分为只读存储器 ROM（Read Only Memory）和随机存储器 RAM（Random Access Memory）。通常所说的内存是指 RAM，它是计算机中最主要的存储器，整个系统的容量主要由 RAM 的容量来决定。

1. 只读存储器 ROM

只读存储器 ROM 是一种用特殊装置把内容写在芯片中的存储器，写入的内容不会因为掉电而丢失，而且其中的信息只能被读出，而不能被修改或删除，故一般用于存放固定的程序，如监控程序、汇编程序等。

目前使用的 ROM 有 4 种，即 ROM、EPROM、EEPROM 和 Flash Memory，其中最为常用的是 Flash Memory。闪速存储器（Flash Memory）的主要特点是在不加电的情况下能长期保存存储的信息。它既有 ROM 的特点，又有很高的存取速度，而且易于擦除和重写，功耗很小。目前其集成度已达 4MB，价格也有所下降。由于 Flash Memory 的独特优点，586 以上微机的主板上基本上采用 Flash ROM BIOS，使得 BIOS 升级非常方便。

2. 随机存储器 RAM

RAM 就是平常所说的内存，只能用于暂时存放程序和数据，一旦关闭电源或发生断电，其中的数据就会丢失。根据其制造原理不同，其分为静态存储器和动态存储器两种。

（1）静态随机存储器（SRAM）

SRAM（Static RAM）的一个存储单元的基本结构是一个双稳态电路，由于读、写的转换由写电路控制，所以只要写电路不工作，电路有电，开关就保持现状，不需要刷新，因此 SRAM 又叫静态 RAM。微机的外部高速缓存（External Cache）就是 SRAM。

（2）动态随机存储器（DRAM）

DRAM（Dynamic RAM）就是通常所说的内存条。DRAM 中存储的数据是需要不断进行刷新的，所谓刷新，就是给 DRAM 的存储单元充电。在存储单元刷新的过程中，程序不能访问它们，在本次访问后，下次访问前，存储单元又必须进行刷新。

2.3.2　内存条的结构

下面以主流的 DDR 2 内存为例介绍内存的物理结构，其硬件结构如图 2.27 所示。

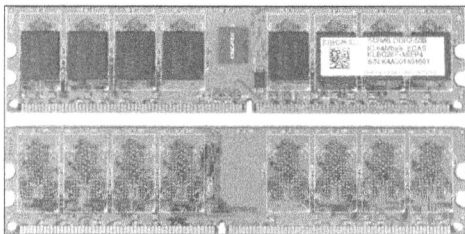

图 2.27　DDR 2 SDRAM 内存条的结构

1. PCB 板

内存条的 PCB 板多数是绿色的。如今的电路板设计都很精密，一般都采用多层设计，例如，4 层、6 层或 8 层等，所以 PCB 板实际上是分层的，其内部也有金属的布线。

2. 金手指

PCB 板下面的一个个金色的接触点就是内存与主板内存槽接触的部分，所有的信号都是通过它们进行传送的，常称为金手指。金手指实际上是在覆铜板上通过特殊工艺再覆上一层金，因为金的抗氧化性极强，而且传导性也很强。不过因为金昂贵的价格，目前较多的内存都采用锡来代替。

3. 内存芯片

内存芯片（通常称为内存颗粒）是内存的灵魂所在，内存的性能、速度、容量都是由内存芯片决定的。不同厂商的内存颗粒在速度、性能上也有很多不同。

4. SPD 芯片

SPD 芯片是一个 8 针的、256B 的 EEPROM 芯片，其位于内存条正面的右侧，里面主要保存了该内存条的相关资料，如容量、芯片的厂商、内存模组的厂商、工作速度、是否具备 ECC 校验等。SPD 的内容一般由内存模组制造商写入。

5. ECC 校验

ECC（Error Checking and Correcting）称为错误自动检查和纠正，这是一种数据校验技术，它用来标识内存是否具有自动纠错功能。内存要具有校验与纠错功能，就必须记录更多的信息，因此这类内存除了负责数据的记录外，还要更多的容量来存储校验与纠错所需要的信息。

6. 内存固定卡缺口

内存插到主板上后，主板上的内存插槽会有两个卡子牢固地扣住内存，这两个缺口便是用于固定内存用的。

7. 内存脚缺口

内存脚上的缺口一是用来防止内存反插（内存脚缺口是不对称的），二是用来区分不同的内存类型。

2.3.3　内存条的主要技术指标

内存作为计算机的主要部件在整机的性能表现中具有举足轻重的作用，当 CPU 主频提升到一定范围，并同时执行多任务的时候，大容量内存的优势就能充分表现出来了。了解内存的技术指标和种类对用户来说是至关重要的。

1. 主频

内存主频和 CPU 主频一样，习惯上被用来表示内存的速度，它代表着该内存所能达到的最高工作频率。内存主频是以 MHz 为单位来计量的，内存主频越高在一定程度上代表着内存所能达到的速度越快。

2. 内存容量

内存容量是指该内存条的存储容量，是内存条的关键性参数。内存容量一般以 MB

作为单位，都是 2 的整次方倍，比如 128MB、256MB、512MB、1GB 等，一般而言，内存容量越大越有利于系统的运行。

3. 存取周期

存取周期是用来表示内存的速度的指标。存储器从接收读出命令到被读出信息稳定在存储寄存器的输出端为止的时间间隔，称为取数时间（TA）；两次独立的存取操作之间所需的最短时间称为存储周期（TMC），单位为 ns（纳秒），这个时间越短，速度就越快，也就标志着内存的性能越好。

4. 内存的电压

内存正常工作所需要的电压值，不同类型的内存其电压也不同，但各自均有自己的规格。SDRAM 内存一般工作电压都在 3.3V 左右，上下浮动额度不超过 0.3V；DDR SDRAM内存一般工作电压都在 2.5V 左右，上下浮动额度不超过 0.2V；而 DDR2 SDRAM内存的工作电压一般在 1.8V 左右；DDR3 SDRAM 内存的工作电压一般在1.5V 左右。

5. CL 设置

内存在数据被传输之前，传送方必须花费一定时间去等待传输请求的响应，通俗点说就是传输前传输双方必须要进行必要的通信，因此会造成一定的传输延迟。CL 设置一定程度上反映了该内存在 CPU 接到读取内存数据的指令后，到正式开始读取数据所需的等待时间。不难看出同频率的内存，CL 设置低的更具有速度优势。

2.3.4　内存条的种类

目前市场上主要有 SDRAM、RDRAM、DDR、DDR2 和 DDR3 五种内存条，它们具有不同的结构，并适用于不同类型的主板。

1. SDRAM 内存

SDRAM 内存曾经是计算机中最为广泛应用的一种内存，如图 2.28 所示。它的工作速度与系统总线速度和系统时钟是同步的，采用 3.3V 工作电压、168Pin 的 DIMM 接口，带宽为 64 位。SDRAM 内存分为 PC66、PC100、PC133、PC150、PC166 和 PC180 等不同规格，而规格后面的数字就代表着该内存能正常工作的系统最大总线速度。

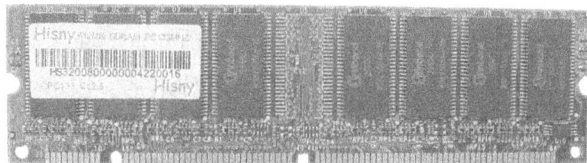

图 2.28　SDRAM 内存条

2. RDRAM 内存

RDRAM 内存又称为 Rambus 内存或 RIMM 内存，是 Intel 公司为解决内存瓶颈问题而提出的方案。RDRAM 内存的插槽是串联在一起的，数据必须从一个插槽传输到下一个插槽，最后到达总线，所以所有的内存插槽都必须插上内存，不能留空插槽。即使在只插一根内存的情况下，空插槽也必须插上 RDRAM 连接卡（简称 C-RIMM）。此方法增加了等待时间，原因是增长了数据到总线的通道。如图 2.29 所示是 RDRAM 内存条和 RDRAM 连接卡。

图 2.29 RDRAM 内存条

3. DDR 内存

DDR 内存可以在时钟触发沿的上、下沿都进行数据传输，所以在相同的总线频率下 DDR 内存具有两倍的数据带宽。DDR 内存采用 2.5V 工作电压，184 Pin 的 DIMM 接口，带宽为 64 位。而且 DDR 内存支持 ECC（错误纠正码）和非奇偶校验。如图 2.30 所示是目前常见的 DDR 内存条。

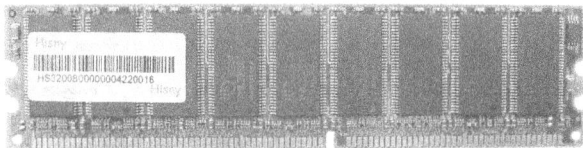

图 2.30 DDR 内存条

DDR 内存分为 PC1600（DDR200）、PC2100（DDR266）、PC2700（DDR333）、PC3200（DDR400）、PC3500（DDR433）和 PC4300（DDR533）等不同规格。习惯是按照内存工作频率来命名，而 DDR 内存则以内存传输速率命名。例如：PC1600 的实际工作频率是 100 MHz，而等效工作频率是 200 MHz，那么它的数据传输率 = 频率 × 每次传输的数据位数，即 200MHz × 64b = 12800Mb/s，也就是 1600MB/s，从而命名为 PC1600。

4. DDR2 内存

DDR2 内存是由 JEDEC（电子设备工程联合委员会）开发的新生代内存技术标准，它与上一代 DDR 内存技术标准最大的不同就是，虽然同是采用了在时钟的上升/下降沿同时进行数据传输的基本方式，但 DDR2 内存却拥有两倍于 DDR 内存预读取能力。

DDR2 内存每个时钟能够以 4 倍于外部总线的速度读/写数据，并且能够以内部控制总线 4 倍的速度运行。

DDR2 内存采用 1.8V 的工作电压，0.13μm 的生产工艺，240Pin 的封装形式，如图 2.31 所示。目前市场上的 DDR2 内存有 DDR2 400、DDR2 533、DDR2 667 和 DDR2 800 等多种不同的规格。

图 2.31　DDR2 内存条

5. DDR3 内存

DDR3 相比起 DDR2 有更低的工作电压，从 DDR2 的 1.8V 降落到 DDRS 的 1.5V，其性能更好、更省电；DDR2 的 4bit 预读升级为 8bit 预读。由于目前最为快速的 DDR2 内存速度已经提升到 800MHz/1066MHz 的速度，因而首批 DDR3 内存模组将会从 1333MHz 起跳。如图 2.32 所示为 DDR3 内存条，其针脚数也为 240Pin。

图 2.32　DDR3 内存条

2.3.5　内存条的选购

由于 DDR 及 DDR2 内存条价格和技术上的优势，现在已经完全居于内存市场的主流地位。由于 SDRAM 已经退出历史潮流，而 RDRAM 仍然只适用于少数高端计算机，因此，本节仅介绍如何选购一款适用的 DDR 及 DDR2 内存条。

1. 内存条选购的原则

生产内存模块的厂商很多，比较熟悉的有现代、胜创、金士顿、三星、Mushkin、金邦、Xtreme DDR 和 Crucial 等厂商。这些厂商用一些数值来标称内存产品的速率，但速率仅代表其产品可以运行的工作频率，必须同时考虑到还有别的因素制约着内存速率。例如，如果使用的是一款明确支持 DDR2 533 内存规范的主板，那么增加 DDR2 533 即可，但增加 DDR2 667 内存也不能使内存系统运行得更快。

如果准备采用双通道内存技术，则必须购买偶数条内存 (如 2 条或 4 条)，奇数条内存无法实现双通道；而且这些内存条的技术指标最好完全相同。双通道内存技术其实是一种内存控制和管理技术，它依赖于芯片组的内存控制器发生作用，在理论上能够使两条同等规格内存所提供的带宽增长 1 倍。

系统中内存的数量等于插在主板内存插槽上所有内存条容量的总和，内存容量的上限一般由主板芯片组和内存插槽决定。不同主板芯片组可以支持的容量不同，多余的部分无法识别。目前多数芯片组可以支持到 2GB 以上的内存，主流的芯片组可以支持 4GB 的内存，更高的可以达到 16GB。此外主板内存插槽的数量也会对内存容量造成限制，比如使用 256MB 一条的内存，主板有两个内存插槽，最高可以使用 512MB 内存。因此在选择内存时要考虑主板内存插槽数量，并且需要考虑将来有升级的余地。

购买多条内存时，最好选择同样 CL 设置的内存，因为不同速度的内存混插在系统内，系统会以较慢的速度来运行，也就是当 CL2.5 和 CL2 的内存同时插在主机内，系统会自动让两条内存都工作在 CL2.5 状态，造成资源浪费。

2. 判断内存条的优劣

在选购内存条时，可以按照以下 3 种方法判断内存条的质量优劣。

（1）看品牌

和其他产品一样，内存芯片也有品牌的区别，不同品牌的芯片质量自然也是不同的。

（2）看内存颗粒

每一条内存都是由内存颗粒叠加而成的，因此内存颗粒的好坏决定了内存条的主要性能，这一点有点类似于 CPU 核心对 CPU、主板芯片组对主板的重要性。

（3）看 PCB

PCB（印制电路板）对内存性能也有很大的影响。决定 PCB 好坏有几个因素。首先是板材，一般来说，如果内存条使用 4 层板，这样内存条在工作过程中由于信号干扰所产生的杂波就会很大，有时会产生不稳定的现象。而使用 6 层板设计的内存条相应的干扰就会小得多。当然，并不是所有的东西都是人们用肉眼能观察到的，比如内部布线等只能通过试用才能发觉其好坏，但还是能看出一些问题：好的内存条表面有比较高的金属光洁度，色泽也比较均匀，部件焊接也比较整齐划一，没有错位；金手指部分比较光亮，没有发白或者发黑的现象。

2.4 硬盘的介绍与选购

硬盘是一种储存量较大的外部设备，用来储存计算机运行时需要的数据。硬盘是绝大多数指令和数据的来源，是所有应用软件和数据的载体，十几年来，硬盘一直是外部存储器的中坚力量。如图 2.33 所示为一块普通硬盘。

硬盘的数据信息都存储在磁介质上，电脑可以将 0 或 1 的电信号通过磁头在磁介质上转化为磁信息而完成写入的过程，也可以将磁介质上已记录的磁信息通过磁头还原为表示 0 或 1 的电信号而完成读取的过程。

2.4.1　硬盘的结构

硬盘主要由接口、控制电路部分、保护外壳、主轴电动机、高速磁头、磁头控制器和磁盘盘片组成。所有盘片都固定在主轴上，而且全部都是平行的。通常每个盘片有两个存储面，每个存储面有一个磁头负责读写操作。磁头是由磁头控制器控制的，可沿盘片的径向移动。盘片以每分钟数千转的速率高速旋转，这样磁头就能在盘片的指定位置完成数据的读写。工作时磁头浮在盘片的上方，并不与盘片直接接触。硬盘内部是绝对无尘的，在普通环境下将硬盘拆开，意味着硬盘将报废，所以不要轻易进行。如图 2.34 所示为硬盘的内部结构。

1. 接口

硬盘接口包括电源接口和数据线接口两部分，如图 2.35 所示。电源接口是与主机电源线的接入插口，其作用是为硬盘正常工作提供电力保证。数据线接口是硬盘与主板数据总线或者地址总线之间进行数据传输交换的通道，使用通常称为"排线"的一根数据线与主板上对应的 IDE 接口、Serial ATA 接口或者 SCSI 接口相连接。

图 2.33　普通硬盘

图 2.34　硬盘的内部结构

2. 控制电路部分

控制电路部分包括许多功能模块的集成电路，如图 2.36 所示，如主轴调速电路、磁头驱动与伺服定位电路、读写电路、主控电路、接口电路等。在电路板上有一块高效的 ROM 芯片，其固化的软件可以进行硬盘的初始化，执行加电和启动主轴电动机、初始寻道、定位及故障检测等任务，在电路板上还安装有高速缓存芯片。

图 2.35　硬盘的 IDE 接口

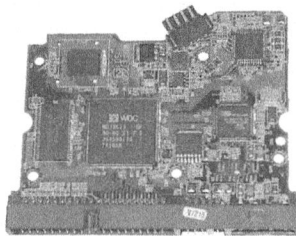

图 2.36　硬盘控制电路部分

3. 保护外壳

该部分的作用是保护硬盘内部的磁盘盘片不受到外界的物理冲击和灰尘的侵袭。硬盘工作时是高速旋转的，如果突然受到外界的冲击，硬盘盘片肯定会被磁头划伤导致物理损坏。同时外壳上面往往有一个带有过滤器的透气孔，通过这个小孔可以让因为高速旋转而大量发热的硬盘内部的热空气顺利排出来，保持硬盘内部的气压和外界大气压一致。

4. 主轴组件

主轴组件包括轴承和驱动电动机等。随着硬盘容量的扩大和转速的提高，主轴电动机的速率也在不断提高，用于驱动盘片高速旋转，如图 2.37 所示。

5. 磁盘盘片

磁盘盘片是硬盘存储数据的载体，如图 2.38 所示。现在硬盘盘片大多采用金属盘片为基片，在基片上均匀地覆有磁介质，形成一个磁介质薄膜，具有高存储密度、高剩磁及高矫顽力等优点。另外，有些厂商还采用一种被称为"玻璃盘片"的材料作为盘片基质，玻璃盘片比普通盘片在运行时具有更好的稳定性。

6. 磁头组件

磁头组件由读写磁头、传动手臂和传动轴 3 部分组成，如图 2.39 所示。

图 2.37　主轴电动机　　　　图 2.38　磁盘盘片　　　　图 2.39　磁头组件

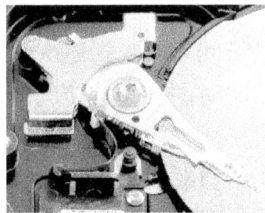

磁头是硬盘中最精密的部件，也是硬盘技术中最重要和关键的一环。磁头是硬盘中对盘片进行读写工作的工具，采用了非接触式头、盘结构，加电后磁头在高速旋转的磁盘表面移动，与盘片之间的间隙只有 $0.1 \sim 0.3 \mu m$，这样可以获得很好的数据传输率。磁头是用线圈缠绕在磁芯上制成的，硬盘在工作时，磁头通过感应旋转的盘片上磁场的变化来读取数据，通过改变盘片上的磁场来写入数据。为避免磁头和盘片的磨损，在工作状态时，磁头悬浮在高速转动的盘片上方，而不与盘片直接接触，只有在电源关闭之后，磁头会自动回到在盘片上的固定位置（称为着陆区或起停区，此处盘片并不存储数据，是盘片的起始位置）。

2.4.2 硬盘的主要技术指标

硬盘的技术参数及性能指标主要有硬盘的转速、单盘容量、数据传输率、缓存、数据接口、平均寻道时间等，这些是最主要的性能指标，也是购买硬盘时需要考虑的主要因素。

1. 单盘容量

硬盘是由多个存储盘片组合而成的，而单盘容量就是指一个盘片所能存储的最大数据量。在相同转速的情况下，硬盘单盘容量越大其内部数据传输速率就越快。另外单盘容量的提高使单位面积上的磁道条数也有所提高，这样硬盘寻道时间也会有所下降。

2. 转速

转速是硬盘内电动机主轴的旋转速度，单位为 r/min，即转/每分钟。目前常见的硬盘转速有 5400r/min、7200r/min 和 10000r/min 等，理论上转速越快，硬盘性能相对就越好，因为较高的转速能缩短硬盘的平均等待时间并提高硬盘的内部传输速度。

3. 数据传输率

硬盘的数据传输率是指硬盘读写数据的速度，单位为 MB/s。硬盘数据传输率又分为外部数据传输率和内部数据传输率两个指标。外部数据传输率是指硬盘缓存和计算机系统之间的数据传输率，内部数据传输率是指硬盘磁头与缓存之间的数据传输率，简单地说就是硬盘将数据从盘片上读取出来，然后存储在缓存内的速度。内部传输率可以明确表现出硬盘的读写速度，是评价一个硬盘整体性能的决定性因素。

4. 平均访问时间

平均访问时间是指磁头从起始位置到达目标磁道位置并且从目标磁道上找到指定数据所需的时间。平均访问时间是平均寻道时间和平均潜伏时间的总和，是硬盘的重要参数之一。

平均寻道时间是指硬盘在接收到系统指令后，磁头从开始移动到移动至数据所在的磁道所花费时间的平均值，单位为 ms（毫秒）。平均潜伏时间是指当磁头移动到数据所在的磁道后，等待指定的数据扇区转动到磁头下方所花费时间的平均值，单位为 ms（毫秒）。

5. 缓存

缓存即硬盘的高速缓冲存储器，是硬盘内部和外部总线交换数据的场所。缓存的大小与速度是直接关系到硬盘的传输速度的重要因素，能够大幅度地提高硬盘整体性能。目前主流硬盘采用 2MB、4MB 和 8MB 缓存，而在服务器或特殊应用领域中还有缓存容量更大的产品，甚至达到了 16MB 和 64MB 等。

2.4.3 硬盘的接口方式

硬盘接口是硬盘与主机系统间的连接部件，作用是在硬盘缓存和主机内存之间传输数据。在整个系统中，硬盘接口的速度直接影响着程序运行的快慢和系统性能的好坏。

1. IDE

IDE 接口也叫 ATA 接口，只需用一根 40 针的电缆将它们与主板接口连起来即可。IDE（ATA）接口技术拥有价格低廉、兼容性强的特点，使其拥有其他类型硬盘无法替代的历史地位，但它也有速率慢、只能内置使用、接口电缆较宽、对接口电缆长度限制严格的缺点。

2. SCSI

SCSI（小型计算机系统接口）是同 IDE（ATA）完全不同的接口。SCSI 接口具有应用范围广、多任务、带宽大、CPU 占用率低及热插拔等优点，但较高的价格使得它很难像 IDE 硬盘那样普及，因此 SCSI 硬盘主要应用于中、高端服务器和高档工作站中。

3. SATA

使用 SATA（Serial ATA）接口的硬盘又叫串口硬盘，是目前 PC 机硬盘的主流产品，具有结构简单、支持热插拔的优点。Serial ATA 以连续串行的方式传送数据，一次只能传送 1 位数据，这样能减少 SATA 接口的针脚数目，使连接电缆数目变少，效率也会更高。

Serial ATA 的起点较高、发展潜力较大，Serial ATA 1.0 定义的数据传输率可达 150MB/s，Serial ATA 2.0 的数据传输率达到 300MB/s，最终 SATA 将实现 600MB/s 的最高数据传输率。

4. USB 接口

与传统串口的速度相比，USB 接口的最大传输速度完全能满足需要大量数据交换的外设要求，并且 USB 接口设备的安装非常简单，在计算机正常工作时也可以进行安装，而无需关机或重新启动、打开机箱等操作。同时 USB 外部设备直接利用 USB 接口提供的电源，无需外接专门对其提供交流电源。如图 2.40 所示，为采用 USB 2.0 接口的移动硬盘。

5. IEEE 1394 接口

IEEE 1394 标准的数据传输率约为 USB1-1 标准的 16 倍，在近几年的发展中，带宽由 400Mb/s，提升到 800Mb/s，甚至 1Gb/s 以上。IEEE 1394 接口设备具有支持热插拔的优点，对于需要经常传送大容量数据的用户来说非常方便。如图 2.41 所示，为采用 IEEE 1394 接口的移动硬盘。

图 2.40　USB 接口移动硬盘图　　　图 2.41　采用 IEEE1394 接口硬盘

2.4.4 硬盘的选购

一般用户在选购计算机时除了关心硬盘的容量、转速等参数外，还要考虑品牌、质保和接口类型等方面，结合实际需要选择适用的硬盘。

1. 关注硬盘的指标

一般而言，在选购硬盘时主要看重转速、缓存容量、寻道时间、单盘容量、内部传输率及外部接口这几项技术指标。转速是区别高端产品与低端产品的主要标志，目前主流 IDE 硬盘的转速为 7200r/min，虽说 10000 r/min 的 IDE 硬盘也已经出现，但是这项技术目前还不成熟，不能在主流市场普及。相对而言，硬盘的寻道时间与内部传输率指标并不怎么透明，只能通过一些专业媒体的测评获取信息。

至于外部接口，目前主要分为 ATA100、ATA133 与 Serial ATA 这 3 种。客观而言，ATA100 与 ATA133 没有什么区别，用户不必在意。Serial ATA 目前也有两种版本，1.0 版本的理论数据传输率为 150MB/s，2.0 版本 (标识为 SATA-II) 的理论数据传输率为 300MB/s，但实际上由于硬盘技术的限制，SATA1.0 和 SATA2.0 在数据传输率上的差别并不明显，因此不必太在意。Serial ATA 由于其传输速率高，安装简便，在组建 RAID 时具有优势，是今后硬盘的发展方向。此外 Serial ATA 的数据线很窄，也有利于机箱内部散热。

2. 典型用途配典型硬盘

根据用户不同的需要，对硬盘的要求也有相应的差别。根据用户性质的不同分别介绍其适用的硬盘产品。

(1) 游戏玩家

对于游戏玩家而言，硬盘的寻道时间更为重要。因为当游戏场景切换时，数据的传输量并不大，用最短的时间使沉睡中的硬盘磁头处于要求的读写位置才是最重要的。当然，由于目前游戏开始时载入的数据较多，因此选择性能好的硬盘还是有必要的。

(2) 视频工作者

由于视频捕捉需要极高的连续传输能力，因此选择 7200r/min 或更高转速的产品是必需的。如果经济条件允许的话，使用两块硬盘来组建 RAID0 磁盘阵列也是不错的选择。

(3) 股票软件用户

这一类用户群体需要时时刻刻开机，因此硬盘的稳定性压过一切，而速度倒是其次的。

(4) 大型软件用户

由于 Windows 对内存的管理能力不甚理想，因此即便再大容量的内存也会有用到虚拟内存的时候。此时，硬盘的速度极为重要。

(5) 普通用户

这类用户占了大多数，有学生、家庭用户等。这些用户对计算机的性能要求并不是很高，因此选择主流的硬盘产品即可。

2.5 光盘驱动器的介绍与选购

根据光盘存储技术，光盘驱动器可分为：CD-ROM（只读光盘驱动器）、CD-R
（可写光盘驱动器）、CD-R/W（可擦写光盘驱动器）、DVD-ROM（DVD 只读光盘驱动
器）、DVD-RAM（可反复擦写 DVD 光盘存储器）。随着多媒体技术的发展，光驱已经
成为多媒体计算机的标准配置。

2.5.1 CD-ROM 驱动器

1. 光驱的外部结构

随着光存储技术的不断发展，目前光驱的种类多种多样，如图 2.42 所示，为一个
CD-ROM 光驱的正面，由耳机插孔和控制按钮组成。如图 2.43 为一个光驱的背面，由
数据线、跳线、电源线接口、音频输出插座等组成。

图 2.42 CD-ROM 光驱的正面结构　　　　图 2.43 CD-ROM 光驱后部接口

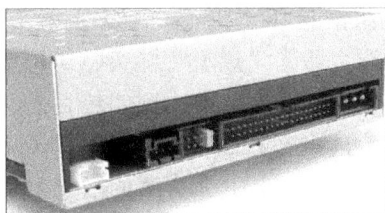

耳机插孔：是用来插耳机或音箱的。

应急孔：应急情况下，当光盘托架无法弹出时，可用一根细铁丝插入其中，光盘
托架就可以弹出了。

音量控制按钮（Volume）：是用来调节输出音量的大小的。

读盘指示灯：在光驱读盘时会随着光盘的旋转而闪烁。

播放键（Play）：当 CD 盘片放入光驱时，按这个键可以播放 CD。

弹出键（Stop）：按此键可以将光盘托盘弹出或收回，以便将盘片取出或放入。如
果正在播放 CD 音乐，按一下该键停止播放音乐，再按一次就会弹出托盘。

音频输出插座：用一根音频线和声卡与 CD 输出端相连就可以听 CD（红色线是右
声道），而且不占用系统资源。集成声卡的用户在连线时请参考主板说明书。

跳线：用于设置光驱是主盘（Master）、从盘（Slave），还是数据线选择模式。

IDE 接口：用数据线（一般是 40PIN 的 E-INE 排线）和主板上的 IDE 口连接。

电源接口：用来连接电源线。

2. CD-ROM 的性能指标

CD-ROM 的主要技术指标有以下几项。

（1）数据传输率

数据传输率（Data Transfer Rate）是光驱的最基本的性能指标，它是指光驱在 1s 的时间内所能读取的最大数据量。通常说一个光驱是"几速"的，指的就是它的数据传输率。单倍速即 1X 每秒钟能传输 150KB（即 150KB/s），现在市场上主流产品都是50X 以上的光驱。

（2）接口

目前常用的光驱接口有 IDE、SCSI 和 USB。与 IDE 接口的驱动器相比，SCSI 接口的驱动器占用的 CPU 资源较少，对于同样的任务，性能自然要好得多。但是，由于现在大多数主板上只集成了 IDE 接口，SCSI 接口卡要另外购买。

（3）光驱的传输技术

目前光驱的传输技术主要有 CLV、CAV 和 PCAV 三种。CLV 技术也就是恒定线速度方式，一般采用在低速光驱中。CAV 是指恒定角速度，多采用在高速光驱中。PCAV 是指区域恒定角速度，它综合了 CLV 技术和 CAV 技术的优势。在读光盘内圈时采用 CAV 方式，在读光盘外圈时采用 CLV 技术。这样既节约了成本，又提高了性能，这是目前大部分高速光驱所普遍采用的技术。

（4）纠错能力

纠错能力即读"烂盘"能力，纠错能力是光驱很重要的一项指标。有些产品是通过调大激光头发射功率来达到纠错目的，使用较长时间后，激光头老化，性能就会大幅度下降，且缩短了 CD-ROM 的使用寿命。性能好的产品采用了先进的容错技术和较好的伺服系统，加上中等功率的激光发射，使光驱始终有良好的表现，这样的光驱才算得上真正的"超强纠错"。

（5）CPU 占用率

CPU 的占用率是指光驱在保持一定的转速和数据传输率时所占用 CPU 的比率，这是衡量光驱性能的重要指标之一。光驱占用 CPU 比率越小，说明系统整体性能越好。根据 MPC 3 标准，一般光驱的 CPU 占用率不应超过 40%。

2.5.2　DVD-ROM 驱动器

1. DVD 知识简介

DVD 最初是指数字视频光盘，即 Digital Video Disc。不过随着技术的不断发展和创新，现在的 DVD 已经不再仅指视频这个范畴了，指的是数字多功能光盘（Digital Versatile Disc）。DVD-ROM 驱动器已成为目前计算机组装市场上的主流产品，DVD-ROM驱动器的外观与 CD-ROM 相同，如图 2.44 所示。

图 2.44 DVD-ROM

DVD-ROM 技术类似于 CD-ROM 技术，但是可以提供更高的存储容量。按单/双面与单/双层结构的各种组合，DVD 可以分为单面单层、单面双层、双面单层和双面双层 4 种物理结构。DVD 单面单层光盘容量高达 4.7 GB，双面双层光盘容量高达 17 GB，相对于 CD-ROM 光盘 650MB 的存储容量，DVD-ROM 光盘的存储容量是 CD 盘片的 7～20 倍。DVD-ROM 可以兼容已有的 CD-Audio、CD-ROM、CD-R 等多种格式的光盘。

2. DVD-ROM 主要性能指标

DVD 驱动器的主要性能指标如下。

（1）读取速度

DVD 的读取速度是指读取 DVD-ROM 光盘时能达到的最大倍速，该速度是以 DVD-ROM 倍速来定义的，DVD 的单倍速是 1350KB/s。

（2）多种格式的支持

DVD 光驱除了能够兼容 DVD-ROM、DVD-Video、DVD-R、CD-ROM 常见格式外，还应当支持 CD-R/RW、CD-I、Video-CD、CD-G 等格式，支持的格式越多越好。

（3）DVD 光驱的接口方式

DVD 光驱也分为 IDE 接口和 SCSI 接口两种。SCSI 接口的 DVD 光驱性能稳定，数据传输速率高。IDE 接口的光驱连接更为方便，价格也更便宜，目前国内的主流 DVD 光驱大多采用了 IDE 接口设计结构。

（4）缓存和寻道时间

DVD 光驱的缓存容量的大小直接影响着它的整体性能，缓存越大，其命中率就越高。DVD 缓存容量一般有 128KB、256KB、512KB，个别的外置式 DVD 光驱采用了更大容量的缓存。寻道时间反映了驱动器从接收指令到达指定的位置读出数据的快慢，寻道越快，单位数据读取的时间就越短。

2.5.3 刻录机

随着用户对数据存储要求的日益提高，光盘刻录产品以大容量、低成本、易保存的优势和较高的性价比逐渐成为外存储设备的选购焦点。刻录机的作用是将微机系统中的信息、数据刻录到光盘上。刻录机可分为 CD 刻录机和 DVD 刻录机。

1. CD 刻录机

CD 刻录机按功能可以分为 CD-R、CD-RW 几种，其性能指标有多个，但关键的指标有以下几个。

（1）速度

速度是光盘刻录机主要的技术指标，包括数据的读取和写入速度。写入速度 (Write Speed) 是最重要的指标，而且几乎和价格成正比。对于 CD-RW 刻录机，其写入速度还细分为刻录速度（CD-R）和擦写速度（CD-RW）。

CD-R 刻录机写入数据的速度一般以 KB/s 表示。理论上讲写入速度越快则性能越好，但由于技术的限制，刻录机的写入速度远比它的读取速度低得多。以 CD-R 为例，目前的光盘读取速度普遍达到 52X 以上，写入速度最高只达到 40X。

CD-RW 刻录机擦写 CD-RW 盘片的速度同样是以 KB/s 或 "倍速 X" 表示。虽然 CD-RW 刻录机可以刻录 CD-R 和 CD-RW 两种盘片，但是刻录的速度却不一样，以目前的规格来看，CD-R 刻录机可达 48X 以上，而 CD-RW 刻录机的擦写速度目前通常只有 32X。

CD-RW 驱动器常用的标称速度格式为 "写 × 擦 × 读"，其中第一个数字为写入速度，第二个数字为擦写速度，第三个数字是读取速度，如 20 × 10 × 40。

（2）接口方式

刻录机的接口方式主要有 SCSI 接口、IDE 接口及现在常用的 USB 接口。

SCSI 接口是刻录机刚诞生时所采用的标准接口，这种接口对 CPU 资源的占用率较低，数据传输稳定并且速度较快，因而它的刻录质量较好。

IDE 接口的刻录机价格较低，兼容性较好，可以方便地使用主板已有的 IDE 接口，安装起来最为简单。但由于 IDE 接口对 CPU 性能的依赖性较强，如果在刻录时运行其他较消耗资源的程序，就可能使 IDE 接口的工作受到干扰，造成数据传输不正常，很可能将正在刻录的盘片报废，所以刻录的可靠性要稍逊于 SCSI 接口的产品。

（3）缓存容量

刻录机缓存容量（Bulffer Size）的大小是衡量光盘刻录机性能的重要指标之一，刻录时，数据必须先写入缓存，刻录软件再从缓存区调用要刻录的数据，在刻录的同时后续的数据再写入缓存中，以保持要写入数据良好的组织和连续传输。如果后续数据没有及时写入缓冲区，传输的中断则将导致刻录失败。因而缓冲的容量越大，刻录的成功率就越高。市场上的光盘刻录机的缓存容量一般在 512KB ～ 2MB 之间，建议选择缓存容量较大的产品。

2. DVD 刻录机

随着技术的成熟和价格的不断走低，DVD 刻录机已经完全占据了光存储市场的主流，目前，16 倍速已成为 DVD 刻录机产品中的主流产品。DVD 刻录机有以下几种。

（1）DVD-R

DVD-R 是一次写入型 DVD，也称为 DVD 刻录机。与 CD-R 类似，其特点是只能按顺序一次写入数据，但可反复读出。

（2）DVD+RW 与 DVD-RW

DVD-RW 是相变可擦写格式，产品于 1999 年年中上市，由 Pioneer 公司开发的基于 DVD-R 技术的 DVD-RW 可以在大部分的 DVD 光驱和 DVD 机上播放，初始容量为 4.7GB。

DVD+RW 是由 Philips、SONY、HP 和其他一些公司基于 DVD 和 CD-R 技术发布的一种可擦写格式。DVD+RW 容量为 2.8 GB，仅用于计算机数据存储。

（3）DVD-RAM

DVD-RAM 也是可擦写型 DVD，它是 DVD 系列中推进速度最快的产品。DVD-RAM 的记录格式也是采用相变技术，存储容量有两种规格：单面盘为 2.58GB，双面盘为 5.2GB。DVD-RAM 盘片可重复使用十万次以上。

2.5.4 光盘驱动器的选购

1. CD-ROM 和 DVD-ROM 的选购原则

在选购光驱时，应着重考虑容错性、稳定性、品牌、服务等因素。

（1）纠错能力

一直以来 DVD 光驱纠错能力都是众人所议论的焦点，甚至有人怀疑 DVD 光驱能否真正替代 CD-ROM。其实"纠错能力一般"只是早期 DVD 产品的一个弊病，随着技术的成熟，现在的 DVD 光驱通常情况下已经拥有令人满意的纠错能力。

（2）稳定性

由于速度的提升，使光驱的发热量增加，传统的塑料机芯由于耐热力较差，长时间使用就会出现变形、读盘不顺利等现象。为了解决这些问题，一些厂家已经使用全钢机芯来制造光驱。虽然使用全钢机芯的光驱成本较普通光驱要高，但寿命显著提高。

（3）速度

速度是衡量一台光驱读盘快慢的标准，目前市面上主流的 DVD 光驱基本上是 16X。DVD 光驱具有向下兼容性，除了读取 DVD 光盘之外，DVD 光驱还可以读取普通 CD 数据盘片，因此还需关注对 CD 的读取速度。主流的 CD-ROM 的读取速度普遍是 50X～52X，而目前市面上的很大一部分 16X DVD 光驱，其 CD 盘的最大读取速度仅为 40X。

（4）品牌和售后服务

一个信得过的品牌是选购一款好 DVD 光驱的关键之一。目前国内品牌较好的光驱主要有华硕（ASUS）、明基（BenQ）、NEC、SONY、三星及 LG 等。这些名牌产品的质量一般都有保障，保修时间较长，在售后服务上也做得较好，如提供三个月包换，一年保修等承诺。一些没有正规包装的散装光驱或者水货，其质量上都存在着潜在的问题，建议不要购买。

2. 刻录机的选购原则

由于 CD-R 光盘刻录机与 CD-RW 光盘刻录机的价格相近，所以 CD-R 驱动器还没有普及就将退出市场，现在应该选择 CD-RW。CD-RW 品牌有：HP（惠普），Philips（飞利浦），RICOH（理光），YAMAHA（雅玛哈），BenQ（明基），SONY（索尼）等。由于各生产厂商的市场定位不同，光盘刻录机的性价比也不尽相同，即使是同系列产品，由于接口的不同也存在性能差异，所以应根据需要选择合适的产品。

用户在选购时，应该注意以下 3 点。

（1）刻录品质

刻录机的刻录品质是选购刻录机最需要关注的因素。目前，DVD 刻录机厂商针对产品刻录品质提出了各自的解决方案，用户在选择产品时应注意厂家针对这方面提出的技术要点。另外，优质的光头对刻录品质也至关重要。优质光头使用寿命长，而且还可确保刻录的成功率。

（2）应用

一台 DVD 刻录机本身具有的功能是有限的，而且多数普通用户对硬件了解不多，只有厂商不断推出相关应用软件，才能引导用户正确使用产品。因此，用户在选购产品时，应当多注意产品附送的软件，这直接关系到如何更便捷地使用 DVD 刻录机。例如，DVD 刻录机可用来存储 DV 拍摄的视频，如果用户不具备相关经验，就无法在短时间内刻录出 DV 影片。为了解决这个问题，明基向用户附送了一个专为 DV 用户设计的 Qideo "一指录" 软件，通过它即可轻松完成整个 DV 转录过程。

（3）服务

服务是企业和品牌所创造的另一种价值与资本。随着服务意识的增强，用户意识到厂商所提供的服务本身就是对产品的支持。从整个 DVD 光存储市场的行情来看，价格固然是用户购买前所需要考虑的重要因素，但绝不是唯一因素，产品质量及产品售后服务才是具有决定性作用的主要因素。只有价格下降，服务不降的产品，才是值得用户信任的产品。

2.6 显示卡的介绍与选购

显示卡也称为显示适配器，简称显示卡，在计算机的显示系统中，显示卡负责将 CPU 送来的影像信息数据处理成显示器可以理解的格式，再送到屏幕上形成影像，它是主机与显示器之间的接口卡，显示器必须在显示卡的控制下工作。显示卡是计算机行业中最具有活力的配件之一，发展的速度相当快。如图 2.45 所示为一块 PCI-E 接口的显示卡。

现在的显示卡一般都具有 3D 图形加速功能，都可以执行一些图形运算，可以大幅度减少 CPU 的工作量，使 CPU 有时间处理更多其他的信息，从而提高计算机系统的整体速度。显示卡的工作流程是：显示芯片接收到 CPU 发出的指令后进行计算→把计算结果传

图 2.45 PCI-E 接口的显示卡

送给显存→然后显存再把数据传送到 RAMDAC 进行数/模转换→最后传送到 VGA 输出端口传送给显示器。

2.6.1 显示卡的构成

一块显示卡不论是何种品牌，使用何种显示芯片，它都必须包含显示芯片、显示内存、RAMDAC、显示卡 BIOS、总线接口、输出接口等几部分。如图 2.46 所示，为显示卡的硬件结构构成。

图 2.46　显示卡的硬件结构

1. 显示芯片

显示芯片，简称 GPU，是显示卡的"心脏"，相当于 CPU 在计算机中的作用。大多数情况下，显示芯片是被散热片或散热风扇遮盖住的，用户并不能直接看到它。显示芯片性能的好坏直接决定了显示卡性能的好坏，它的主要任务就是处理系统输入的视频信息并将其进行构建、渲染等。如图 2.47 所示为 ATI 的显示芯片。

图 2.47　显示芯片

图 2.48　DDR3 的显存

2. 显存

显存也称为帧缓存，它的作用是用来存储显示芯片处理过或者即将提取的渲染数据。如同计算机的内存一样，显存是用来存储要处理的图形信息的部件。数据必须通过显存来保存，再交由显示芯片和 CPU 调配，最后把运算结果转化为图形输出到显示器上。显存的种类由早期的 FPM、EDO DRAM、SGRAM、SDRAM、DDR 逐渐发展到现在广泛应用的 DDR2 和 DDR3。DDR3 的显存如图 2.48 所示。

3. RAMDAC

RAMDAC 即随机存取内存数字/模拟转换器，作用是将显存中的数字信号转换为显示器能够显示出来的模拟信号，其转换速率用 MHz 表示。RAMDAC 有内置和外置两种，内置的 RAMDAC 集成在显示芯片中，因为这有助于降低成本，一些专业图形显示卡使用的是外置 RAMDAC。

4. 显示卡 BIOS

显示卡 BIOS 主要用于显示卡上各器件之间正常运行时的控制和管理，通常计算机在加电后首先显示显示卡 BIOS 中所保存的相关信息，然后显示主板 BIOS 版本信息及主板 BIOS 对硬件系统配置进行检测的结果等，由于显示 BIOS 信息的时间很短，所以必须注意观察才能看清显示的内容。

5. 总线接口

总线接口是指显示卡与主板连接所采用的接口类型。不同的接口决定着主板是否能够使用此显示卡，只有在主板上有相应接口的情况下，显示卡才能使用。显示卡发展至今主要出现过 ISA、EISA、VESA、PCI、AGP、PCI Express 6 种接口，所能提供的数据带宽依次增加，其中 PCI Express 接口已经成为目前的主流接口。

（1）AGP 接口

AGP 接口即加速图形接口，可直接向图形分支系统的存储器提供高速带宽，使图形加速卡计算速度更快。如图 2.49 所示为 AGP 总线接口。AGP 接口用途非常单一，是专门为提高计算机的图像处理能力而开发的，在传输率上可分为 AGP 1X、AGP 2X、AGP 4X 和 AGP 8X，AGP 8X 的总线频率达到 533MHz，在数据传输带宽上也达到 2.1GB/s。

图 2.49　AGP 总线接口

（2）PCI Express 接口

PCI Express 是新一代的总线接口，如图 2.50 所示。PCI Express 的接口包括 X1、X4、X8、X16 及 X32 等（X2 模式将用于内部接口，而非插槽模式），较短的 PCI Express 卡可以在较长的 PCI Express 插槽中使用。PCI Express 接口能够支持热拔插，用于取代 AGP 接口的 PCI Express 接口位宽为 X16，将能够提供 5GB/s 的带宽，即便有编码上的损耗，但仍能够提供约为 4GB/s 左右的实际带宽，远远超过 AGP 8X 的 2.1GB/s 的带宽。

图 2.50 PCI Express 总线接口

6. 输出接口

显示卡所处理的信息最终都要输出到显示器上，显示卡的输出接口就是计算机主机与显示器之间的桥梁，它负责向显示器输出相应的图像信号。现在最常见的输出接口有：VGA 接口、DVI 接口和 S 端子三种，也有集 3 种接口于一体的显示卡，如图 2.51所示。

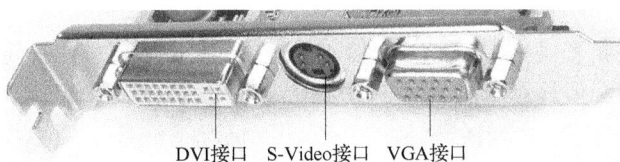

DVI接口 S-Video接口 VGA接口

图 2.51 显示卡的输出接口

（1）VGA 接口

VGA 接口也叫 D-Sub15 接口，这是一种模拟信号输出接口。CRT 显示器因为设计制造上的原因，只能接受模拟信号输入，这就需要显示卡能输入模拟信号。VGA 接口共有 15 个针孔，分成三排，每排五个，是显示卡上应用最为广泛的接口类型，绝大多数的显示卡都带有此种接口。

（2）DVI 接口

DVI 接口传输的是数字信号，数字图像信息不需经过任何转换，就会直接被传送到显示设备上，因此减少了数字→模拟→数字的转换过程，大大节省了时间，因此其速度更快，有效消除拖影现象，信号没有衰减，色彩更纯净，更逼真。

目前的 DVI 接口分为两种，一种是 DVI-D 接口，只能接收数字信号，接口上只有 3 排 8 列共 24 个针脚，其中右上角的一个针脚为空，不兼容模拟信号，如图 2.52 所示；另外一种是 DVI-I 接口，可同时兼容模拟和数字信号，如图 2.53 所示。兼容模拟信号并不意味着模拟信号的接口 D-Sub 接口可以连接在 DVI-I 接口上，而是必须通过一个转换接头才能使用，一般采用这种接口的显示卡都会带有相关的转换接头。

图 2.52 显示卡 DVI-D 的接口

图 2.53 显示卡 DVI-I 的接口

（3）S-Video 接口

S-Video 接口也叫 S 端子，是在 AV 接口的基础上将色度信号 C 和亮度信号 Y 进行分离，再分别以不同的通道进行传输的接口。通常显示卡上采用的 S 端子有标准的 4 针接口（不带音效输出）和扩展的 7 针接口（带音效输出）。S 端子相比于 AV 接口，在很大程度上避免了视频设备内信号串扰而产生的图像失真，极大地提高了图像的清晰度。

2.6.2　显示卡的技术指标

显示卡的技术指标主要有核心频率、像素填充率、显示芯片位宽、显存频率、显存时钟周期、显存位宽、显存带宽等，下面将进行详细介绍。

1．核心频率

显示卡的核心频率是指显示核心的工作频率，其工作频率在一定程度上可以反映出显示核心的性能，但显示卡的性能是由核心频率、显存、像素管线、像素填充率等多方面的因素所决定的，因此在显示核心不同的情况下，核心频率高并不代表此显示卡性能好。

2．渲染管线

渲染管线也称为渲染流水线，是显示芯片内部处理图形信号相互独立的并行处理单元。渲染管线的数量是决定显示芯片性能和档次的最重要的参数之一，从显示卡的渲染管线数量可以大致判断出显示卡的性能高低。但显示卡性能并不仅仅只是取决于渲染管线的数量，同时还取决于显示核心架构、渲染管线的执行效率、顶点着色单元的数量及显示卡的核心频率和显存频率等方面。

3．像素填充率

像素填充率是指图形处理单元在每秒内所渲染的像素数量，单位是 MPixel/s（每秒百万像素），或者 GPixel/s（每秒十亿像素），是用来度量当前显示卡的像素处理性能的最常用指标。

4．显示芯片位宽

显示芯片位宽是指显示芯片内部数据总线的位宽，也就是显示芯片内部所采用的数据传输位数，目前主流的显示芯片基本都采用了 256 位的位宽。显示芯片位宽是决定显示芯片级别的重要数据之一。

5．显存频率

显存频率是指默认情况下，该显存在显示卡上工作时的频率，以 MHz（兆赫兹）为单位。显存频率一定程度上反映了该显存的速度。

6. 显存位宽

显存位宽是显存在一个时钟周期内所能传送数据的位数，位数越大则瞬间所能传输的数据量越大，是显存的重要参数之一。目前市场上的显存位宽有 64 位、128 位和 256 位三种，人们习惯上说的 64 位显示卡、128 位显示卡和 256 位显示卡就是指其相应的显存位宽。

7. 显存带宽

显存带宽是指显示芯片与显存之间的数据传输速率，它以字节/秒为单位。显存带宽是决定显示卡性能和速度最重要的因素之一。显存带宽的计算公式为：显存带宽 = 工作频率 × 显存位宽/8。目前大多中低端的显示卡都能提供 6.4GB/s、8.0GB/s 的显存带宽，而对于高端的显示卡产品则提供超过 20GB/s 的显存带宽。

8. 显存容量

显存容量是显示卡上本地显存的容量数，这是选择显示卡的关键参数之一。显存容量的大小决定着显存临时存储数据的能力，在一定程度上也会影响显示卡的性能。

2.6.3 显示卡的选购

现在的显示卡市场主要是 ATI 和 nVIDIA 两大巨头的天下，当然采用 3Dfx、Matrox、Trident、SIS 等图形加速芯片的 3D 加速卡产品也有一些用户。对用户而言，选购显示卡最重要的是根据自己的实际预算和具体应用来决定。

1. 显示卡的选购原则

无论选购何种配件产品，除了要了解自己的预算之外，最重要的就是要明确使用目的。对于显示卡这样的消费类产品来说，这一点尤为重要。由于显示卡更新换代的速度非常快，选择一块超出自己需要的显示卡会导致投资价值的迅速流失，这对于追求性价比的用户来说将是一件十分遗憾的事情。一般来讲，消费类显示卡通常是基于以下几种用途来选择的。

（1）桌面办公型

这类用途对显示系统的性能几乎没有什么要求，只要能够做到 2D 显示清晰锐利，对 3D 加速能力完全没有要求。对于办公室的计算机系统来说，主板集成的显示芯片就足以应付任何需要，并且在一个很长的时期内都无须升级换代。

（2）家用娱乐型

这类用户一般的用途多为上网、看光盘或者文字处理，偶尔玩一点对硬件要求不高的游戏。在这种情况下一块显示效果出色，同时拥有一定 3D 处理能力的高性价比产品应该说是最好的选择。在预算方面，合理的范围应该是选择 300 ～ 600 元的产品，节约下来的预算可以用来选择更好的显示器和外设产品。

（3）游戏发烧型

这类系统无疑对显示系统的性能有着极高的要求，这样的用户也是唯一真正对疯狂的 3D 加速性能、大容量高带宽的显存十分感兴趣的群体。构建这类系统的用户，常常不惜代价以换取更快的图形处理速度和更高的显示质量。因此可以说，最新、最快的高档产品就是专门给这些用户设计的。如果同时对预算比较敏感，则可以通过对比选择质高价廉的显示卡。

（4）初级专业领域

专业显示卡拥有很强的图形处理效能，但在软件开发接口上与普通的游戏卡有着本质的区别，它们通常都是基于 OpenGL（Open Graphics Library，开放的图形程序）接口的。在娱乐消费类产品中拥有顶尖速度的显示卡在专业图形领域并不能很好地发挥其效能。但是，伴随着专业 3D 显示卡强大的图形处理能力而来的通常是极其高昂的价格，一般来说个人用户是很难接受的。在这种情况下，对于初级专业领域的用户来说，选择一款具有一定专业图形处理能力的普通游戏卡可以算是一个折中的方案。

2. 选购注意事项

在明确了用途后，接下来的工作就是选择一款做工精良、质量优秀的产品。良好的用料和做工是保证显示卡稳定工作和高质量显示效果的前提条件。

（1）关注显示卡的做工和用料

良好的做工表现在合理的元器件布局设计，清晰、明了的走线及规范、严谨的焊点。在购买显示卡时，这几点一定要仔细确认，因为这将是保证显示卡稳定工作的基础。名牌大厂的产品做工优秀，但往往售价高昂。但只要掌握了选择办法，也可以从很多名气一般的厂家出品的显示卡中发现做工出色的精品。

用料主要指的是显存颗粒、滤波电容及 PCB 电路板等直观元器件。一块显示卡显示效果的好坏与该卡所采用的元器件有很直接的联系。显示画质的优劣主要取决于 RAMDAC 和滤波电容的质量，跟显示卡本身的做工也有一定的关系。这样，采用质量更好的元器件的厂家生产的显示卡无疑在具有高质量的同时会拥有更佳的显示质量，而用料、做工较差的厂家的产品则很难有出色的画质表现。

（2）辨别显示卡各部分的参数

购买显示卡除了需要认清做工用料的优劣之外，另外一项重要的技能就是要学会辨别显示芯片和显存的各项参数。这是正确选择产品的需要，同时也是辨别少数不法商贩欺骗手段的重要技能之一。

除了显示芯片的参数识别外，显示内存的参数辨别也是一项十分重要的工作。在如今显示卡的性能指标中，显存带宽已经成为一项重要的衡量显示卡性能的标准。更大的显存带宽意味着更快速、更大量的数据交换，同时也就意味着更快的显示速度。作为显示芯片的生产厂家，显存的带宽和速度也是常用的区分不同档次产品的重要手段之一。

目前显示卡使用的显存颗粒主要有 DDR、DDR2 和 DDR3 几种。显然，在经济条件允许的情况下，应尽可能选择技术更先进的显存，DDR3 应是首选。

除了显存的种类外，显存的速度也是衡量显存档次的重要标志之一。显存的速度指标用 ns（纳秒）来衡量，纳秒数越低，说明显存的存取速度越快。目前，广泛采用的 DDR 显存的速度有 5ns、4ns、3.8ns、3.3ns、2.8ns 和 2ns 等几种。衡量显存速度的纳秒数通常都会标在显存颗粒的表面，只要仔细地留意一下很容易发现。

2.7 显示器的介绍与选购

显示器是一台计算机中最重要的输出设备，也是独立性最强，使用时间最长、更新换代最慢的配件。同时，高质量的显示器对保护用户的健康有着积极的意义，因此从某种意义上说，显示器是购买时最值得一步到位的产品。

2.7.1 显示器的分类

常用的显示器按照显示器件的不同可以分为 CRT 显示器和 LCD 显示器两种。这两种显示器由于显示方式的不同，各自有着鲜明的特点。

1. CRT 显示器

CRT 显示器又称为阴极射线管显示器，核心部件是显像管，主要由五部分组成：电子枪、偏转线圈、荫罩、荧光粉层及玻璃外壳。它是目前应用最广泛的显示器之一，CRT 纯平显示器具有可视角度大、无坏点、色彩还原度高、色度均匀、可调节的多分辨率模式、响应时间短等 LCD 显示器难以超过的优点，如图 2.54 所示为 17 英寸（43cm）CRT 显示器。

图 2.54 17 英寸（43cm）纯平 CRT 显示器　　　图 2.55 17 英寸（43cm）LCD 显示器

2. LCD 显示器

LCD 显示器即液晶显示器，是一种采用了液晶控制透光度技术来实现色彩的显示器。和 CRT 显示器相比，LCD 显示器的优点是很明显的。由于通过控制是否透光来控制亮和暗，当色彩不变时，液晶也保持不变，这样就无须考虑刷新率的问题。LCD 显示器还通过液晶控制透光度的技术原理让底板整体发光，所以它做到了真正的完全平面。一些高档的数字 LCD 显示器采用了数字方式传输数据、显示图像，这样就不会产生由于显示卡置换数据模式造成的色彩偏差或损失。LCD 显示器完全没有辐射，即使长时间观看 LCD 显示器屏幕也不会对眼睛造成很大伤害。体积小、能耗低也是 CRT 显示器无法与之比拟的，一般一台 15 寸（38cm）LCD 显示器的耗电量也就相当于 17 英寸（43cm）纯平 CRT 显示器的 1/3。如图 2.55 所示，为 17 英寸（43cm）液晶显示器。

2.7.2　显示器的性能指标

1. CRT 显示器的性能指标

衡量 CRT 显示器性能的指标很多，其中最主要的是：点距、分辨率、可视尺寸、刷新频率、带宽及安全认证等。

（1）可视尺寸

CRT 显示器的尺寸是以显像管对角线的长度来度量的，常见的有 15 英寸（38cm）、17 英寸（43cm）、19 英寸（48cm）、20 英寸（51cm）几种。可视尺寸指显像管的可见部分的对角线尺寸，以英寸单位。15 英寸（38cm）显示器的可视范围在 13.8 英寸（35cm）左右，17 英寸（43cm）显示器的可视区域大多在 15～16 英寸（38～41cm）之间，19 英寸（48cm）显示器可视区域达到 18 英寸（46cm）左右。

（2）点距和栅距

点距是指屏幕上相邻两个同色像素单元之间的距离，即两个红色（或绿、蓝）像素单元之间的距离。点距的单位为 mm（毫米）。目前点距主要有 0.39 mm、0.31 mm、0.28 mm、0.26 mm、0.24 mm 和 0.22 mm 等几种规格，最小的可达 0.20 mm；栅距是特丽珑显像管产生后引入的概念，是指荫栅式像管平行的光栅之间的距离。从日常的应用看，0.28 mm 点距的孔状荫罩显示器和 0.25 mm 栅距的荫栅式荫罩显示器已经达到要求，除非特殊作图的需要，一般使用没有必要追求更小点距的显示器。

（3）分辨率

分辨率就是屏幕图像的精密度，是指显示器所能显示的点数的多少。由于屏幕上的图形都是由点组成的，显示器可显示的点数越多，画面就越精细，同样的区域内能显示的信息也越多，所以分辨率是非常重要的性能指标之一。以分辨率为 1024×768 的屏幕来说，即每一条水平线上包含有 1024 个像素点，共有 768 条线，即扫描列数为 1024 列，行数为 768 行。

（4）刷新频率

刷新频率是指屏幕刷新的速度，分为水平扫描频率和垂直扫描频率。水平扫描频率又称为行频，指电子枪在单位时间里在荧光屏上扫过的水平线的数量，单位为 kHz（千赫兹）；垂直扫描频率即场频，是指单位时间内电子枪对整个屏幕进行扫描的次数，通常以 Hz（赫兹）表示。刷新率过低会导致屏幕有闪烁感，容易造成视觉疲劳。视频电子标准协会（VESA）于 1997 年正式规定：85Hz 逐行扫描为（人肉眼观察）无闪烁的标准场频。

（5）带宽

带宽是显示器视频放大器通过频带宽度的简称，指电子枪每秒钟在屏幕上扫过的像素点的总数，以 MHz（兆赫兹）为单位。带宽越高，惯性越小，响应速度越快，允许通过的信号频率越高，信号失真越小，它反映了显示器的解像能力。

（6）安全认证

对显示器来说最重要的安全认证是电磁辐射标准，即限制显示器所发出的电磁辐射量的国际标准。目前重要的标准是 TCO 标准认证，是由瑞典专业雇员联盟推出的，已逐渐演变成了通用的世界性标准，引起了显示器生产厂商的广泛重视。它不仅包括辐射和环保的多项指标，还对舒适、美观等多方面提出严格的要求。从 TCO'92、TCO'95、TCO'99、TCO'03 到 TCO'06，TCO 认证一共产生过五代不同的标准。随着时间的推移，人们健康、环保意识普遍加强，加之科技进步带来的产品质量的提高，TCO 认证标准也一代比一代更为严格。如图 2.56 所示，为历代 TCO 认证标志。

图 2.56　TCO 认证

2. LCD 显示器的性能指标

LCD 显示器的性能指标与 CRT 显示器的相似，除此之外，LCD 显示器还有自己的几项重要指标，如亮度、对比度、响应时间、可视角度等。

（1）可视尺寸

可视尺寸是指液晶显示器屏幕对角线的长度，单位为英寸。与 CRT 显示器不同的是，由于液晶显示器标称的屏幕尺寸就是实际屏幕显示的尺寸，所以 17 英寸（43cm）的液晶显示器的可视面积接近 19 英寸（48cm）的 CRT 纯平显示器的可视面积。

（2）像素间距

LCD 显示器的像素间距的意义类似于 CRT 的点距。一般是指显示屏相邻两个象素点之间的距离。画面是由许多的点形成的，而画质的细腻度就是由像素间距来决定的，所以像素间距是非常重要的性能指标之一。

（3）分辨率

分辨率是 LCD 显示器重要的参数之一。传统 CRT 显示器所支持的分辨率范围较大，而 LCD 的像素间距已经固定，所以支持的显示模式不像 CRT 那么多。LCD 的最佳分辨率，也叫最大分辨率，在该分辨率下，液晶显示器才能显现最佳影像。

（4）刷新率

LCD 显示器画面扫描频率的意义有别于 CRT，指显示器单位时间内接收信号并对画面进行更新的次数。由于 LCD 显示器像素的亮灭状态只有在画面内容改变时才有变化，因此即使扫描频率很低，也能保证稳定的显示，一般刷新率有 60Hz 就足够了。

（5）亮度和对比度

亮度是指画面的明亮程度，单位是 cd/m^2（堪德拉每平方米）。目前提高亮度的方法有两种，一种是提高 LCD 面板的光通过率；另一种就是增加背景灯光的亮度，即增加灯管数量。对比度则是屏幕上同一点最亮时（白色）与最暗时（黑色）的亮度的比值，高的对比度意味着相对较高的亮度和呈现颜色的艳丽程度。品质优异的 LCD 显示器面板和优秀的背光源亮度，两者合理配合就能获得色彩饱满明亮清晰的画面。

（6）响应时间

响应时间是液晶显示器各像素点对输入信号反应的速度，即像素由暗转亮或由亮转暗所需要的时间（其原理是在液晶分子内施加电压，使液晶分子扭转与回复）。常说的 25ms、16ms 就是指的这个响应时间，响应时间越短则使用者在看动态画面时越不会有尾影拖曳的感觉。

（7）可视角度

可视角度是指用户可以从不同的方向清晰地观察屏幕上所有内容的角度。由于提供 LCD 显示器显示的光源经折射和反射后输出时已有一定的方向性，在超出这一范围观看就会产生色彩失真现象，CRT 显示器不会有这个问题。目前市场上大多数产品的可视角度在 120°以上，部分产品达到了 170°以上。

（8）LCD 显示器的点缺陷

液晶显示器的点缺陷分为：亮点、暗点和坏点。亮点是在黑屏的情况下呈现的 R，G，B 点；暗点是在白屏的情况下出现非单纯 R、G、B 的色点；坏点是在白屏情况下为纯黑色的点或者在黑屏下为纯白色的点。在切换至红、绿、蓝三色显示模式下，如果此点始终在同一位置上并且始终为纯黑色或纯白色的点，这种情况说明该像素的 R、G、B 三个子像素点均已损坏，此类点称为坏点。

2.7.3　显示器的选购

显示器是最终的输出设备，其品质的优劣直接决定了用户的使用感受。一台性能优异的显示器不仅能带给用户清晰的画面和视觉上的享受，更能保护用户的身体健康。

1. CRT 显示器的选购

尽管目前的液晶显示器的市场发展很快，不过，由于价格的差异和用户的需求，CRT 显示器仍然是不少用户的首选。目前市面上的主流是 17 英寸（43cm）的纯平产品，不过现在 19 英寸（48cm）的价格也在不断下滑，价格已经到了大部分用户可以接受的水平。只要用户从显示器的性能指标、尺寸等因素结合自己日常的主要应用来进行分析，选择一台满意的产品并不是一件很困难的事情。

（1）从对分辨率和刷新率的需求上进行分析

分辨率是显示器垂直和水平方向的像素个数，分辨率越高，用户在屏幕上即时看到的信息就越多。刷新率指的是显示器每秒钟刷新屏幕的次数，刷新率越高，意味着屏幕的闪烁越小，对人眼睛产生的刺激越小。对于大多数用户来说，1024×768 是工作中的最优分辨率，市面的主流 17 英寸（43cm）纯平显示器都可以在 1024×768 的分辨率下达到 85Hz 的刷新率，对于一般的用户，这样的效果已经可以满足要求。所以，这个档次的显示器也是市场销售量最大的产品，各大品牌的 17 英寸（43cm）纯平显示器都属于这一水平。

（2）在购买大屏幕 CRT 时，要从显示卡的支持度来考虑。

大多数用户往往忽略了显示卡所能支持的最高分辨率及刷新率。因为显示器的屏幕越大，其最佳分辨率及刷新率会越高，而如果用户使用的显示卡太落后的话，可能用不了如此高的分辨率及刷新率，即使是分辨率上去了，但刷新率却达不到要求。这就为什么会出现"显示效果在购买时与搬回家后会是两种效果"的原因。

（3）了解最高分辨率与最佳分辨率的区别

CRT 显示器的频率和分辨率是可以做各种调整的（但即使说多重扫描的显示器在不同频率和分辨率下工作），一些 CRT 显示器在特定分辨率下表现会较佳，而在其他分辨率下会缩短其寿命。比如一台最佳分辨率为 1600×1200 的显示器，在 1024×768 的分辨率下的显示效果就没有在 1600×1200 下好。如果用户没有使用显示器最佳分辨率及刷新率，不管是在高于此分辨率或低于此分辨率下使用，都是对显示器进行"超频"，这样不仅会产生低品质的影像，还会缩短显示器的寿命。

2. LCD 显示器的选购

相对于 CRT 显示器，LCD 的选购比较简单，最关键的一个方面是注意检查它的坏点，正常情况下坏点的数量不超过 3 个，当然是越少越好了。至于 LCD 的刷新率问题基本上不用考虑，因为对液晶显示器来说，它的最佳分辨率主要是由其液晶单元所决定的。举例来说，15 英寸（38cm）液晶显示器的晶体数量为 1024×768，刷新率为 60Hz，用户根本不需要去专门设置。当然，可以放心的是，由于液晶显示器的扫描方式与 CRT 显示器不同，即使其刷新率低，仍不会有画面闪烁的问题。另一个要重视的是响应时间，它反映了液晶显示器各像素点对输入信号反应的速度。响应时间越短，运动画面尾影拖曳的情况就越难被发觉，动态显示效果就越好。主流的液晶显示器响应时间上升沿时间和下降沿时间加起来一般在 20~40ms 之间。

2.8 音频设备的介绍与选购

计算机的音频设备主要由声卡、音箱和话筒组成，是多媒体计算机的重要组成部分。

2.8.1 声卡

声卡通常作为扩展卡插在计算机总线插槽内，也有些计算机直接做在主板上，成为集成声卡。声卡上提供了一些插孔，可以连接音箱、话筒及一些其他设备，比如游戏杆和 MIDI 硬件。声卡作为计算机的重要组成部分，用途非常广泛。

1. 声卡的结构

声卡主要由音频处理芯片、功率放大器、总线接口、CD音频连接器、MIDI及游戏杆接口、各种输入/输出接口等部分组成，声卡外观如图2.57所示。

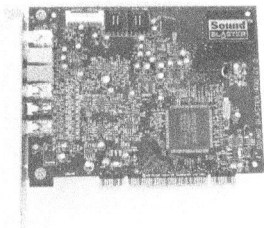

图2.57 声卡

图2.58 音频处理芯片

（1）音频处理芯片

音频处理芯片基本上决定了声卡的性能和档次，它的基本功能包括对声波采样和回放的控制、处理MIDI指令等，有的厂家还加进了混响、合声及音场调整等功能。音频处理芯片通常是最大的并且四边都有引线的集成块，上面标有商标、型号、生产日期、编号及生产厂商等重要信息，如图2.58所示为音频处理芯片。

（2）功率放大器

功率放大器用于放大声音、音乐等信号。由于在放大的过程中同时也放大了噪声信号，所以其输出端输出的噪声较大。比较简单的解决方法就是绕过功放，利用声卡上的线路输出端口连接带有功放的音响。

（3）输入/输出接口

大多数声卡输入/输出接口都是一样的。通过小型插孔连接器将声音信号输出给喇叭、耳机或立体声系统，同时也从话筒、CD唱机、磁带式录音机或立体声音响输入声音。图2.59显示了声卡上的4种类型连接器。

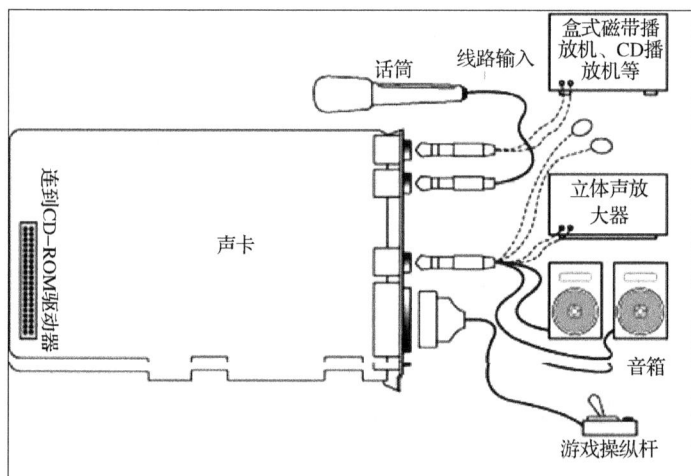

图2.59 声卡输入/输出连接器

1）立体声线路或音频输出连接器

线路输出连接器（Line Out）用以将声音信号从声卡送给计算机外部的设备。可以将线路输出接到立体声喇叭、耳机或者立体声系统。

2）立体声线路或音频输入连接器

通过线路输入连接器（Line In），可以从外部音源，例如立体声音响或录像机，输入声音进行录音或混音，存储到计算机硬盘上。

3）喇叭/耳机连接器

多数声卡上都有喇叭/耳机连接器（Speaker），但不是所有声卡上都必须有。因为线路输出（前面已经说明）连接器也可以将立体声信号从声卡输出到立体声音响或喇叭。

4）话筒或单声道输入连接器

单声道输入连接器（Mic In）用来连接话筒录制声音。这种话筒插孔只能录制单声道，而不能录立体声，所以不适合高质量的音乐录音。

5）MIDI 连接器

声卡一般将游戏杆口也当作 MIDI 连接器，其中只有两个引脚用来与外部 MIDI 设备传输信号，例如，电子键盘。

6）内部针型连接器

多数声卡都有内部针型连接器（CD 音频连接器），可以通过带状电缆将 CD-ROM 驱动器直接连到声卡上。这样连接可以将音乐信号直接从 CD-ROM 驱动器传送给声卡，通过计算机的音箱进行播放。

7）总线接口

声卡主要有 ISA 和 PCI 及 USB 外置接口三种。早期的内置产品多为 ISA 接口，由于此接口总线带宽较低、功能单一、占用系统资源过多，目前已被淘汰；PCI 则取代了 ISA 接口成为目前的主流接口，它们拥有更好的性能及兼容性，支持即插即用，安装使用都很方便。外置式声卡是创新公司独家推出的一个新兴产品，它通过 USB 接口与计算机连接，具有使用方便、便于移动等优点。

2. 声卡的性能指标

声卡的性能指标是衡量声卡性能好坏的标准。它主要包括：采样位数、采样频率、合成技术、频率响应、音效以及声道数等。

（1）采样位数

采样位数是指声卡在采集和播放声音文件时所使用数字声音信号的二进制位数，又叫采样值或者取样值，是衡量声音波动变化的一个参数，即声卡的分辨率。它的数值越大，分辨率越高，所发出声音的能力也就越强。

（2）采样频率

采样频率是指计算机每秒钟采集多少个声音样本，是描述声音文件的音质、音调，衡量声卡、声音文件的质量标准。采样频率越高，获得的声音文件质量就越好，占用的空间也就越大。在当今的主流声卡上，采样频率一般分为 22.05kHz、44.1kHz、48kHz

3 个等级，22.05kHz 只能达到 FM 广播的声音品质，44.1kHz 则是理论上的 CD 音质界限，48kHz 则更加精确一些。

（3）声道数

声卡支持的声道数也是重要的性能技术指标。

1）单声道

单声道是比较原始的声音复制形式，是在早期的声卡中比较普遍采用的。当通过两个扬声器回放单声道信息的时候，可以明显感觉到声音是从两个音箱中间传递到人的耳朵里的。

2）立体声

单声道缺乏对声音的位置定位，而立体声技术则彻底改变了这一状况。声音在录制过程中被分配到两个独立的声道，从而达到了很好的声音定位效果，更加接近于临场感受。时至今日，立体声依然是许多产品遵循的技术标准。

3）四声道环绕

四声道环绕音频技术通过特殊的技术营造一个趋于真实的声场，从而获得更好的游戏听觉效果和声场定位。四声道环绕规定了 4 个发音点：前左、前右，后左、后右，听众则被包围在这中间。同时还建议增加一个低音音箱，以加强对低频信号的回放处理，可以获得身临各种不同环境的听觉感受，给用户以全新的体验。

4）5.1 声道

5.1 声道已广泛运用于各类传统影院和家庭影院中，其中 ".1" 声道，则是一个专门设计的超低音声道，这一声道可以产生频率范围 20 ～ 120Hz 的超低音。其实 5.1 声音系统来源于 4.1 环绕，不同之处在于它增加了一个中置单元。这个中置单元负责传送低于 80Hz 的声音信号，在欣赏影片时有利于加强人声，把对话集中在整个声场的中部，以增加整体效果。

千万不要以为 5.1 已经是环绕立体声的顶峰了，更强大的 7.1 系统早已经出现了。它在 5.1 的基础上又增加了中左和中右两个发音点，以求达到更加完美的境界。以前由于成本比较高，没有广泛普及，现在 7.1 声道的声卡也比较多了。

2.8.2 音箱

音箱是多媒体计算机的必备外设，它与声卡一起构成了多媒体音响系统，是随着家用计算机的普及而发展起来的，而且它的产品体系也越来越完善，如图 2.60 所示为多媒体音箱。

图 2.60 多媒体音箱

1. 音箱的分类

从材料方面来说，音箱可以分为两类：即木质音箱和塑料音箱。一般来说，塑料音箱容易做成各种漂亮的形状，但整体强度较小，容易产生影响音质的谐振；而密度板和木材则是音箱制作的优质材料，虽然造型比较古板，但却能提供优美的音质。对于同一种材料的音箱而言，音箱壁越厚，有害谐振就越少，更容易实现出色的音响效果。

从箱体设计方面来说，音箱通常分为敞开式、封闭式及倒相式三种。敞开式音箱已经被淘汰，在市场上很少见到。封闭式音箱在封闭的箱体内安装扬声器，将箱体内部与外部的声波完全隔绝起来，将内部的声波封闭在箱体内部是为了减少箱体内驻波对扬声器振动的干扰。在封闭式音箱内部一般都放有阻尼材料，用来吸收音箱内部的声波及降低空气分子传播声音的速度。倒相式音箱在音箱的箱板上有多个倒相孔或倒相管，以使箱体内外的空气畅通，如合理设计倒相孔的位置和尺寸，可以使原来扬声器发出的声波再通过倒相孔在某一频段倒相，使其和扬声器前面发出的声波迭加起来，变成同相辐射，从而减少杂波，增加低频的声辐射效果，进一步扩展了音箱的低频下限。倒相式音箱是目前市场的主流产品。

2. 音箱的性能指标

以下介绍音箱的几种重要性能指标。

（1）功率

功率决定了音箱所能发出的最大声音强度。目前音箱功率的标注方式有两种：额定功率和峰值功率。额定功率是指能够长时间正常工作的功率值；而峰值功率则是指在瞬间能达到的最大功率值。一般在音箱的介绍上，两种参数都标识出来，但更应关注的是额定功率。

（2）频率响应

频率响应是指音箱产生的声压和相位与频率的相关联系变化，单位是 dB（分贝）。这是考查音箱性能优劣的一个重要指标，它与音箱的性能和价位有着直接的关系，其分贝值越小说明音箱的频响曲线越平坦、失真越小、性能越高。

（3）频率范围

频率范围是指音箱最低有效回放频率与最高有效回放频率之间的范围，单位是 Hz（赫兹）。人的听觉范围是 20Hz～20kHz，对于多媒体音箱而言，由于受到箱体体积及使用成本的限制，频率范围也受到了影响，高频部分可达 18kHz～20kHz 以上，而低频则受到扬声器尺寸的影响，下限不可能达到 20Hz，一般在 50～70Hz。

（4）信噪比

音箱的信噪比也是一个非常重要的指标，信噪比过低，噪声大，会严重影响音质。一般来说，音箱的信噪比不能低于 80dB，低音炮的信噪比不能低于 70dB。高信噪比有利于多媒体音箱重放的声音清晰、干净、富于层次感，同时，也在很大程度上决定了音箱的动态范围。

（5）音箱板材

音箱箱体的材质常见的有塑料和木质两种，普通低档的音箱常采用塑料箱体，由于箱体单薄，无法克服低频区回放时的声谐振现象，而且两只箱体一致性差，音质较差。木制音箱在一定程度上降低了箱体谐振所造成的音染，音质普遍好于低档的塑料音箱。

2.8.3 音频设备的选购

1. 声卡的选购

声卡的选择面不是很广，因为市场上能够见到的高档品牌就那么几家。不过选择起来并不是很轻松，有很多的参数要衡量，还要考虑性价比。下面主要说明几种选择方法。

（1）目测法

首先要注意所购买的声卡的产品包装。好的声卡都是表里如一，包装都很精美。内附完整的产品合格证、使用说明书、驱动程序、音频连接线和售后质量卡。然后查看板材是否为 4 层或 4 层以上，板上元器件质量如何，布局是否合理，金手指是否有划痕等。

（2）安装法

驱动程序是决定声卡性能的一个重要"软设备"，声卡的驱动程序是否和其他硬件兼容，版本是否为最新，是否支持多操作系统和中英文界面都直接影响到声卡功能的全面发挥。所以要在购买时安装驱动程序，并注意到以上问题。

（3）听声音

判断声卡好坏的最好办法是听其播放音乐的质量。好的声卡在其信噪比上是很出色的。在进行播放和录音采样效果时，将音响设备开到最大和较大音量，听其是否有明显噪声，从而推断信噪比。

（4）3D 效果

现在市场上支持 3D 音效的声卡很多，其中很多声卡的表现相当出色。如果有这方面的需要，应该考虑购买 4.1 声道以上的声卡。当然也一定得购买 4.1 声道以上的音箱，这样才能达到最好效果。

2. 音箱的选购

（1）首先是"看"

总的说来，"看"指的是看外形、颜色、尺寸是否符合用户的喜欢；是否能给用户带来一种艺术的享受。应着重注意以下几个方面：看整个外形表面是否平滑顺畅，前后壳配合绝不允许有断面或台阶；看音箱外壳的品质是否色泽圆润、平顺细腻；看箱体夹缝是否严密均匀，旋钮、插座与箱体是否配合适中，制模、注塑工艺是否精湛；看箱体正反表面雕刻或丝印的标记是否清晰、端正、平滑均匀；若有进一步的要求，可打开音箱，细致观察箱体内侧是否平和光洁，柱位、骨位是否精细，内部走线是否合理简洁，拆装方式是否方便等。

（2）其次要"摸"

用手摸箱体表面，可知箱体的制作水平及表面的处理程度的高低；旋动各旋钮、开关，看是否有摩擦相碰不顺的感觉，好的电位器应该手感顺畅、均匀，阻力适当，手感过轻或过重都不理想；将各连接线的插头与音箱的输入、输出等插口试插，看是否自然顺畅，过紧易损坏机器，过松又不可靠；用手去敲击箱体，听其发声，声音铿锵有力，说明箱体结实耐用，声音失真就小。若敲击声有松破感，失真很大，则不宜选购；另外，掂一下箱体重量，一个较好的音箱应有足够的重量。

（3）最后再"听"

将音箱连接完毕（不连接音频信号线），打开电源开关，将各调节旋钮均调至最大的位置，听扬声器发出的噪声。正常情况下，人耳离开音箱 10cm 左右，应没有明显的感觉，否则为噪声过高；接通信号，能听到定位的就是好音箱；能听到细微、层次感的就是好音箱；感觉不吵人的就是好音箱。

2.9 机箱与电源的介绍与选购

机箱将计算机主要配件保护并支撑起来，构成主机系统；电源是计算机的动力核心，是计算机的供电系统。二者经常放在一起出售，所以也放在一起进行介绍。

2.9.1 机箱的作用与选购

对于主机来说，机箱的作用大致相当于房子对于家庭。机箱不仅表现计算机形象，而且还担负着保护、屏蔽整个主机系统，为主板、扩展卡、硬盘、软驱、电源及光盘驱动器、磁带机等硬件提供依托等任务，还要装备电源开关、主频切换开关、复位开关、锁闭装置、蜂鸣器及一些显示系统，另外还要预留主机与键盘、打印机等外部设备、网络间的通信口，并且要为以后的升级、发展预留余地。

机箱对主机形象的表现作用是不言而喻的，就像人们的住宅一样，要给人以美感。机箱像房子保护人和家用设备一样保护主机内部组件，因此必须做得坚固、严密，必须具有一定的整体刚度和抗冲击、抗变形能力。为避免内部温度过高而发生故障，设计时还要考虑解决通风、散热问题。为避免外界电磁场对主机的干扰及主机对外界和人体的电磁辐射，机箱的保护作用还表现在它具有电磁屏蔽性。总之，机箱对主机来说是一个重要的配件，对主机的质量、寿命、通用性、工作可靠性及环境的影响具有非常重要的作用。

1. 机箱的结构与规范

机箱按照样式可以分为立式和卧式两种。卧式机箱在计算机出现之后相当长的一段时间以内占据了机箱市场的绝大部分份额，但与立式机箱相比，卧式机箱的扩展性能和通风散热性能都差，这些缺点也导致了在主流市场中卧式机箱逐渐被立式机箱所取代。立式机箱（有时又被称为塔式）虽然历史比卧式机箱短得多，但其扩展性能和通风散热性能要比卧式机箱好得多。立式机箱按照外观大小又可分为全高、3/4 高、半高、Micro-ATX 等类型。

机箱一般由外壳、支架、前面板组成。外壳硬度较高，主要起保护机箱内部元器件及防辐射的作用。支架主要用于固定主板、电源和各种驱动器；考虑到机箱扩展卡插口、驱动器架的个数直接影响到以后设备的扩充，一般厂商在进行机箱的设计时往往会预留两个到三个驱动器的安装位置，以便于客户可以直接扩充设备进行升级，机箱内部结构如图2.61所示。

　　机箱的前面板部分大都采用硬度较高的 ABS 或 HIPS 工程塑料制成，除基本的安装口、开关、指示灯外，现在很多机箱还在前面板上增加了不少实用功能，如图2.62所示。如某些机箱在前面板上设置了音频接口、USB 接口及话筒接口等，大大方便了用户的使用。

图 2.61　ATX 机箱内部结构

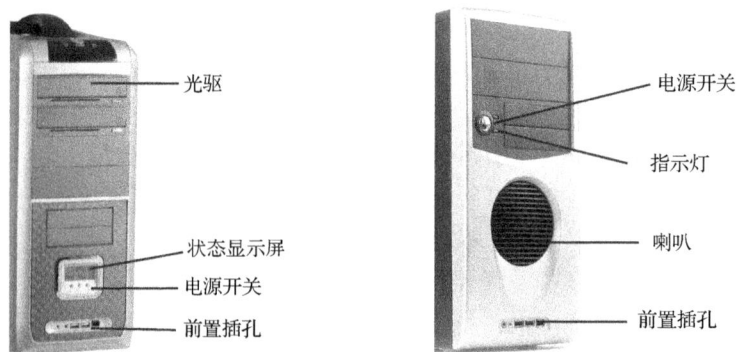

图 2.62　机箱面板

　　机箱结构规范是指机箱在设计和制造时所遵循的主板结构规范标准。每种结构的机箱只能安装该规范所允许的主板类型。

　　机箱结构与主板结构是相对应的关系。机箱结构一般也可分为 AT、Baby AT、ATX、Micro ATX、LPX、NLX、Flex ATX、EATX、WATX 及 BTX 等结构。

　　ATX 则是目前市场上最常见的机箱结构，扩展插槽和驱动器仓位较多，扩展槽数可多达7个，而3.5英寸（9cm）和5.25英寸（13cm）驱动器仓位也分别至少达到3个或更多，现在的大多数机箱都采用此结构。Micro ATX 又称 Mini ATX，是对 ATX 结构的简化，就是常说的"迷你机箱"，扩展插槽和驱动器仓位较少，扩展槽数通常只有4个或更少，而3.5英寸（9cm）和5.25英寸（13cm）驱动器仓位也分别只有两个或更少，多用于品牌机。

　　Intel 最新推出的 BTX 架构是桌面计算平台新规范，BTX 特点是支持 Low-profile，即窄板设计，系统结构将更加紧凑；针对散热和气流的运动，对主板的线路布局进行了优化设计；主板的安装将更加简便，机械性能也将经过最优化设计。BTX 架构在散热管理、系统尺寸和形状及控制噪声方面实现了最佳平衡。

2. 机箱的性能指标与选购

各种结构的机箱只能安装与其相对应的主板，因此，在选购机箱时要注意根据用户的主板结构类型来选购，以免出现购买回来的机箱无法使用的情况。

另外，购买机箱时也要根据机箱的性能指标来做出选择。

（1）机箱的工艺

机箱的制造工艺的好坏直接影响着机箱的品质，工艺较高的机箱的钢板边缘绝不会出现毛边、锐口、毛刺等痕迹，所有裸露的边角都经过了折边处理，不会划伤装机者的手。而且各个插卡槽位的定位也都相当精确，不会出现某个配件安装不上或者错位的尴尬情况。箱内还应有撑杠以增加箱体的坚固程度，以防止外盖下沉。

（2）机箱的散热系统

现在的机箱内部配件越来越多，它们在工作时产生的热量也越来越大，如不能将热量及时排出箱外，就会影响配件性能的发挥，甚至会对配件产生永久性的损害，所以一款优秀的机箱应充分考虑到这些问题。多数的机箱只是利用电源部分的散热系统进行辅助散热，而现在好的机箱不仅在背后有一个专用的散热口，在机箱的侧面板上还有两个专业的散热口，上面配备了可调速的温控风扇。

（3）机箱的防辐射

大家都知道辐射对人体的害处，目前，机箱的防辐射功能已经越来越被用户重视，成为衡量机箱品质优劣的重要指标。机箱生产厂家也已经着手研制防辐射性能更好的机箱。在这方面体现了用户的消费观念从以前单纯的"能用就行"逐渐转变为"健康、环保"。

（4）机箱的用料

机箱主要由前部的塑料面板和钢板铆接而成的框架两部分组成，高档机箱的前面板采用硬度较高的 ABS 或 HIPS 工程塑料制成，即使使用很长时间也不会泛黄或开裂，而且易于清洁。至于机箱本身钢板的厚度则至少应在 1mm 以上，并且板材应该是经过特殊处理的冷镀锌钢板，这样的钢板制成的机箱具有高屏蔽性、高导电率、刚性好、不易生锈、耐腐蚀等特点。

好的机箱由于使用了质量上乘的板材，其重量必然不会轻，如果不算电源，一个比较好的机箱应该在 8kg 左右或更重。好的机箱应该十分坚固，将机箱上面及侧面的盖板去掉，并把机箱沿对角抱起，看其是否变形，有些机箱在内部有横撑杠，能够大幅度增加机箱的抗变形能力，但是相应地，安装配件时也会受到一些小小的阻碍。

（5）可扩展性

由于目前刻录机和 DVD-ROM 的普及，那些只配备两三个 5 英寸（13cm）驱动器架的机箱已有点捉襟见肘了。人们开始追求 4 个甚至更多个 5 英寸（13cm）驱动器架的全高机箱。其实，一般半高或 3/4 高机箱，就完全可以满足升级扩展性。

2.9.2　电源的标准及选购

用户都知道市电是 220V/50Hz 的交流电，而计算机系统中各配件使用的都是低压直流电，因此电源就是计算机供电的主角。计算机系统中各部件具体要求的电压和电流又各不相同，因此电源也相应有多路输出以满足不同的供电需求。

1. 电源的种类及标准

电源按其结构规范可以分为 AT、ATX 及 BTX 三种类型，AT 电源是为 AT 主板工作的，采用切断交流电网的方式关机，本身没有设打开和关闭的开关，所以无法实现对计算机的软开/关机，现在已基本被淘汰。下面主要介绍 ATX 及 BTX 两种类型的电源。

（1）ATX 电源

ATX 规范是 1995 年 Intel 公司制定的主板及电源结构标准，ATX 电源如图 2.63 所示。

图 2.63　ATX 电源

ATX 电源是根据 ATX 标准进行设计和生产的，目前国内市场上流行的是 ATX 2.03 和 ATX 12V 这两个标准，其中 ATX 12V 又可分为 ATX 12V 1.2、ATX 12V 1.3、ATX 12V 2.0 等多个版本，最新的 ATX 电源标准为 ATX 12V 2.2。

从 Pentium 4 开始，电源规范开始使用 ATX 12V 1.0 版本，它与 ATX 2.03 的主要差别是改用 +12V 电压为 CPU 供电，而不再使用之前的 +5V 电压。其中最显眼的变化是首次为 CPU 增加了单独的 4Pin 电源接口，利用 +12V 的输出电压单独向 Pentium 4 处理器供电，如图 2.64 所示。

Intel 在 2003 年 4 月，发布了新的 ATX 12V 1.3 规范。新规范除再次加强电源的 +12V 输出能力外，为保证输出线路的安全，特意制定了单路 +12V 输出不得大于 240VA 的限制。同时新规范还为当时崭露头角的 SATA 硬盘提供了专门的供电接口，如图 2.65 所示。

2004 年，随着 PCI-Express 的出现，带动显示卡对供电的需求，因此 Intel 推出了电源 ATX 12V 2.0 规范。这一次，Intel 选择增加第二路 +12V 输出为主板和 PCI-Express 显示卡供电的方式，来解决大功耗设备的电源供应问题，以满足高性能 PCI-Express 显示卡的需求，如图 2.66 所示为 PCI-Express 6 针供电接口。

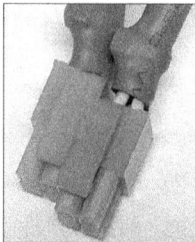

图 2.64　Pentium 4 4 针电源接口　　图 2.65　SATA 硬盘供电接口　　图 2.66　PCI-Express 显示卡供电接口

由于采用了双路 + 12V 输出，连接主板的主电源接口也从原来的 20 针增加到 24 针，分别由 12 × 2 的主电源和 2 × 2 的 CPU 专用电源接口组成。虽然接口连接在了一起，但两路 + 12V 电源在布线上是完全分开，独立输出的。这样高版本的电源可以将主电源 24 针分成 20 + 4 两个部分，兼容使用 20 针主电源接口的旧主板，如图 2.67 所示；或使用 20 ~ 24 针主板电源转换接口，如图 2.68 所示。

图 2.67　可分离设计的 24 针主板电源接口

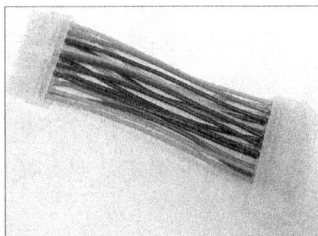

图 2.68　20 ~ 24 针主板电源转接口

在制订了 ATX 12V 2.0 规范后，Intel 公司又在其基础上进行了 ATX 12V 2.01、ATX 12V 2.03 等多个版本的小修改，主要提高了 + 5VSB 的电流输出要求。2005 年底，Intel 公司又推出了 ATX 12V 2.2 规范，依然沿用了 2.0 规范中的双路 12V 输出设计，并加入了 450W 的输出规范。

（2）BTX 电源

BTX 架构标准是 Intel 公司于 2004 年为了解决

图 2.69　BTX 电源

Pentium 4 系列处理器愈发严重的散热问题而推出的新标准，初衷是缓解处理器的散热问题，如图 2.69 所示。

从 Intel 公司公布的资料来看，BTX 架构确实大大加强了处理器的散热效果，而且可以很好地平衡整个系统的热量散发。同时 BTX 架构的尺寸比 ATX 架构略小，也预示了小型机箱将会是未来的主流。虽然随着酷睿的研发和推出，处理器的散热问题已不是那么突出，但放眼未来，将来的计算机系统一定会向着节能的方向发展，因此 Intel 并没有因为目前的 ATX 架构已满足需要而放弃拥有更强散热系统的 BTX 架构。SLI、CROSSFIRE、RAID、双核、四核加超频，计算机主机正在向大功率发展方向飞速前进，节能、散热问题将更为突出，BTX 将是未来的架构。

在电源供给方面，BTX 并没有脱离 ATX 设计，而是兼容了 ATX 技术，其工作原理与内部结构基本相同，输出标准与目前的 ATX 12V 2.0 规范一样，也是像 ATX 12V 2.0 规范一样采用 24pin 接头。BTX 电源主要是在原 ATX 规范的基础之上衍生出 ATX 12V、CFX 12V、LFX 12V 几种电源规格。其中 ATX 12V 是已有规格，之所以这样是因为 ATX 12V 2.0 版电源可以直接用于标准 BTX 机箱。

2. 电源的选购

购买电源时要考虑以下两个因素。

（1）电源功率的因素

电源的功率可分为：额定功率、峰值功率、最大功率。

额定功率是电源厂家按照 Intel 公司制定的标准标出的功率，可以表征电源工作的平均输出，单位是 W（瓦特），简称瓦。额定功率越大，电源所能负载的设备也就越多。

峰值功率是电源在极短时间内能达到的最大功率，时间仅能维持几秒至 30 秒之间。峰值功率与使用环境与条件有关系，不是一个确定值，但峰值功率可以很大，极容易误导用户。

最大功率是指在一定条件下电源长时间稳定输出的功率。电源实际工作时，最大功率并不一定等同于额定功率，按照 Intel 公司的标准，最大功率会比额定功率大 15%左右。

需要说明的是，在多种功率的标称方式中，额定功率是按照 Intel 公司标准制订的，是电源功率最可靠的标准，选购电源时建议以额定功率作为参考和对比的标准。目前台式机电源需要的额定功率一般为 200~400W，具体需求主要看计算机 CPU、显示卡、硬盘等配件的需求，最常见的需求是 250~350W。额定功率越大的电源质量越好，当然价格也越贵，选购电源时可以考虑未来升级硬件的可能性，并留一定的余量。

（2）电源的安全认证

为了确保电源使用中的可靠性和安全性，每个国家或地区都根据自己各自不同的地理状况和电网环境制定了不同的安全标准。通过的认证规格越多，说明电源的质量和安全性越高。现在电源的安全认证标准主要有 CCC、FCC、CE 认证等，电源产品至少应具有这些认证标志之一，有了这些认证标志的产品，应该是可以信得过的。

1）CCC 认证

中国加入 WTO 后，相应制定了要求更高的安全认证标准与国际接轨。中国将以前的 CCEE、CCIB 和 EMC 三个认证合在一起，出台了中国强制认证（China Compulsory Certification），简称 3C 认证，是目前中国的强制性认证标准。目前中国现行规定的 3C 认证有四个版本，即 CCC（S）——安全认证；CCC（EMC）——电磁兼容认证；CCC（F）——消防认证；CCC（S&E）——安全与电磁兼容认证。计算机电源则需要通过 CCC（S&E）即安全与电磁兼容认证，其标志如图 2.70 所示。

安全认证标志　　电磁兼容标志　　安全与电磁兼容标志

图 2.70　中国 CCC 认证标志

2）FCC 认证

FCC（美国联邦通信委员会）是美国政府的一个独立机构，直接对国会负责。FCC

是一项关于电磁干扰的认证，其标志如图 2.71（a）所示。由于计算机电源工作在高频开关状态下，会产生高频辐射，对其他电器造成干扰，甚至对人体造成伤害，FCC 制定两个通用标准对电器进行认证。它分别是 FCC-A 级，用于工业标准；FCC-B 级，用于民用标准。电源必须通过 FCC-B 级标准才是安全的。

图 2.71　其他各国的安全认证标志

3）CE 认证

CE 是一种安全认证标志，被视为制造商打开并进入欧洲市场的护照，其标志如图 2.71（b）所示。凡是贴有"CE"标志的产品就可在欧盟各成员国内销售，无须符合每个成员国的要求，从而实现了商品在欧盟成员国范围内的自由流通。在欧盟市场"CE"标志属强制性认证标志，不论是欧盟内部企业生产的产品，还是其他国家生产的产品，要想在欧盟市场上自由流通，就必须通过 CE 认证，加贴"CE"标志，以表明产品符合欧盟《技术协调与标准化新方法》指令的基本要求。

2.10　键盘与鼠标的介绍与选购

键盘是计算机最基本的输入设备，它从英文打字机演变而来。用户通过键盘操作将各种数据、命令及指令输入到计算机系统中使计算机完成不同的运算及控制任务。键盘上有 26 个英文字母键，0～9 十个阿拉伯数字键和其他一些功能键，随着计算机的发展，键盘也向着多媒体、多功能和符合人体工程学要求等方向不断研发。

鼠标能方便地将光标准确定位在用户指定的屏幕位置，使用户很方便地完成各种操作。鼠标是由美国人道格·恩格尔巴特于 1964 年发明的，至今已经有 40 多年的历史了，外观和功能每年都在发生变化。随着计算机技术的飞速发展，鼠标在计算机中的应用越来越广泛，已经成为计算机不可缺少的标准输入设备。它移动方便、定位准确的特点，使计算机操作更加轻松自如，随着图形操作系统的迅速普及，鼠标更是成为与计算机打交道时不可缺少的好帮手。

2.10.1　键盘与鼠标的分类

1. 键盘的分类

键盘可以从很多方面来分类，如从总体上分为台式机键盘、笔记本键盘、工控机键盘 3 类。按键盘的键数可分为 83 键、93 键、96 键、101 键、102 键、104 键、107 键、108 键等，目前的标准键盘主要有 104 键和 107 键，104 键盘又称 Windows 95 键盘；107 键盘又称为 Windows 98 键盘，比 104 键多了睡眠、唤醒、开机三个电源管理键。如图 2.72 所示为 104 键键盘。按工作原理可以分为机械式键盘、电容式键盘；

按照数据传输方式可分为有线键盘和无线键盘；按照形状可分为矩形键盘和人体工程学键盘，如图2.73所示；按键盘的功能分为手写键盘、网际多媒体键盘等。

图2.72 普通104键键盘

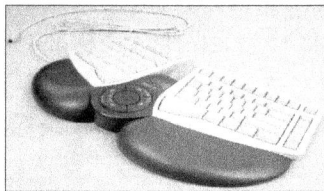

图2.73 人体工程学键盘

2. 鼠标的分类

和键盘一样，鼠标也有很多种分类方法。按内部构造分类，这是鼠标分类最常用的一种方式，可以分为机械式、光机式、光电式和轨迹球四类。按照鼠标的按键数目分类，可以分为传统双键鼠标、三键鼠标和新型的多键鼠标等。多键多功能鼠标今后也将是鼠标未来发展的目标与方向。按照鼠标的接口类型又可分为：PS/2接口（6针小圆口）、串行口（9针D形口）和USB接口3类。另外，还有无线鼠标，是一种无须连线的新型鼠标，它以红外或射频的方式遥控鼠标操作。无线鼠标又可以分为两类：红外无线型鼠标和射频无线型鼠标。红外无线型鼠标要求与红外线接收器对准，中间不能有遮挡物，而射频无线型鼠标则可真正"自由移动"。无线鼠标的价格都比较高。

随着计算机软硬件的飞速发展，小小的鼠标还派生出一些新的种类，比如夜光鼠标、可识别指纹的智能鼠标、人体工程学鼠标等。

2.10.2 键盘与鼠标的选购

目前键盘、鼠标市场上的品牌很多，有像罗技、微软、明基等，可供玩家选择的产品也相当丰富，就产品结构而言，连接方便、传输速率较高的USB接口的键盘和光电鼠标占了很大一部分市场份额。从消费的角度来看，键盘、鼠标有点类似于耗材，两次以上购买的可能性非常高。除了性能、手感等因素外，价格仍起着主导作用，那些动辄四五百元的产品除了发烧友外，普通用户很少有人问津。

选购键盘、鼠标应从以下几方面入手。

1. 质量可靠

作为需要频繁使用的产品，质量可靠是选择鼠标键盘最重要的一点，一般名牌大厂的产品质量都比较好，如：罗技、微软、BenQ（明基）、双飞燕等。这些公司的产品具有质量好、使用方便、分辨率高、软件丰富、一至三年的质保等优点，有很多创新的设计，价格相应地也高一些。一般来说正品键盘的键帽一般会采用一些比较先进的技术处理（如激光蚀刻技术），键帽上的文字比较细腻，触摸上去有一点凸起的感觉，长时间使用之后也不会磨损褪色。而假冒的键盘的键帽一般都采用丝网印刷，也有稍微"专业"一些的，也许会采用激光机烧制，这样的键帽的字体粗糙，而且很容易被硬物刮去。在做工方面，一款正品键盘，在做工上是很细致的，键位都是非常匀称和整齐的。

2. 按照用户的需要来选择

如果只是一般的家用，只做一些文字处理，那么一般三键鼠标完全可以满足要求。如果是那些特殊的用户，比如做平面设计、三维图像处理或者是个超级玩家，那么需要选择轨迹球或专业鼠标，因为这些高档的鼠标可以提高工作效率，节省时间。如果是笔记本计算机用户或要用投影仪做演讲，那就要选择遥控的轨迹球；如果用户是个网虫，没日没夜地泡在网上，那么就买一只网鼠吧，它会使你在网上冲浪的时候感到非常方便；选择适合用户要求的功能才是最重要的。

3. 外观与舒适度

据有关测试，长期使用手感不适的鼠标、键盘等设备，极有可能引起使用者肢体的一些病症。鼠标的手感问题关系到身体的健康，名牌鼠标都是根据人体工程学原理设计制造的，手握上去时感觉很舒服，而且按键时轻松而又有弹性，滑动流畅而又定位精确，外部造型漂亮。这样的鼠标给人带来愉悦的感觉，对人的心理健康也大有裨益。

键盘的手感也很重要，手感太轻、太软不好，除非习惯了这样的键盘；手感太重、太硬，则击键响声大。好的键盘按键应该平滑轻柔，弹性适中而灵敏，按键无水平方向的晃动，松开后立刻弹起。好的静音键盘在按下弹起的过程中应该是接近无声的。所以，买键盘时要试一下手感，当然这也有很大的主观因素，最重要是要用户自己觉得舒服，而且声音较小。

4. 支持鼠标的软件

软件的重要性不亚于鼠标的质量，好的鼠标附有足够的辅助软件，在功能上，鼠标厂商所提供的驱动程序要大大优于操作系统所附带的，还可以让用户重新定义每一键的用途，这样可以充分发挥鼠标的作用。

另外从价格方面，应该明确选购鼠标的用途，如果是一般家庭用户，对于品牌、解析度方面要求可以不太高，选择鼠标的价格一般为 20～120 元左右便可。一般来说，传统两键式机械鼠标价格最为便宜，而光电三键鼠标价格则较贵，而造型出众的鼠标一般也价格不菲，而造型的选择一般都因人而异，根据用户自己的需要来选择即可。

思考与练习

一、填空题

1. 衡量 CPU 性能的技术指标有 _____、_____、_____、_____、_____、_____、_____、_____、_____。

2. 主频 ＝ _____ × _____。

3. CPU 的接口形式有三类：_____、_____或_____。

4. 主板一般包括_____、_____、_____、_____、_____等元件。

5. 主板按照结构可分为_____和_____的主板。

6. 在主板芯片组中，_____主要决定了主板支持的 CPU 的种类和频率，决定了支持内存的种类与最大容量，ISA/PCI/AGP 插槽等。

7. 在主板芯片组中，_____主要提供对通用串行总线，数据传输方式和高级能源管理等的支持。

8. 主板与 CPU 的匹配实际上是主板上面的_____和 CPU 之间的匹配。

9. 主板上面的 Cache 是为了解决_____和_____运行速度的差别而设的，通常也称为_____。

10. 按内存的工作原理，可将内存分为_____和_____。

11. 内存的主要性能指标是：_____、_____、_____、_____等。

12. 显示卡的性能主要由_____和_____决定。

13. 显示卡一般由_____、_____、_____、AGP（或 PCI）接口和 Video-BIOS 组成。

14. 显示卡的作用是把 CPU 要处理的图形信息存储在_____中，并且将它转换成_____输出给显示器。

15. 按照显示卡所使用主板的扩展槽可以把显示卡分为_____显示卡、_____显示卡、_____显示卡、_____显示卡。

16. 声卡是多媒体计算机中实现_____和_____信号转换的硬件电路。

17. 声卡主要部分包括_____、_____、_____、_____、_____及_____等。

二、判断题

1. L1 Cache 肯定与 CPU 同频率工作。　　　　　　　　　　　　　　（　　）

2. CPU 决定了计算机的整体性能。　　　　　　　　　　　　　　　（　　）

3. 主频也叫时钟频率，单位是 Hz。　　　　　　　　　　　　　　　（　　）

4. 主频用来表示 CPU 的运算速度，主频越高，表明 CPU 的运算速度越快。（　　）

5. 缓存的大小与计算机的性能没有什么关系。　　　　　　　　　　　（　　）

6. 现在越来越多的 CPU 把高速二级缓存放在 CPU 内部。　　　　　　（　　）

7. CPU 既可向内存读取数据也可向外存读取数据。　　　　　　　　　（　　）

8. 只有 CPU 使用 Cache，其他设备均不使用 Cache。　　　　　　　　（　　）

9. 给 CPU 降温可以使用风冷和水冷。　　　　　　　　　　　　　　　（　　）

10. 由于主板上有板载声卡，计算机不能再使用独立的声卡。　　　　　（　　）

11. 与显示卡一样，声卡也有不同的总线接口。　　　　　　　　　　　（　　）

12. 点距是两个颜色相同的磷光点之间的距离。　　　　　　　　　　　（　　）

13. 刷新率越高，屏幕画面越稳定。　　　　　　　　　　　　　　　　（　　）

14. 液晶显示器的可视角最多可达到 180°。　　　　　　　　　　　　　（　　）

15. 液晶显示器的色彩表现力比 CRT 显示器好。　　　　　　　　　（　　　）

16. 液晶显示器无需聚焦。　　　　　　　　　　　　　　　　　　　（　　　）

17. 显示器视频带宽与分辨率和刷新频率有关，视频带宽越大越好。　（　　　）

18. 内存的容量越大，存储速度越慢。　　　　　　　　　　　　　　（　　　）

19. 外存的信息记录在磁介质表面，容量很大，但速度较慢。　　　　（　　　）

20. 硬盘的外部传输率比内部传输率低。　　　　　　　　　　　　　（　　　）

21. AGP 接口是一种专用的显示接口，具有独占总线的特点。　　　（　　　）

22. 主板上的 PrimaryIDE 接口只可以接一个硬盘。　　　　　　　（　　　）

23. 显示器屏幕刷新速度越快，需要的显示内存越大。　　　　　　　（　　　）

24. USB 接口设备可以带电插拔。　　　　　　　　　　　　　　　　（　　　）

25. DVD 光驱只能读取 DVD 光盘。　　　　　　　　　　　　　　　（　　　）

26. 在选择主板时，要先确定主板所要采用的芯片组，其次才是选择具体的品牌。

　　　　　　　　　　　　　　　　　　　　　　　　　　　　　　（　　　）

27. 一般来说塑料音箱的效果要比木制音箱好。　　　　　　　　　　（　　　）

28. 计算机的性能主要包括软件性能和硬件性能，但软件性能对计算机的性能起着决定性的作用。　　　　　　　　　　　　　　　　　　　　　　　（　　　）

29. 硬盘可以作为主盘，但光驱只能作为从盘。　　　　　　　　　　（　　　）

30. 声卡一般安装在 AGP 槽或 ISA 槽中。　　　　　　　　　　　　（　　　）

三、单项选择题

1. Intel Extreme QX6600 CPU 的工作电压是（　　　）V。

　　A. 3. 3　　　　　　B. 1. 7　　　　　　C. 1. 5　　　　　　D. 1. 2

2. CPU 制造工艺越先进，则工作电压越低，目前能做到比较先进的制造工艺为（　　　）。

　　A. 0. 13μm　　　　B. 0. 09μm　　　　C. 0. 065μm　　　　D. 0. 045μm

3. CPU 总线和 PCI 总线是通过（　　　）连接的。

　　A. 南桥芯片　　　B. 北桥芯片　　　　C. 内存　　　　　　D. CMOS

4. 为了提高 CPU 的运行效率，CPU 内置了二级缓存，其中一般情况下一级缓存和二级缓存间的容量关系是（　　　）。

　　A. L1 Cache > L2 Cache　　　　　　　B. L1 Cache < L2 Cache

　　C. L1 Cache = L2 Cache　　　　　　　D. L1Cache≤L2 Cache

5. 如果按字长来划分，微机可以分为 8 位机、16 位机、32 位机和 64 位机，所谓 64 位机是指该计算机所用的 CPU（　　　）。

　　A. 同时能处理 64 位二进制数　　　　B. 具有 64 位的寄存器

　　C. 只能处理 64 位二进制定点数　　　D. 有 64 个寄存器

6. 目前微机主板广泛采用 PCI 总线，支持这种总线结构的是（　　　）。

　　A. CPU　　　　　B. 主板上的芯片组　　C. 显示卡　　　　D. 系统软件

7. 一般来讲，主板上有 2 个 IDE 接口，最多可以连接（　　　）个 IDE 设备。

　　A. 2　　　　　　　B. 4　　　　　　　C. 6　　　　　　　D. 8

8. (　　　) 是目前流行的显示卡接口规范。

　　A. PCI　　　　　　B. SCSI　　　　　　C. AGP　　　　　　D. PCI-E

9. USB 2.0 接口的数据传输率最高可达 (　　　) Mb/s。

　　A. 400　　　　　　B. 480　　　　　　C. 500　　　　　　D. 560

10. 下面关于 ⟨USB图符⟩ 所示图符的叙述中，正确的是 (　　　)。

　　A. 该图符用于指示 USB 接口　　　　　　B. 该图符用于指标以太网接口

　　C. 该图符用于指示 IEEE-1394 接口　　　D. 该图符用于指示调制解调器的接口

11. 现在市场上流行的 DDR 3 内存条是 (　　　) 线的。

　　A. 184 线　　　　B. 240 线　　　　　C. 128 线　　　　　D. 168 线

12. DDR SDRAM 最重要的改进是在数据传输上。它在时钟信号上升沿与下降沿各传输一次数据，而 SDRAM 仅在上升沿传输数据，这使得 DDR 的数据传输率为传统 SDRAM 的 (　　　) 倍。

　　A. 2　　　　　　　B. 3　　　　　　　C. 4　　　　　　　D. 8

13. DDR 400 的内存，其数据传输速率为 (　　　) MB/s。

　　A. 400　　　　　　B. 800　　　　　　C. 1600　　　　　D. 3200

14. 现在获得最广泛支持的高速计算机外设接口是 (　　　)。

　　A. IEEE 1394　　B. USB 1.1　　　　C. USB 2.0　　　　D. 蓝牙接口

15. 内存厂商代号 HY 表示的是 (　　　)。

　　A. 日立　　　　　B. 东芝　　　　　　C. 三星　　　　　　D. 现代电子

16. PC 机中，DPAM 内存条的速度与类型有关，若按存取速度从低到高的顺序排列，正确的是 (　　　)。

　　A. SDRAM、DDR DRAM、DDR2 DRAM

　　B. DDR DRAM、SDRAM、DDR2 DRAM

　　C. DDR DRAM、DDR2 DRAM、SDRAM

　　D. DDR2 DRAM、DDR DRAM、SDRAM

17. 磁盘盘卡上记录信息的圆形轨迹称为 (　　　)。

　　A. 磁道　　　　　B. 磁极　　　　　　C. 轨迹　　　　　　轨道

18. 硬盘的数据传输率是衡量硬盘速度的一个重要参数，它是指计算机从硬盘中准确找到相应数据并传送到内存的速率，它分为内部和外部传输率，其内部传输率是指 (　　　)。

　　A. 硬盘的高速缓存到内存　　　　　　B. CPU 到 Cache

　　C. 内存到 CPU　　　　　　　　　　　D. 硬盘的磁头到硬盘的高速缓存

19. 目前 PC 最常用的硬盘主轴转速为 (　　　)。

　　A. 5400r/min　　B. 7200r/min　　　C. 5400r/min　　　D. 7200r/min

20. 完成一次数据传输，磁头首先要找到该数据所在的磁道，这一定位时间叫做 (　　　)。

　　A. 转速　　　　　B. 平均存取时间　　C. 平均寻道时间　D. 平均潜伏时间

21. 下列设备中，密封性最高的是（　　　）。

    A. 硬盘 　　　　B. 软驱 　　　　C. 光驱 　　　　D. 机箱

22. 硬盘中每个扇区的字节是（　　　）。

    A. 512B 　　　　B. 512b 　　　　C. 256B 　　　　D. 256b

23. 有一个采用双面存储的硬盘包含三个盘片，其磁头个数为（　　　）。

    A. 1 个 　　　　B. 3 个 　　　　C. 6 个 　　　　D. 9 个

24. 硬盘驱动器在寻找数据时（　　　）。

    A. 盘片不动，磁头运动 　　　　　　B. 盘片运动，磁头不动

    C. 盘片和磁头都动 　　　　　　　　D. 都不动

25. 目前使用的光驱普遍采用的技术是（　　　）。

    A. CLV 　　　　B. CAV 　　　　C. PCAV 　　　　D. MO

26. 如果在主板的一个 IDE 插口上同时接上硬盘和光驱，硬盘和光驱应该分别设置为（　　　），这样性能最佳。

    A. Master Slave 　　B. Master Master 　　C. Slave Master 　　D. Slave slave

27. 可以一次性写入、多次读取的光盘刻录机是（　　　）。

    A. CD-R 　　　　B. CD-RW 　　　　C. DVD-RW 　　　　D. CD-ROM

28. （　　　）不属于外存储器。

    A. 只读存储器 　　B. 磁带存储器 　　C. 磁盘存储器 　　D. 光盘存储器

29. 显示卡上的 RAMDAC 实际起（　　　）作用。

    A. 数模信号转换 　　　　　　　　　B. 模数信号转换

    C. 数模、模数的转换 　　　　　　　D. 不转换任何信号

30. 具有数字输入接口的 LCD 显示器接到显示卡的（　　　）接口显示效果会更好。

    A. D-Sub 　　　　B. S-Video 　　　　C. DVI 　　　　D. COM

31. 现在（　　　）显示卡已经成为了个人计算机的基本配置和市场主流。

    A. AGP 　　　　B. PCI 　　　　C. ISA 　　　　D. PCI-E

32. 唯一能够在显示卡领域与 NVIDIA 公司从技术、产品等方面抗衡的公司是（　　　）。

    A. Matrox 　　　　B. ATI 　　　　C. SIS 　　　　D. VIA

33. 具有数字输入接口的 LCD 显示器接到显示卡的（　　　）接口显示效果会更好。

    A. D-Sub 　　　　B. S-Video 　　　　C. DVI 　　　　D. COM

34. LCD 显示器需要供助（　　　）的照射来发光。

    A. 荧光粉 　　B. 液晶本身发光 　　C. 电子枪的轰击 　　D. 冷阴极灯管

35. CRT 显示器标准接口是（　　　）。

    A. USB 　　　　B. DVI 　　　　C. VGA 　　　　D. S-VIDEO

36. 不属于 TCO 认证规定的是（　　　）。

    A. 环保辐射 　　B. 舒适美观 　　C. 质量过硬 　　D. 显示屏尺寸大小

37. 以下关于显示器说法正确的是（　　　）。

    A. 目前广泛用于液晶显示技术的是 DSTN 技术

    B. 液晶显示器亮度高于 CRT 显示器

    C. CRT 显示器的刷新频率达到 85Hz 时为无闪烁标准场频

    D. 17 英寸的 CRT 显示器的显示尺寸大小为 17 英寸

38. 下面哪项不属于 LCD 显示器的点缺陷（　　　）。

    A. 亮点　　　　　　B. 明点　　　　　　C. 暗点　　　　　　D. 坏点

39. 某用户购买了一台 17 英寸 CRT 显示器，但在测量屏幕的对角线时只有 15.8 英寸，可能的是原因是（　　　）。

    A. 用户实际购买的为 16 英寸显示器　　B. 属于正常现象　　C. 不能确定

40. 音箱的频率响应范围要达到（　　　）才能保证覆盖人耳的可听频率范围。

    A. 20Hz～20kHz　　B. 30Hz～20kHz　　　C. 45Hz～20kHz　　D. 45Hz～25kHz

41. 一段音乐信息，16 位声卡能把它分为（　　　）个声音元素进行处理。

    A. 65 536　　　　　B. 256　　　　　　C. 16　　　　　　D. 18

42. 选购计算机配件时做法不正确的是（　　　）。

    A. 选择做工精细，箱体较重的木质音箱

    B. 购买硬盘时，选择主板支持的容量

    C. 不看品牌和认证，选择外观时尚的机箱、电源

    D. 尽可能选择舒适的键盘和鼠标

四、多项选择题

1. （　　　）存储器属于易失性存储器。

    A. SDRAM　　　　B. ROM　　　　C. DDR RAM　　　D. EDO RAM

2. （　　　）是 Intel 公司生产的 CPU。

    A. Pentium　　　B. Athlon　　　C. Celeron　　　D. Xeon　　　E. Duron

3. 硬盘工作时应特别注意避免（　　　）。

    A. 噪声　　　　　B. 振动　　　　C. 潮湿　　　　D. 日光

4. （　　　）总线接口支持热插拔。

    A. IEEE 1394　　B. USB　　　　C. PCI-E　　　D. SCSI　　　E. SATA

5. 硬盘的接口类型有（　　　）。

    A. IDE 接口　　B. SCSI 接口　　C. USB 接口　　　D. SATA 接口　　E. IEEE 1394

6. CRT 显示器的保修，需要注意（　　　）。

    A. 防尘　　　　　B. 防磁　　　　C. 防湿　　　　D. 防干

7. 机箱的技术指标包括（　　　）。

    A. 坚固性　　　B. 可扩充性　　C. 散热性　　　D. 屏蔽性

8. 按存储器在计算机中位置的不同，可以将其分为（　　　）几种。

    A. 主存储器　　B. 内存储器　　C. 外存储器　　　D. 随机存储器

9. （　　　）是 LCD 与 CRT 相比的优点。

    A. 亮度　　　　B. 对比度　　　C. 无辐射　　　D. 可视面积

10. 静态 RAM 存储器的特点是（　　　）。

A. 速度快，价格较贵，常用于高速缓冲存储器

B. 存储容量大、速度较慢、价格便宜

C. 其中的信息只能读不能写

D. 其中的信息断电后也不会丢失

五、名词解释

1. Cache

2. FSB

3. USB、IEEE1394、SATA

4. DDR3

5. 分辨率、刷新频率

6. 可视角度、可视范围

7. 平均寻道时间

六、简答题

1. 简述 CPU 缓存的作用和分级体系。

2. 如今 Intel 公司和 AMD 公司主流的 CPU 产品，所使用的接口类型是什么？

3. 为什么要使用散热片和 CPU 风扇？

4. 简述计算机主板（Main Board）的基本组成部分及其作用。

5. 主板上有哪些常规接口，它们分别是用来连接什么设备的？

6. 内存有哪些分类方法？各个分类中有哪些常见类型？

7. 内存、硬盘分别有哪些著名的厂家，它们的代号是什么？

8. 什么是光驱的倍速？

9. 简述显示卡的工作原理。

10. 显示卡的主要技术指标有哪些？

11. 按照工作原理，显示器可以分成哪些类型？它们分别有什么特点？

12. 简述声卡的工作原理。

13. 普通声卡主要有哪几个接口？各与什么设备连接？

14. 键盘、鼠标有哪几种分类方法，各分为什么类型？

15. 音箱中的 2.1、4.1 和 5.1 的含义是什么？它们的摆放位置分别是怎样的？

项目三

计算机的组装

知识目标

- 了解常用安装工具的种类及使用方法
- 熟悉计算机组装流程
- 掌握最小系统的安装与调试方法
- 掌握主机系统及外设的安装方法

技能目标

- 能够熟练使用计算机组装的工具
- 掌握组装过程中的各项注意事项
- 掌握计算机各配件的安装方法
- 能够把所给的配件熟练地组装成一台计算机

3.1 常见安装工具的介绍及使用

1）螺钉旋具：在装机之前，先要准备两把螺钉旋具，用于螺钉的拆装。螺钉旋具有"一"字螺钉旋具刀和"十"字螺钉刀两种。最好选用前端带有磁性的螺钉旋具，是为了吸住螺钉旋具使安装更为方便，另外螺钉落入狭小空间后也容易取出，如图3.1所示。

2）镊子：镊子用来捡起细小的螺钉旋具或设置跳线，如图3.2所示。

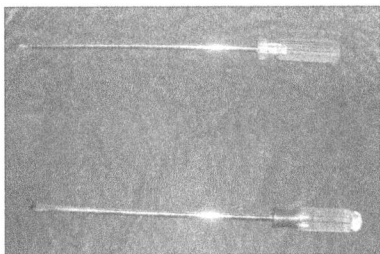

图3.1 "一"字螺钉旋具和"十"字螺钉旋具   图3.2 镊子

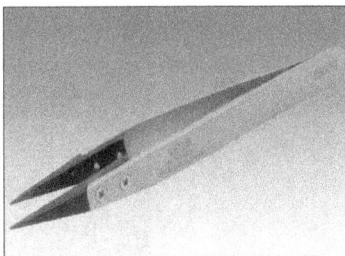

3）尖嘴钳：如果在装机过程中机箱内有难于安放计算机配件的地方，这时就要借助于尖嘴钳，如图3.3所示。在有些不太标准的机箱内，由于其做工不太好，容易出现机箱内不平的现象，就无法正确地安装计算机配件，此时就可用尖嘴钳来消除这些不平之处，它会给安装减少很多麻烦。

4）剪刀：剪刀是用来剪断产品的包装带、数据线残留的绑扎带等，如图3.3所示。

5）导热硅脂：用来填充散热器和CPU表面的空隙，更好地帮助散热。

6）橡皮手套：可以预防组装者被划伤和防止静电。

7）电源插座：在装机完毕后都需要通电，所以电源插座是必备的，如图3.4所示。

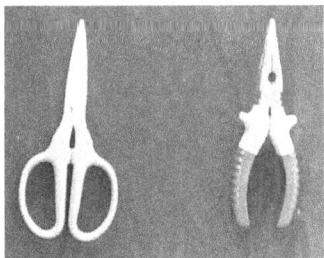

图3.3 尖嘴钳和剪刀   图3.4 电源插座

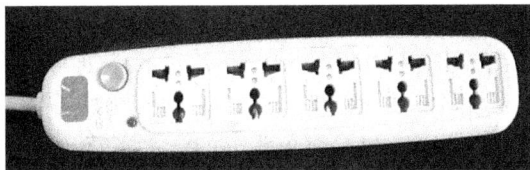

3.2　配件的准备

将配件、产品说明书和驱动程序盘从各自的包装盒中取出，摆放在铺垫了一层硬纸板（如配件包装盒）、报纸或纯棉布等的操作平台上，不要摆放在化纤布或塑料布上，防止产生静电损坏配件。然后卸下配件中的绝缘胶带、泡沫材料及其他各种固定配件，硬件产品中附赠的零配件都是安装计算机系统所必备的，也一定要保存好，如图 3.5 所示。

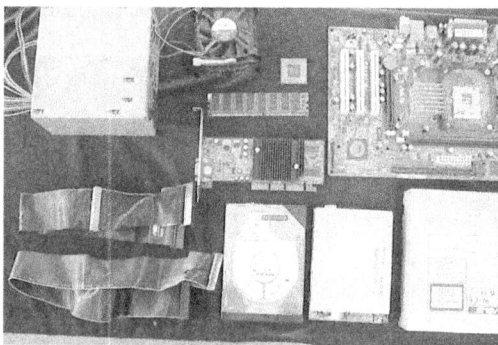

图 3.5　组装计算机所需的配件

3.3　注意事项

工具和配件准备好后，在组装之前，还需要注意以下事项。

1. 防止静电

由于衣物的相互摩擦，很容易产生静电，而这些静电则可能将集成电路内部击穿，造成设备损坏。因此，最好在安装前，用手触摸一下接地的导电体或洗手以释放身上携带的静电荷。

2. 防止液体进入计算机内部

在安装计算机元器件时，要严禁液体进入计算机内部的板卡上。因为这些液体都可能造成短路而使元器件损坏，所以要注意不要将喝的饮料摆放在机器附近，对于爱出汗的用户来说，也要避免头上的汗水滴落，还要注意不要让手心的汗液沾湿板卡。

3. 使用正常的安装方法，不能强行安装

在安装的过程中一定要使用正确的安装方法，不要强行安装，对于不懂不会的地

方要仔细查阅说明书，如果用力不当可能会引起板卡引脚的变形或折断。对于安装位置不到位的器件不要用螺钉强行固定，因为这样容易使板卡变形，以后容易发生断裂或接触不良的情况。

在进行配件的线缆连接时，一定要注意插头及插座的方向。一般它们都有防误插设施，也叫"防呆装置"，如缺口或倒角等，只要留意，就会避免出错。另外，连接光驱、硬盘、软驱的扁平线缆边上有一条线是红色的，它表明是 1 号线，应与插槽的 1 号线连接。由此也可辅助验证连接线是否正确。

插接的插头及插座一定要完全插入，以保证接触可靠。如果方向正确而插不进去，应修整插头（电源插头带残留毛边，难以顺畅插入的情况比较多见）。

4. 不要带电操作

带电插拔就是在计算机处于加电状态下插拔元器件、扩展卡及连接线等，这种操作对元器件的损害很大。因为元器件带电时，突然断电会在器件内部产生瞬时大电流，所以用户在操作时千万不能马虎。在对计算机进行插拔操作时，应先关闭电源，把设备的电源插头拔下，然后再进行操作。

实训 3.1　组装最小系统

实训目的

在开始组装计算机之前，很有必要使用最小系统来验证各个配件的品质及兼容性。如果组装的最小系统能够顺利启动，则意味着整个装机过程成功了大半。最小系统是由 CPU（包括风扇）、主板、内存、显示卡、显示器和电源等六种配件组成的系统。本次实训练习的主要内容是组装最小系统并进行测试。

实训工具

每个小组要拥有 CPU 及风扇、内存条、主板、显示卡、十字螺钉旋具一把。

实训步骤

（1）放电
用手触摸一下接地的导电体或洗手以释放身上携带的静电荷，避免损坏配件。
（2）CPU 的安装
在安装 CPU 时，CPU 的针脚应该一一对应地插在 CPU 插槽的针孔上，必须完全吻合，否则 CPU 无法正常工作。需要说明的是：整个过程应该相当轻松，如果遇到很大的阻力，应该立即停止操作，因为这很可能是 CPU 插入方向错误引起的，会造成

CPU 损坏。现在市场上比较流行 CPU 接口有 Socket、LGA 775 两种，下面分别介绍安装方法。

1）Socket CPU 安装。

① 把主板上的 CPU 插槽上的固定杆轻微地向外侧掰开，将固定杆完全拉起呈垂直状态，如图 3.6 所示。

② 将 CPU 的针脚缺针位置对准 CPU 插槽对应的位置，如图 3.7 所示，然后垂直插入。

图 3.6　掰开插槽上的固定杆　　　　图 3.7　将 CPU 对准插槽的位置

③ 当 CPU 插入完成后，用手指轻压 CPU，使 CPU 的引脚与 CPU 的插槽完全吻合。最后，拉下 CPU 插槽上的固定杆，如图 3.8 所示。

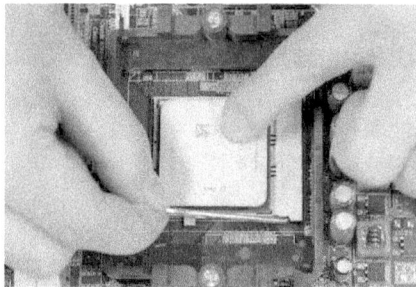

图 3.8　CPU 引脚与插槽吻合

④ 当听见固定杆扣回所发出响声时，说明固定杆已回到原来的位置，CPU 已经固定好。

2）LGA 775 CPU 的安装。

① 把主板上的 CPU 插槽上的固定杆轻微地向外侧掰开，将固定杆完全拉起呈垂直状态，如图 3.9 所示。

② 将 CPU 挡板打开，如图 3.10 所示。

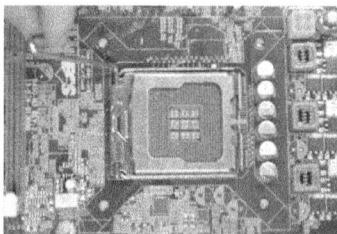

图 3.9　掰开插槽上的固定杆　　　　图 3.10　将 CPU 挡板打开

③ 将 CPU 按照安装标识放入到 CPU 插槽对应的位置，如图 3.11 所示。

④ 将 CPU 挡板按下，如图 3.12 所示。

⑤ 拉下 CPU 插槽上的固定杆，如图 3.13 所示。当听见固定杆扣回所发出响声时，说明固定杆已回到原来的位置，CPU 已经固定好。

图 3.11　CPU 按安装标识放入插槽　　图 3.12　将 CPU 挡板放下

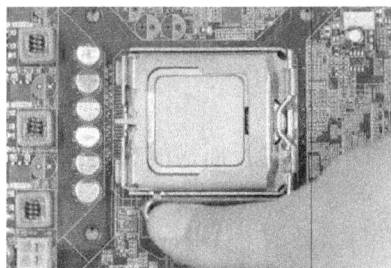

图 3.13　将 CPU 固定杆复位

（3）CPU 散热器的安装

CPU 安装完成后，接下来就是要安装散热器。相对而言，安装 CPU 散热器是整个装机过程中最危险的一步，因为用力不当很容易压坏 CPU 的核心。不同的 CPU，使用的散热器也有一些差别，安装方法也不尽相同，需要认真加以区分。

图示散热器的安装方法如下：

1）将少许导热硅脂均匀地涂抹在 CPU 表面，如图 3.14 所示。

2）将散热器及固定架垂直对准主板上的 CPU 插座，缓慢下降并轻轻放在 CPU 的核心上，然后用力往下压风扇的固定架，将固定散热器的小挂钩放在支架的卡口内，将其扣好，如图 3.15 所示。

3）在主板上找到三针电源插座，将风扇的电源线和插座连接起来，如图 3.16 所示。风扇电源插好后，CPU 散热器的安装就完成了。

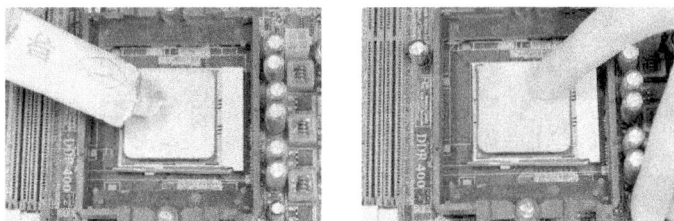

图 3.14　在 CPU 表面均匀涂抹导热硅脂

图 3.15　安装散热器的扣具

图 3.16　安装 CPU 散热器电源线

（4）内存条的安装

在安装内存条之前，不要忘记阅读主板说明书，以确定内存是否与主板匹配及主板所支持的最大容量等。DDR SDRAM 及 DDR2 SDRAM 是目前市场上的主流内存，在这里主要介绍 DDR 内存条的安装，DDR2 SDRAM 的安装方法与其类似。

DDR 内存条的安装方法如下：

1）在安装内存条时，首先把主板内部的插槽两端的卡子向两侧掰开，露出内存的安装位置，如图 3.17 所示。

2）将内存金手指中间的缺口和主板插槽的位置对齐，把内存条垂直放入插槽中，注意不要插反，如图 3.18 所示。

3）双手同时用力将内存压入插槽中，此时插槽两端的卡子会自动弹起，卡在内存的两端，如图 3.19 所示。一般情况下，在内存条安装到位的一瞬间会听到"咔哒"的响声，并且手指能够感觉到内存条被卡到位。

图 3.17　掰开内存插槽两端的卡子

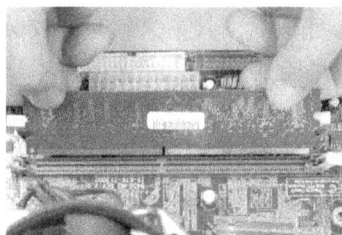

图 3.18　将内存条按照安装标识垂直放入

图 3.19　压入内存

（5）显示卡的安装

显示卡插槽一般位于主板的中央，目前主流显示卡主要采用 AGP 和 PCI-E 接口，两种显示卡的安装方法类似，只要将其插入主板上的相应显示卡插槽即可。下面介绍 PCI-E 显示卡的安装，将 PCI-E 插槽的卡子掰开，将显示卡插入主板上的显示卡插槽内，如图 3.20、图 3.21 所示。

图 3.20 将 PCI-E 插槽的卡子掰开

图 3.21 将显示卡插入主板的显示卡插槽

（6）连接电源

完成以上配件的安装后，就可以接上 20 针或 24 针的 ATX 电源线，插入主板电源插槽中，主板电源接口有一个导航槽，顺着方向插入即可，如图 3.22 所示。将 Pentium 4 专用供电电源插入主板 Pentium 4 专用插槽中，如图 3.23 所示。

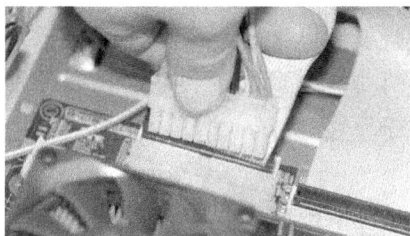

图 3.22 安装主板供电电源

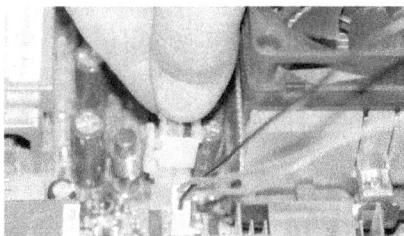

图 3.23 安装 Pentium 4 供电电源

（7）测试最小系统

连接显示器，则组成了最小系统。接通电源和电源插座，然后参见主板说明书，用螺钉旋具轻轻拨动短路主板上标有 POWER SW（电源开关）的跳线，启动计算机。

如果一切顺利，应该能够看到显示器上出现系统自检画面，这也表明这些配件基本上可以协调工作。如果没有启动，一般是内存条或显示卡没插紧，再插拔一次即可。如果不能正常启动，可接上 PC 喇叭，通过其鸣叫声判断故障所在。如果无声，则一般是电源、主板、CPU 或它们之间的连接有问题，针对具体情况进行分析判断来排除故障。

实训 3.2 组装主机

实训目的

如果已经成功地让最小系统正常运作，下面就可以将所有配件装入机箱并固定好，完成整个组装过程。这时可以拆散已组装好的最小系统，但不必从主板上拆下 CPU、CPU 风扇及内存条。本次实训练习的主要内容是让学生分组进行计算机各部件的组装，达到每个同学都能独立组装完成一台计算机的目的。

实训工具

每个小组拥有 CPU 及风扇、内存条、主板、显示卡、网卡、硬盘、光驱、软驱、机箱电源各一件，IDE 数据线 2 条，软驱线 1 条，面板线若干条，十字螺钉旋具一把。

实训步骤

（1）电源的安装

电源是给计算机供电的设备。目前一部分的机箱和电源是搭配在一起销售的，即已经将电源安装在机箱的相应位置。但是还有相当一部分电源是单独销售的，需要自己动手安装。

1）将机箱平放在方便安装电源的位置，将电源放入机箱中预留的对应位置上，通常在光驱的后侧，如图 3.24 所示。

2）将放入机箱的电源固定位置，对齐 4 个螺钉孔，用 4 颗螺钉把电源固定好。需要注意的是：上螺钉时先不要拧紧，等所有螺钉都安装到位后再按对角线分别拧紧，安装其他配件时也是如此，如图 3.25 所示。

图 3.24　将电源放入机箱的电源固定位　　　图 3.25　使用螺钉将电源固定

（2）主板的安装

下面将主板固定到机箱中，安装主板的方法如下：

1）在安装主板之前，先将机箱后挡板用钳子卸除，如图 3.26 所示。然后将主板自带的挡板更换于该位置，如图 3.27 所示。

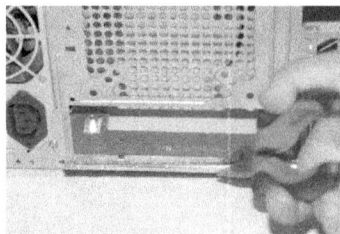

图 3.26　将机箱后挡板取下　　　图 3.27　固定主板自带挡板

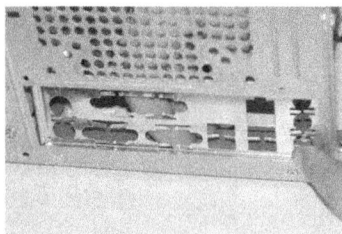

2）将机箱附带的金属螺钉柱或塑料钉旋入主板和机箱对应的机箱底座上，一般为6颗，如图 3.28 所示。然后将主板轻轻地放入机箱中，如图 3.29 所示。

图 3.28 安装主板隔离柱　　　　图 3.29 将主板放入机箱中

3）将主板放入机箱后，注意主板上 I/O 接口与机箱挡板的对应、主板定位孔与铜柱位置的对应，如图 3.30 所示。然后用螺钉将主板固定在机箱托板上，如图 3.31 所示。

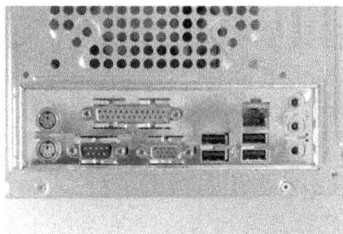

图 3.30 接口与机箱挡板的对应　　　图 3.31 用螺钉固定主板

4）连接机箱面板线。由机箱面板引出的连线有许多，常见的有电源开关、复位开关、电源指示灯、硬盘指示灯和扬声器等。将这些连线按照主板说明书中的要求连接到相应位置，如图 3.32 所示。

一般情况下，这些连接线的接头都有英文标注，不同机箱或主板，连接线接头上的标识可能有所不同，但一般能从其标识上看出其含义。

下面列出常见的标识。

① SP、SPK 或 SPEAK：计算机喇叭输出端，4 个接脚。

② RS、RE、RST 或 RESET：连接两接脚的 RESET 缆线。

③ PWR、PW、PWSW 或 Power SW：电源开关、计算机的开机/关机开关，插头是两脚接的。

④ PWLED、PWRLED 或 PowerLED：计算机开机时机箱前面板的面板灯会点亮，插头两接脚的。

⑤ HD、HDDLED：这两种接脚连接硬盘，激活 LED 指示缆线。

（3）固定显示卡

在主板上将 PCI-E 扩展槽对应的机箱扩展卡挡板卸下，将 PCI-E 显示卡安装在主板上，方法与组装最小系统时相同。最后再将显示卡挡板的一头搭在机箱的板卡安装位上，用螺钉拧紧，如图 3.33、图 3.34 所示。

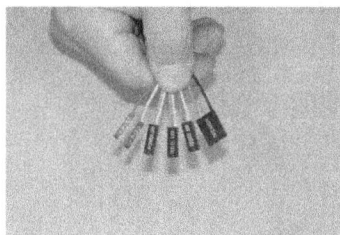

图 3.32　连接机箱面板线

图 3.33　卸下机箱扩展卡挡板　　　　图 3.34　安装显示卡并拧紧显示卡挡板螺钉

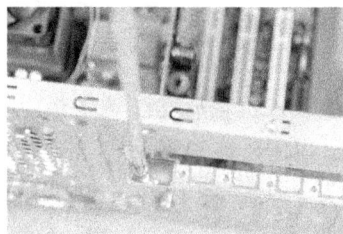

（4）安装其他扩展卡

根据需要安装声卡、内置调制解调器和网卡等其他扩展卡，它们与显示卡的安装步骤一样。目前这些硬件设备都是 PCI 接口，一律插在主板上的任意一个白色 PCI 插槽中，哪一个都可以，在顺序上没有要求，只需考虑卡和卡之间是否便于散热，操作是否方便即可。安装完所有扩展卡后，把固定配件的所有螺钉都紧一下，稳固即可，注意用力不能太大。

（5）硬盘的安装

1）PATA 硬盘的安装。

①安装时，首先按要求设置硬盘主从跳线，然后轻轻将硬盘拿起，正面朝上地将无接口的一端对准硬盘托架的入口处，平行放入机箱内，如图 3.35 所示。

②将硬盘的螺钉孔对准托架的螺丝孔，并用螺丝固定硬盘，如图 3.36 所示。

图 3.35　将 PATA 硬盘放入托架内　　　图 3.36　用螺钉固定 PATA 硬盘

③通常连接 PATA 硬盘的数据线为 80 芯，连接时将一端插入主板的 IDE1 插槽中，IDE 数据线接头也使用了安装标识，接头的一边有一个突起，正好与主板上 IDE 接口一边的凹槽相对应，不会插错。然后将另一端与硬盘的数据线接口连接，如图 3.37 所示。

④连接硬盘的电源线插头是一种 4 芯的 "D" 形接口的插头，也采用防插错接口

设计。连接时，观察电源线和电源接口方向，对应后用力插入即可，如图 3.38 所示。

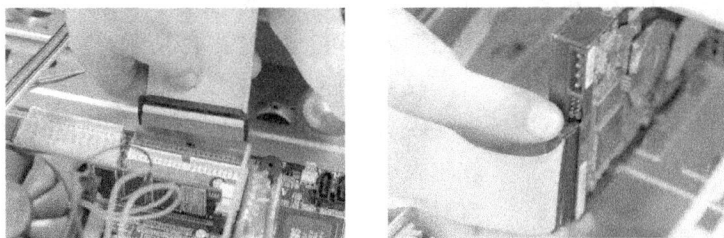

图 3.37　PATA 硬盘数据线的连接

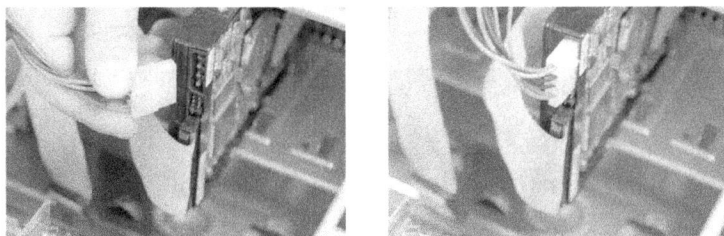

图 3.38　PATA 硬盘电源线的连接

2）SATA 硬盘的安装。

①安装时，无需设置硬盘主从跳线，先轻轻将硬盘拿起，正面朝上地将无接口的一端对准硬盘托架的入口处，平行放入机箱内，如图 3.39 所示。

②将硬盘的螺钉孔对准托架的螺钉孔，并用螺钉固定硬盘，如图 3.40 所示。

③SATA 硬盘的数据线接口为"L"形，连接时将一端插入主板的 SATA1 插槽中，将另一端与硬盘的数据线接口连接，如图 3.41 所示。

图 3.39　将 SATA 硬盘放入托架内　　图 3.40　用螺钉固定 SATA 硬盘

图 3.41　SATA 硬盘数据线的连接

图3.42　SATA硬盘电源线的连接

④SATA硬盘的电源线插头也是"L"形接口的插头。连接时，观察电源线和电源接口方向，对应后用力插入即可，如图3.42所示。

（6）软驱的安装

硬盘安装完毕后，就可以安装软驱了，1.44MB软驱大小为3.5英寸（9cm），安装在机箱面板软驱插口对应的位置，方法如下：

1）拆下机箱前面板上的软驱挡板，并将软驱正面朝上从机箱前面插入，向内推至完全进入到机箱内部，如图3.43所示，使软驱的前表面与机箱面板相平。

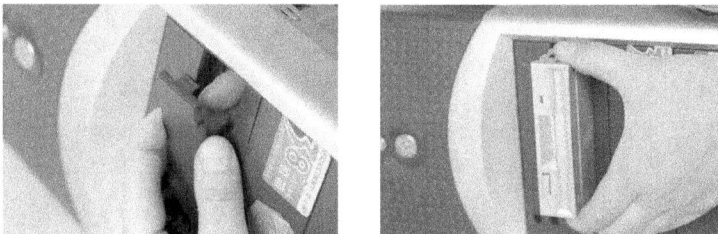

图3.43　拆下软驱挡板并将软驱插入

2）调整软驱的位置，将软驱上的螺钉孔对准托架上的螺钉孔，再将螺钉拧入软驱，如图3.44所示。

3）连接软驱电源线，软驱电源接口两侧有滑槽，将小4芯的软驱电源线对应插入，如图3.45所示。

4）连接软驱数据线，软驱数据线为34线的扁平线缆，注意将扭曲分叉的一端连接软驱，另一端插入主板的软驱插槽中，如图3.46所示。

图3.44　用螺钉固定软驱　　　图3.45　连接软驱电源线

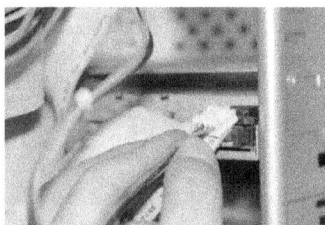

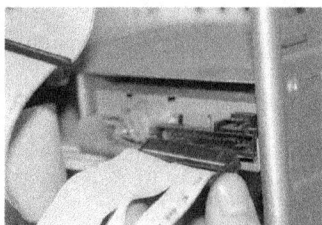

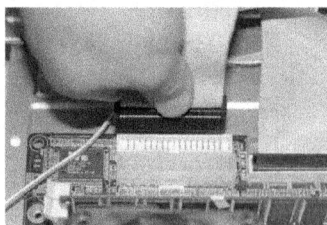

图3.46　连接软驱数据线

（7）光驱的安装

将光驱装入机箱前也应正确设置主从跳线，光驱的位置通常在机箱的最上方。

1）在安装光驱时应该选择机箱中的 5.25 英寸 (13cm) 的托架，在机箱内部，从后向前用力顶出机箱前面板。将光驱从机箱面板前方插入机箱，如图 3.47 所示。

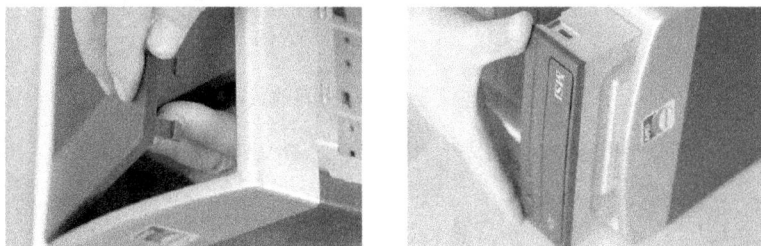

图 3.47 拆下光驱挡板并将光驱插入

2）调整光驱螺钉孔使其与机箱螺钉孔对齐，并保持与机箱面板对齐，拧紧螺钉，如图 3.48 所示。

3）光驱音频线的连接按照安装标识，红色线对应的标识为"R"，分别将音频线的两端连接在光驱和主板相对应的四芯插针上，如图 3.49 所示。

4）光驱数据线的连接与硬盘数据线一样，将一端插入主板的 IDE2 接口，再将另一端插入光驱数据线接口，如图 3.50 所示。

5）连接光驱电源线插头和硬盘电源线一样是 4 芯的"D"形接口的插头。连接时，观察电源线和电源接口方向，对应用力插入即可，如图 3.51 所示。

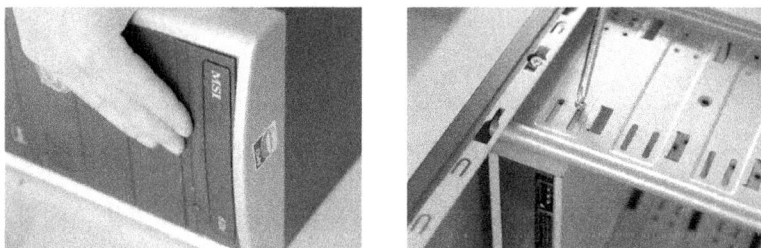

图 3.48 调整光驱并拧紧螺丝

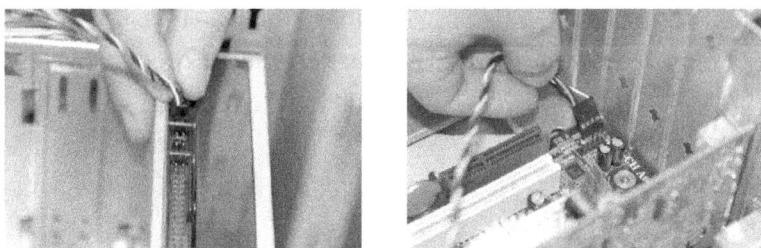

图 3.49 连接光驱和主板间的音频线

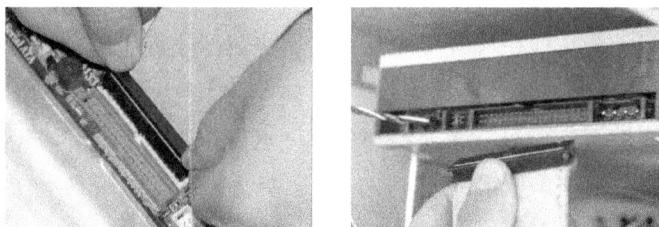

图 3.50　连接光驱和主板间的数据线

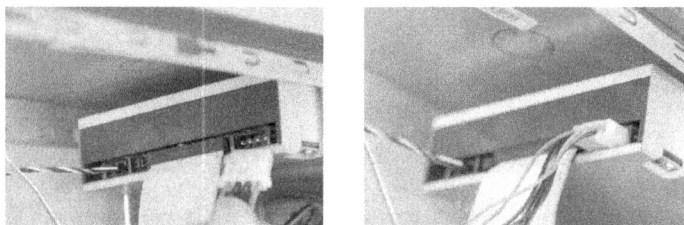

图 3.51　连接光驱电源线

（8）整理机箱内部连线

将机箱内部连线整理好后，机箱内的所有部件就安装完毕，测试结束后，将机箱两边的挡板用螺钉固定，如图 3.52 所示。

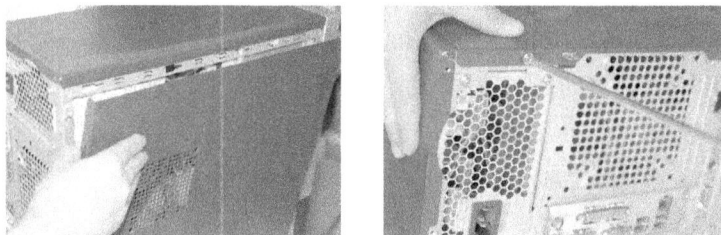

图 3.52　用螺钉固定机箱挡板

机箱内部的空间并不宽敞，加之设备发热量都比较大，如果机箱内没有一个宽敞的空间，会影响空气流动与散热，同时容易发生连线松脱、接触不良或信号紊乱的现象。

面板信号线比较细也比较多，要把它们理顺，用捆绑绳捆绑起来。不用的电源线捆扎起来放在一边，以免干扰日后插接硬件。硬盘、光驱的数据线比较长，把它们折叠好，音频线尽量单独固定在某个地方以免产生音频信号的干扰。

（9）外部连接线安装

整个机箱部分安装完毕后，还有显示器、键盘、鼠标和音箱等外部设备要安装在机箱背部的接口上，下面将进行相应的设备连接。

1）准备一根机箱电源线，将电源线一端与主机电源的接口连接，另一端直接与外部电源相连，如图 3.53 所示。

2）连接显示器的电源线，和机箱电源线类似，接好即可，如图 3.54 所示。

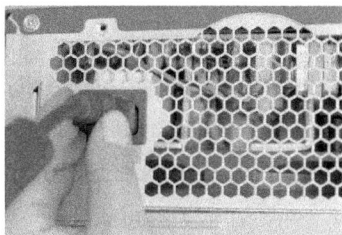

图 3.53 连接机箱电源线

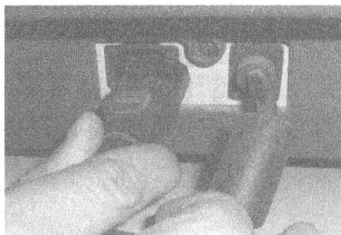

图 3.54 连接显示器电源线

3）在显示器的背后，有一条显示器数据信号线，将其插入到计算机的显示卡输出接口，并拧紧信号线两边的固定螺钉，避免接触不良造成画面不稳定，如图 3.55 所示。

4）普通的 PS/2 键盘、鼠标对准主板的键盘、鼠标插座插入即可，通常键盘接口为紫色，鼠标接口为绿色，如图 3.56 所示。

图 3.55 插入显示器信号线

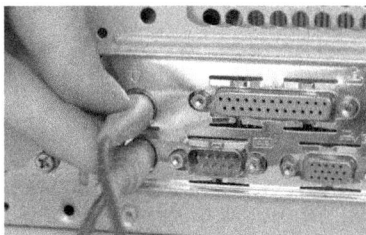

图 3.56 连接键盘、鼠标

5）把音箱或耳机插入绿色的音频输出接口，如图 3.57 所示。

6）把机箱电源线和显示器电源线插到电源插座上，如图 3.58 所示。这样，装机过程就全部结束。

图 3.57 连接音箱或耳机

图 3.58 连接电源插座

（10）检查安装

通过上面的安装步骤之后，还不能急着开机，应该仔细地检查一遍各个部件的安装和连线，确保安装万无一失。

1）安装后的检查。对于初次组装计算机的新手们在组装时难免会犯错误，所以在安装完毕之后应着重检查以下几个方面：

① 检查各个配件如 CPU、CPU 风扇、内存、显示卡等部件是否安装稳固。

② 检查电源线和信号线是否紧密连接。

③ 检查机箱中是否有遗留的螺钉或工具。

④ 检查各个外设是否正确安装。

2）软件设置。加电开机后，显示器正确显示计算机的配置，如 Pentium 4 2.66GHz、512MB 内存、80 GB 硬盘等。此时计算机还只是一台不能运行的裸机，什么工作都干不了，这就要求用户进一步设置各种参数和安装操作系统，只有这样计算机才能正常工作。

软件设置主要有以下几个部分：

① CMOS 设置。

② 硬盘分区和格式化。

③ 操作系统的安装。

④ 驱动程序的安装。

⑤ 应用软件的安装。

以上几个部分的具体方法和步骤将在后面的章节中详细讲解。

（11）启动计算机

通过上面的检查之后，就可以开机了，开机检测时不要盖机箱盖，因为这样便于发现问题。例如，CPU 的风扇是否正常工作，机箱主板上是否有冒烟或烧焦的味道，如果有则须马上关机；如果没有问题，在 BIOS 自检时会发出"嘀"的一声，便说明安装成功。

某些方面的错误，如 ROM 校验和错误、与 BIOS 中的编码值不匹配、外部高速缓存错误等是用户不能自己解决的，如果出现这类问题，可以要求商家更换硬件。测试时会经常出现故障，最常见的就是黑屏且伴有报警声。根据出错的硬件不同，报警声音也不同。

所谓的黑屏就是当开机后，显示器上没有任何显示。遇到这种问题时，应该从以下方面检查故障产生的原因：

1）检查电源的风扇和机箱的电源开关。先看电源的风扇是否转动，如果没有转动，再检查电源线所连接的插座是否通电。也可以通过在其他计算机上测试电源的方法来排除。然后再检查机箱中电源的开关是否连接正常。若电源和开关都正常，那么就要看主板与主板电源线的连线是否有松动。

2）按复位键。通过按复位键看计算机是否能够正常启动。如果按复位键还是不能使计算机启动，那么就要检查 CPU 的安装是否正确。

3）检查内存条和显示卡的安装是否正确。首先，看看内存条有没有彻底地插入到内存插槽中去，或者内存条是否有松动；其次，再检查显示卡的安装是否正确，也可以更换其他的显示卡来测试。

4）在开机启动时出现死机，有报警声。在开机时，也就是按下电源开关后，请留心听一下扬声器所发出的声音。

如果是"嘀嘀……嘀嘀……"连续两声比较短促，而且是重复的报警声，说明显示卡没插好，或是接触不良。这时可关闭电源，打开机箱，重新插好显示卡并将螺钉拧紧。有时上紧螺钉反而会使显示卡一端翘起，造成接触不良，这时就要自己动手，想办法将显示卡固定好。如果还是死机，并继续发出前面所述的报警声，就可能是显示卡出问题了，建议将显示卡拿到其他的计算机上试一下，如果还不行，那么就需要考虑更换显示卡了。

如果开机时的声音是"……嘀……嘀……"，每声的间隔时间较长，而后重复，那么可能是内存条出现了问题。最好重新插一下内存条并在不同的内存插槽上试试，如果不行，则需更换内存条。

机器故障检测之后，再打开主机的电源，机器中的设备将开始加电运转。其中CPU 风扇、机箱电源风扇和显示卡风扇会开始转动；可以听到硬盘电动机加电旋转的声音；软驱、光驱也开始进行预检；机箱前面板的电源指示灯、硬盘指示灯、软驱指示灯及光驱指示灯都会闪亮，说明机器正常。

实训 3.3　常见外设的安装

实训目的

生活中还经常用到打印机、扫描仪等外部设备，通过本次实训让学生掌握各种外设接口、安装常见外设、能够使用打印机和扫描仪。

实训工具

每个小组拥有计算机、针式打印机、喷墨打印机、激光打印机、平板扫描仪各一台。

实训步骤

1. 识别常见外设接口

1）如图 3.59 所示的接口称为串行通信接口，简称串口。主板一般集成两个串口，其速度慢，但抗干扰能力强，传输距离远，用于连接早期的鼠标、手机等移动设备，现在已经逐步被淘汰。

2）如图 3.60 所示的接口称为并行接口，采用 25 针的双排插口，并行接口的速度虽稍快，但抗干扰能力弱，传输距离短，应用受到很大限制。除最普遍的应用于连接打印机以外，还可用于连接扫描仪、ZIP 驱动器，甚至外置网卡、磁带机及某些扩展硬盘等设备。通常使用并口线和打印机连接，打印机上的并口如图 3.61 所示。

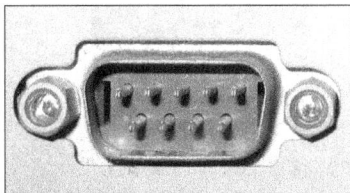

图 3.59　串行通信接口

图 3.60　并口 LPT 端口

3）USB（通用串行总线）接口具有：支持热插拔，使用方便，带宽大，速度快，可连接设备多，简单的网络互连功能等特点。目前的 USB 2.0 版本传输速率已经达到 480Mb/s。它的普及程度很高，可以用来连接移动硬盘、打印机、扫描仪、数码相机、鼠标、键盘等。计算机上的 USB 接口是一个包含四条金手指引脚的扁平接口，如图 3.62 所示。

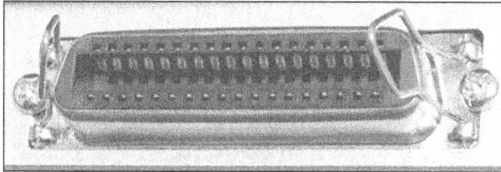

图 3.61　打印机并口

图 3.62　计算机 USB 接口

USB 接口在一些外设上形状各不相同，常见的有如图 3.63 所示的两种，另外还有一些生产厂家独有的 USB 接口，辨识的方法是通常在 USB 接口旁边有如图 3.64 所示的标志。

图 3.63　常见外设 USB 接口

图 3.64　USB 标志

4）USB 接口的一个有力竞争者——IEEE1394 接口，又叫做火线（FireWire）。它具有使用方便，支持热插拔，即插即用，无需设置设备 ID 号，从 Windows 98 SE 以上版本的操作系统开始内置 IEEE1394 支持核心，无需驱动程序，数据传输速度快，自带供电线路，真正点对点连接。通常有两种接口方式，一种是六角形的六针接口，另一种是四角形的四针接口，如图 3.65 所示。

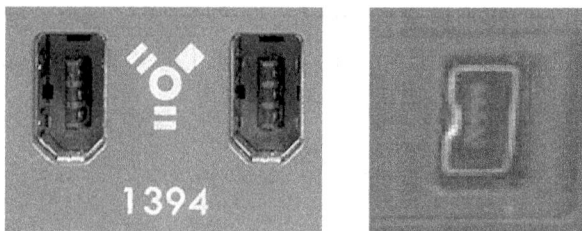

图 3.65　IEEE1394 接口

2. 常见外设识别

1）如图 3.66 所示为针式打印机，打印时，由驱动程序根据需要打印的内容，由每个线圈驱动一根打印针产生击针（或者收针）的操作，通过打印钢针撞击色带和纸打印出点阵组成字符和图形，因此针式打印机又叫点阵打印机。针式打印机通过 25 针电缆线连接到计算机主机的并行端口（LPT）上，在连接打印机到计算机上时，要注意在断电情况下操作，带电插拔打印电缆会烧坏打印机和计算机的连接端口。

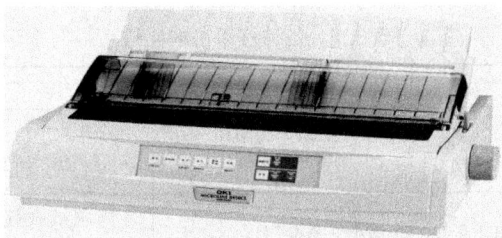

图 3.66　针式打印机

2）喷墨打印机，如图 3.67 所示，采用非击打的工作方式，利用喷头将极其微小的墨滴喷在打印介质上完成打印。目前是家用打印市场中的主流产品，一般采用 USB 连线与计算机连接在一起。如图 3.68 所示是喷墨打印机的墨盒。

3）目前的激光打印机大都使用 USB 接口与计算机连接，方法同喷墨打印机一样。可以说激光打印机是目前打印质量最好的打印机，具有打印速度快、分

图 3.67　喷墨打印机

辨率高、打印质量好、不褪色及支持网络打印等优点。如图 3.69 所示为激光打印机。激光打印机的碳粉与硒鼓有"鼓粉一体"和"鼓粉分离"两种结构，如图 3.70 所示为一体型硒鼓。

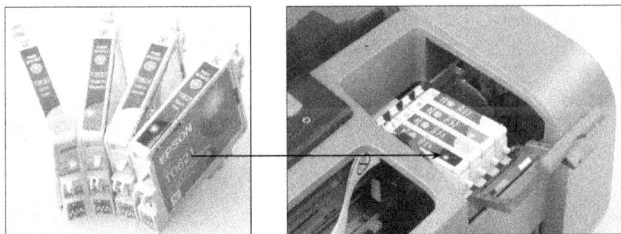

图 3.68　打印机墨盒

不同种类打印机具有不同的特点，见表 3.1。首先要明确使用的目的，特殊行业，如银行、超市等则需购买针式打印机；家庭使用一般选择彩色喷墨打印机，可以胜任文本和彩色照片的打印；而办公室等需要打印大量黑白文稿的情况，应选择激光打印机。

图 3.69　激光打印机

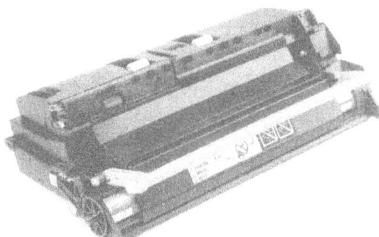

图 3.70　一体型硒鼓

表 3.1　各种打印机的比较

种　类	优　点	缺　点
针式打印机	价格便宜，成本低，幅面大，对纸要求不高，使用维护容易	噪声大，精度低，输出画面质量差，可靠性不高，速度慢
喷墨打印机	输出质量高，噪声小，价格便宜	挑剔纸张耗材贵、消耗量大，打印速度慢
激光打印机	图像输出质量高，噪声小，速度快	价格贵，不能打印蜡纸、多层纸、宽行纸，部分耗材（硒鼓）贵

4）扫描仪的种类有很多，如图 3.71 所示为手持式扫描仪，体积较小、重量较轻、携带比较方便，但扫描精度较低、扫描质量和扫描幅面与平板式扫描仪相比都有较大的差距，主要用于商品条形码的扫描。

5）平板式扫描仪，又称为台式扫描仪，是目前市场上的主流产品，如图 3.72 所示。扫描时将图稿放在扫描台上，由软件控制自动完成扫描过程，速度快、精度高。

6）滚筒式扫描仪是应用在专业领域（如高档印刷产品）的扫描仪，如图 3.73 所示。滚筒式扫描仪一般应用在大幅面扫描领域上，主要用于大幅面工程图纸的输入，为 CAD、工程图纸管理等应用提供了输入手段，另外在测绘、勘探、地理信息系统等也有许多应用。

图 3.71　手持式扫描仪

图 3.72　平板式扫描仪

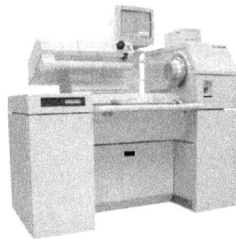

图 3.73　滚筒式扫描仪

思考与练习

一、判断题

1. 在安装调试硬件前，操作者要放掉身上的静电。　　　　　　　　　　　　（　　）

2. 安装 CPU 的时候不存在方向问题。　　　　　　　　　　　　　　　　　（　　）

3. 主板在首次安装时要进行一些板卡上面的硬件跳线设置。　　　　　　　　（　　）

4. 鼠标和键盘的插口可以混用。　　　　　　　　　　　　　　　　　　　　（　　）

5. 软驱的电源线不同于光驱的电源线，软驱的较小。　　　　　　　　　　　（　　）

6. 在连接电源线和数据线时都要注意方向。　　　　　　　　　　　　　　　（　　）

二、单项选择题

1. 组装计算机可分为四步曲，（　　）的顺序是正确的。

　　A. 硬件组装→格式化硬盘→分区硬件→安装操作系统

　　B. 硬件组装→格式化硬盘→安装操作系统→分区硬盘

　　C. 硬件组装→格式化硬盘→分区硬盘→安装操作系统

　　D. 硬件组装→分区硬盘→格式化硬盘→安装操作系统

2. 电源一般安装在立式机箱的（　　），把计算机电源放入时不要放反。

　　A. 底部　　　　　　B. 中部　　　　　　C. 顶部　　　　　　D. 以上都不对

3. 现要主板上的内存插槽一般都有 2 个以上，如果不能插满，则一般优先插在靠近（　　）的插槽中。

　　A. CPU　　　　　　B. 显示卡　　　　　C. 声卡　　　　　　D. 网卡

4. 下面各组信号线的说法，错误的一组是（　　）。

　　A. SPEAKERPC 表示 PC 喇叭　　　　　B. POWER LED 是计算机电源指示灯

　　C. POWER SW 是机器电源开关　　　　 D. RESET 是键盘锁开关

5. 组装计算机的过程中，做法不正确的是（　　）。

　　A. 在一个 IDE 插口上同时接硬盘和光驱跳线分别设置为 Master、Slave

　　B. 主板上的内存插槽如果不能插满，一般优先插在靠近 CPU 的插槽中

　　C. 键盘连接在绿色的 PS/2 接口上

　　D. 安装 CPU 时要先观察金三角所在的位置

6. 对于符合 PC'99 颜色规格的音频接口，蓝色、红色、绿色分别为（　　）接口。

　　A. Line In、Line Out、Mic　　　　　　B. Line In、Mic、Line Out

　　C. Line Out、Line In、Mic　　　　　　D. Line Out、Mic、Line In

7. 通常微机中的外设接口都用统一的颜色，键盘的接口颜色是（　　）。

　　A. 绿色　　　　　B. 紫色　　　　　C. 蓝色　　　　　D. 白色

8. 下面描述中，正确的是（　　　）。

　　A. 键盘是一种既可输入又可输出的设备

　　B. 激光打印机是非击打式打印机

　　C. Windows 是一种软件工具

　　D. PowerPoint 不是一种应用软件

9. CPU 插槽旁边的固定扳手的作用是（　　　）。

　　A. 仅仅是外部装饰，无实际用途

　　B. 固定 CPU，使 CPU 的每个针脚都与主板插座接触良好，确保通信正常

　　C. 具有开关作用

　　D. 具有连接主板的功能

10. 内存插槽两端的白色卡榫的作用是（　　　）。

　　A. 仅仅是外部装饰，无实际用途

　　B. 固定内存条，使内存条与主板插槽接触良好

　　C. 具有开关作用

　　D. 具有连接主板的功能

11. 一般来讲，整个主板的固定螺钉不应少于（　　　）个。

　　A. 2　　　　　　B. 4　　　　　　C. 6　　　　　　D. 8

12. 一般来讲，主板上有 2 个 IDE 接口，一共可以连接（　　　）个 IDE 设备。

　　A. 2　　　　　　B. 4　　　　　　C. 6　　　　　　D. 8

13. 以下关于打印机的描述正确的是（　　　）。

　　A. 喷墨打印机容易出现喷嘴堵塞的情况

　　B. 针式打印机属于击打式打印机，对纸张要求高

　　C. 激光打印机的打印速度快，常用于银行、邮局

　　D. 打印精度用 PPM 表示

14. 银行和超市一般使用的打印机种类是（　　　）。

　　A. 喷墨打印机　　B. 针式打印机　　C. 激光打印机　　D. 热敏打印机

15. 在针式打印机术语中，24 针是指（　　　）

　　A. 24×24 点阵　　　　　　　　　B. 信号线插头有 24 针

　　C. 打印头内有 24×24 根针　　　　D. 打印头内有 24 根针

16. 下列的打印机中，打印质量最好的是（　　　）。

　　A. 喷墨打印机　　B. 激光打印机　　C. 针式打印机　　D. 字模打印机

17. 下列打印机中，属于击打式打印机的是（　　　）。

　　A. 点阵打印机　　B. 热敏打印机　　C. 激光打印机　　D. 喷墨打印机

18. 计算机组装完毕后，加电开机，但是计算机不启动，不可能的原因是（　　）。

    A. 内存安插不良　B. 主板有故障　　C. CPU 工作不良　D. 软驱连接不良

三、简答题

1. 在组装计算机之前要做好哪些准备？

2. 组装计算机时有哪些注意事项？

3. 简述计算机的组装流程。

4. 如何安装 Socket CPU？

5. 按打印方式不同，打印机可以分成哪几类？它们可以应用在什么领域之中？

6. 常见的扫描仪有哪几种？它们可以应用什么领域之中？

7. 列举常见外设接口。

项目八

BIOS 设置

知识目标

- 了解 BIOS 的功能及 BIOS 与 CMOS 的区别
- 熟悉 BIOS 的各项参数设置的含义

技能目标

- 能够掌握 BIOS 中各项设置的含义
- 能够按照实际要求设置 BIOS，确保系统稳定工作，性能达到最佳状态

4.1 BIOS 的概念

本节主要从 BIOS 及 CMOS 的含义入手，讲解有关 BIOS 和 CMOS 的基础知识，并介绍 BIOS 的具体功能和作用。

4.1.1 BIOS 的含义

BIOS 实际上是 Basic Input Output System 的英文缩写形式，中文意思就是基本输入/输出系统，它的全称是 ROM-BIOS，即只读存储器 – 输入/输出系统。BIOS 实际上是一组固化在计算机主板上的一个 ROM 芯片中的最底层的程序。这块芯片主要包含系统自检程序、系统装入程序、系统设置程序及中断处理程序。

BIOS 为计算机提供最低级和最直接的硬件控制，计算机的原始操作都是通过 BIOS 来完成的。从某种程度上来说，一块主板的性能也在很大程度上取决于 BIOS 程序的管理功能是否合理与先进。

4.1.2 CMOS 的含义

CMOS 是 Complementary Metal Oxide Semiconductor 的英文缩写形式，它的原意是指互补金属氧化物半导体，是使用大规模集成电路制造技术生产出来的一种芯片。CMOS 主要是由可擦除、可编程只读存储器 EPROM（Erasable Programmable Read-Only Memory）构成，它是一种可以重复利用的可编程芯片，核心内容可以在带电状态下进行擦写。

CMOS 的内部物理结构可以简单地分为 ROM 和 RAM 两个部分，ROM 用来安装设置项目，RAM 负责保存当前微机系统的硬件配置和用户对某些参数的设定。CMOS 可由主板的电池供电，即使系统断电，信息也不会丢失。一旦电池被取走或者通过跳线短接，静态存储器 SRAM 内部的参数就会恢复到默认值。

4.1.3 BIOS 与 CMOS 的区别与联系

通过前面的介绍已经知道，BIOS 实际上是基本输入/输出系统，它是一个"软件"。BIOS 的载体一般是可擦除、可编程只读存储器 EPROM 或者闪速存储器 Flash EEP-ROM。CMOS 是一种用半导体材料制成的存储芯片，也就是在主板上见到的那块小芯片，它属于硬件范畴。CMOS 只能对其中的数据起到存储作用，而不能对存储于其中的数据进行设置，如果要对其中的数据进行设置，就要通过专门的设置程序——BIOS Setup。所以，平时所说的"BIOS 设置"指的就是通过 BIOS 设置程序对 CMOS 参数进行设置，BIOS 设置或者 CMOS 设置是简化的叫法。

4.1.4 BIOS 的具体功能和作用

BIOS 的具体功能和作用有以下几点。

1. POST 加电自检

接通微机的电源后，系统将执行一个自我检测的例行程序，这是 BIOS 功能的一部分，通常称为 POST（Power On Self Test，加电自检）。它的主要任务是检测系统中的一些关键设备是否存在和能否正常工作，例如，对系统主板、CPU、基本的 640 KB 内存、1 MB 以上的扩展内存及系统 ROM BIOS 的测试；CMOS 中系统配置的校验；对键盘、软盘驱动器、硬盘及 CD-ROM 子系统做检查；对并行口（打印机）和串行口（RS-232）进行检查；对视频控制器的初始化、视频内存测试、检验视频信号和同步信号及对 CRT 显示器接口进行测试。

如果在 POST 自检的过程中发现了错误，将按两种情况处理：如果是严重故障，即致命性故障，则停机，因为此时各种初始化操作还没有完成，所以不能给出任何提示或信号；如果是非严重故障，则给出提示或声音报警信号，声音的长短和次数代表了错误的类型，等待用户处理。

2. BIOS 启动自举程序

完成 POST 加电自检以后，ROM BIOS 将会按照系统的启动顺序搜索软盘、硬盘驱动器及 CD-ROM、网络等有效的启动驱动器，读入系统引导程序，然后将控制权交给引导程序，由引导程序来完成操作系统的启动。

3. 程序服务

程序服务处理程序主要是为应用程序和操作系统服务。这些服务主要与输入/输出方面有关，例如，读磁盘、文件输出到打印机等。为了完成这些操作，系统 BIOS 必须直接与计算机的 I/O 设备打交道，它通过端口发出命令，向各种外部设备传送数据或接收外部设备的数据，使应用程序能够脱离具体的硬件进行工作。

4. BIOS 中断调用

BIOS 中断调用又称为 BIOS 中断服务程序。这些服务分为多组，每组有一个专门的中断。例如，视频服务，中断号为 10H；屏幕打印，中断号为 05H；磁盘及串行口服务，中断号为 14H 等。每一组又根据具体功能细分为不同的服务号。

BIOS 中断服务程序是微机系统软、硬件之间的一个可编程接口，用于程序软件功能与微机硬件实现的衔接。DOS/Windows 操作系统对软盘、硬盘、光驱、键盘及显示器等外部设备的管理都是建立在系统 BIOS 的基础上的。程序员也可以通过对 INT 5、INT 13 等中断的访问直接调用 BIOS 中断例程。

4.1.5 进入 BIOS 设置的方法

进入 BIOS 设置程序的方法通常有以下 3 种。

1. 开机启动时按热键

在开机时按下特定的热键就可以进入 BIOS 设置程序，不同类型的计算机进入

BIOS 设置程序的按键也不相同, 有的在屏幕上给出提示, 有的则没有给出, 几种常见的进入 BIOS 设置程序的方式如下:

1）Award BIOS: 按下 Ctrl + Alt + Esc 组合键或 Del 键（屏幕上有提示）。

2）AMI BIOS: 按下 Del 键或 Esc 键（屏幕上有提示）。

2. 使用系统提供的软件

许多主板都提供了在 DOS 下进入 BIOS 设置程序, 在 Windows 控制面板和注册表中也包含了部分 BIOS 设置项。

3. 使用可读写 CMOS 的应用软件

部分应用程序（如 QAPL US）提供了对 CMOS 的读、写及修改功能, 通过它们可以对一些基本的系统配置进行修改。

4.1.6 自检声音代码介绍

通过 BIOS 的报警声音可以帮助用户确定计算机是否有故障存在或故障存在的地方, 不同的 BIOS, 报警声音不同。此外, 不同的 BIOS 进入的方法也各不相同, 本小节对 Award BIOS 和 AMI BIOS 进入方法将进行详细地介绍。

在每次开机的时候, BIOS 程序都会进行自检（POST）, 如果自检到错误情况就会做出相应的回应, 但是由于 BIOS 不会说话, 所以只能通过报警的铃声来告诉用户, 掌握了这些声音信息所代表的含义就可以找到相应的故障所在。Award BIOS 常见铃声及其含义见表 4.1, AMI BIOS 常见铃声及其含义见表 4.2。

表 4.1 Award BIOS 自检常见的报警声及含义

BIOS 响铃	含 义
1 短	系统正常启动, 机器没问题
2 短	CMOS 设置错误, 只需进入 CMOS 设置重新修改
1 长 1 短	内存或主板出错
1 长 2 短	显示器或显示卡错误
1 长 3 短	键盘控制器错误
1 长 9 短	主板 BIOS 损坏
不断长声	内存条没插好, 可更换内存或插槽接口
不断短声	电源、显示器或显示卡没连接好
重复短声响	电源故障
无声音无显示	电源故障或者主板故障

表 4.2　AMI BIOS 常见铃声及其含义

BIOS 响铃	含　义
1 长	自检全部通过
1 短	内存检测失败，更换内存条
2 短	内存 ECC 检查错误
3 短	640 KB 常规内存检查失败
4 短	系统时钟出错
5 短	CPU 错误
6 短	键盘控制器错误
7 短	系统实模式错误，无法切换到保护模式
8 短	显示内存错误
9 短	ROM BIOS 检测
10 短	CMOS 关机缓存器写入/读取错误
11 短	高速缓存故障
1 长 3 短	内存错误
1 长 8 短	显示测试错误

4.2　Award BIOS 设置详解

　　主板不同，其 BIOS 设置程序和项目都会有区别，一些新型的主板还在 BIOS 设置中增加了一些特色功能设置。因此本节介绍的内容只是一个参考，在实际的 BIOS 设置过程中，应仔细阅读随机附带的主板说明书。由于 Award BIOS 目前最为流行，应用最为广泛，因此本节主要介绍 Award BIOS 的详细设置。

　　一般来说，在 BIOS 设置过程中，主要是通过 4 个箭头键来切换不同的设置内容，掌握一些比较常见的编辑热键，可以提高 BIOS 的设置效率，见表 4.3。

表 4.3　设置键及其功能

设置键	功　能
↑	向上移一项
↓	向下移一项
←	向左移一项
→	向右移一项
Enter	选择此项
Esc	退出菜单或者从此菜单回到主菜单
+ /PU	增加数值或改变选项
− /PD	减少数值或改变选项

续表

设置键	功　　能
F1	显示目前设定项目的相关信息
F5	装载上一次设定的值
F6	装载最安全的值
F7	装载最优化设置
F10	保存设定值并离开 CMOS SETUP 程序

进入 CMOS Setup Utility 设定工具，屏幕上就会显示主菜单，如图 4.1 所示。

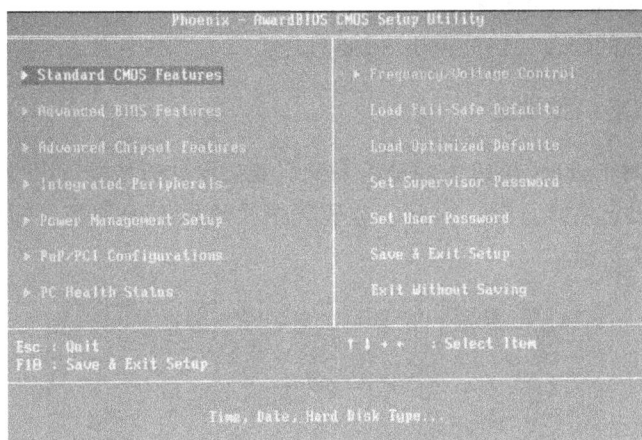

图 4.1　BIOS 设置主菜单

下面对主菜单中的每一个选项进行解释：

Standard CMOS Features (标准 CMOS 功能设定)

设定日期、时间、软硬盘规格及显示器种类。

Advanced BIOS Features (高级 BIOS 功能设定)

对系统的高级特性进行设定。

Advanced Chipset Features (高级芯片组功能设定)

设定主板所用芯片组的相关参数。

Integrated Peripherals (外部设备设定)

菜单包括所有外部设备的设定，如声卡、调制解调器、USB 键盘是否打开等。

Power Management Setup（电源管理设定）

设定 CPU、硬盘、显示器等设备的节电功能运行方式。

PnP/PCI Configurations（即插即用/PCI 参数设定）

设定 PnP 即插即用参数及 PCI 参数，此项仅在系统支持 PnP/PCI 时才有效。

Frequency/Voltage Control（频率/电压控制）

设定 CPU 的倍频，是否自动侦测 CPU 频率等。

Load Fail-Safe Defaults（载入最安全的默认值）

使用此菜单载入工厂默认值作为稳定的系统使用。

Load Optimized Defaults（载入高性能默认值）

使用此菜单载入最好的性能，但有可能影响稳定的默认值。

Set Supervisor Password（设置超级用户密码）

使用此菜单可以设置超级用户的密码。

Set User Password（设置用户密码）

使用此菜单可以设置用户密码。

Save & Exit Setup（保存后退出）

保存对 CMOS 的修改，然后退出 Setup 程序。

Exit Without Saving（不保存退出）

放弃对 CMOS 的修改，然后退出 Setup 程序。

4.2.1　标准 CMOS 特性设定

Standard CMOS Features 菜单主要是用来设定 IDE 硬盘的种类，以便于顺利开机，除此之外，还可以设定系统日期、时间、软驱规格及显示卡的种类。标准 CMOS 特性设定菜单，如图4.2所示。

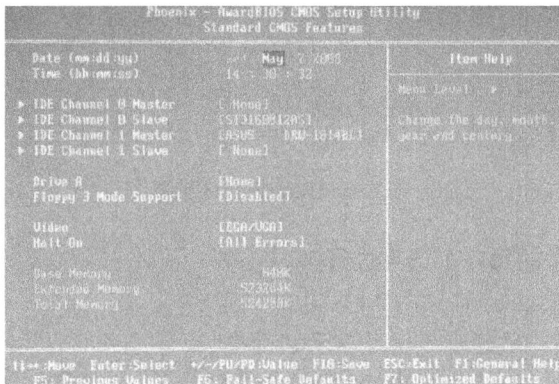

图 4.2　标准 CMOS 设置菜单

1. Date（日期）：此项可以设置系统的日期

日期格式为 < day > < month > < date > < year >。

Day（星期）：从 Sun（星期日）到 Sat（星期六），由 BIOS 定义。

Month（月份）：从 Jan（一月）到 Dec（十二月）。

Date（日期）：从1到31，可以用数字修改。

Year（年）：用户设定年份。

2. Time（时间）：此项可以设置系统时间

时间格式为 < hour > < minute > < second > （<时 × 分 × 秒 >）。

3. IDE Channel 0/1 Master/Slave（IDE 第一/第二 主/从设备）

以上 4 项的右边有三项可供选择：Press Enter、Auto 或 None，如果光标移到 Press Enter 项，按 Enter 键就会出现一个子菜单，可以对硬盘的参数进行具体的设置；Auto 是自动设定；None 是设定为没有连接设备。

进入子菜单后，可以看到有 3 个项目可供操作，如图 4.3 所示。

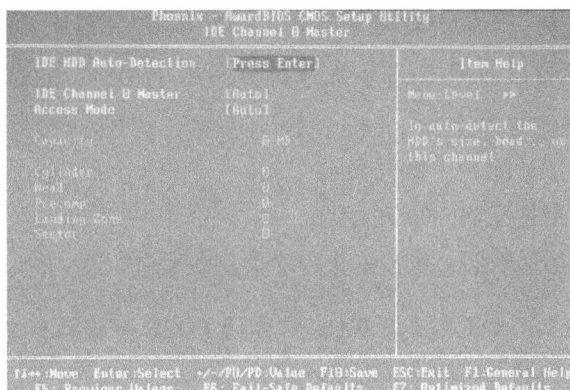

图 4.3 Channel 0 Master 子菜单

1）IDE HDD Auto-Detection 为自动检测系统在此 IDE 端口的硬盘参数，按下 Enter 键会使系统进行检测。如果找到硬盘，则自动设置各个参数值；如果没有找到，则不做其他任何操作。

2）IDE Channel 0/1 Master/Slave 有 3 个可选项，分别是：None、Auto 和 Manual。其中，None 表示此 IDE 端口不使用任何设备（不包括 CD-ROM/SCSI 等设备，因为系统在任何时候都会自动检测这些功能）；Auto 表示让系统自动检测参数；Manual 为手动设置具体参数，包括 Cylinder（柱面数），Head（磁头数），Precomp（硬盘写预补偿），Landing Zone（磁头停放区）及 Sector（扇区数）参数的设置。

3）Access Mode 将设定系统具有能够读取 528 MB 以上容量 IDE 硬盘的能力，有 Auto、Normal、LBA 和 Large 共四个可选项，一般都设置为 LBA（逻辑块寻址）方式或 Auto 自动检测模式。

4. Drive A（驱动器 A）：此项可以设置安装的软盘驱动器的类型

如图 4.4 所示，可选项有以下几种。

None：不安装软驱。

360K，5.25 in：5.25 英寸软驱，容量为 360KB。

720K，3.5 in：3.5 英寸软驱，容量为 720KB。

1.2M，5.25 in：5.25 英寸软驱，容量为 1.2MB。

1.44M，3.5 in：3.5 英寸软驱，容量为 1.44MB。

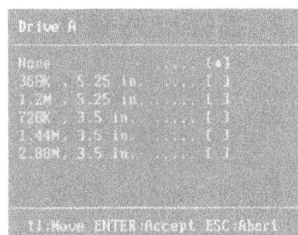

图 4.4 Drive A 可选项

2.88M，3.5 in：3.5 英寸软驱，容量为 2.88 MB。

5. Floppy3 Mode Support（Floppy3 模式软驱支持）：此项用于设置软驱

是为使用日本标准软驱预备的，默认设置为 Disabled。

6. Video（视频）：此项控制了系统主要的视频适配器类型

可选项有如下几种。

EGA/VGA：增强图形适配器/显示图形阵列，用于 EGA、VGA、SEGA、SVGA 或 PGA 显示器所用的适配器。

CGA40：彩色图形适配器，40 列显示。

CGA80：彩色图形适配器，80 列显示。

MONO：单色图形适配器，包括高分辨率单色图形适配器。

7. Halt On（中断）：此项是根据 BIOS 内部的 POST 而设的，当 POST 过程发现错误时，会根据此设置值决定下一步如何执行

可选项有如下几种。

All Errors：只要检测到任何错误就立刻暂停，并显示出相应的信息，为默认设置。

No Errors：无论检测到任何错误，仍继续执行。

All，But Keyboard：表示除键盘错误外，检测到其他错误就立刻暂停，并显示信息。

All，But Diskette：表示除驱动器错误外，检测到其他错误就立刻暂停，并显示信息。

All，But Disk/Key：表示除驱动器和键盘错误外，检测到其他错误就立刻暂停，并显示信息。

8. Memory（内存容量）：此项是用来显示内存容量

显示项有如下几种。

Base Memory：此项是用来显示基本内存容量（只读）。

Extended Memory：此项是用来显示扩展内存容量（只读）。

Total Memory：此项是用来显示总内存容量（只读）。

4.2.2 高级 BIOS 设置

高级 BIOS 设置项用来设置系统配置选项清单。其中有些选项由主板本身设计确定，有些可以进行修改，以改善系统的性能。高级 BIOS 设置菜单如图 4.5 所示。

1. CPU Feature（CPU 功能设置）

此项用于开启 CPU 的内置技术功能，例如，超线程技术、节能省电技术、硬件防

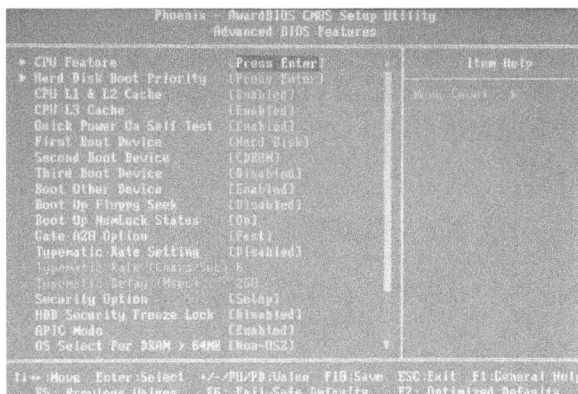

图 4.5 高级 BIOS 设置菜单

毒技术和 VT 虚拟化技术等。

2. Hard Disk Boot Priority（硬盘启动优先级）

此项是在装有多个硬盘时设置从哪个硬盘启动。

3. CPU L1 & L2 Cache（CPU 一级缓存和二级缓存）

此项是设置打开或关闭 CPU 的一级缓存和二级缓存。设定值有 Enabled 和 Disabled，默认值为 Enabled。除非当该项设置为 Enabled 时系统工作不正常，此项一般不要轻易改动。选项若设置为 Disabled (禁用)，将会降低系统的性能。

4. CPU L3 Cache（CPU 三级缓存）

此项是设置打开或关闭 CPU 的三级缓存。

5. Quick Power On Self Test（快速检测）

此项设置 BIOS 是否采用快速 POST 方式，也就是简化测试的方式与次数，让 POST 过程所需时间缩短。系统默认设置为禁用，但无论设置成 Enabled 或 Disabled，当 POST 进行时，仍可按 Esc 键跳过测试，直接进入引导程序。

6. 1st/2nd/3rd Boot Device（第一/第二/第三启动设备）

此项设定 BIOS 搜索载入操作系统的引导设备。如图 4.6 所示，可选项有如下几种。

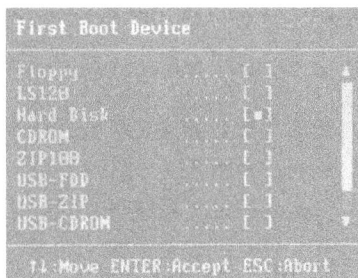

Floppy: 系统首先尝试从软盘驱动器引导。

LS120: 系统首先尝试从 LS120 引导。

Hard Disk: 系统首先尝试从硬盘引导。

CDROM: 系统首先尝试从 CD-ROM 驱动器引导。

ZIP100: 系统首先尝试从 ATAPI ZIP 引导。

图 4.6 引导设备可选项

USB-FDD: 系统首先尝试从移动软盘驱动器引导。

USB-ZIP: 系统首先尝试从移动 ZIP 驱动器引导。

USB-CDROM: 系统首先尝试从移动 CD-ROM 驱动器引导。

LAN: 系统首先尝试从网络引导。

Disabled: 禁用此次序。

7. Boot Other Device（从其他设备引导）

此项设置为 Enabled 时，允许系统在从第一/第二/第三设备引导失败后，尝试从其他设备引导。

8. Boot Up Floppy Seek（开机时检测软驱）

此项设置用于开机时是否自动检测软驱的存在与否。设定值有：Disabled 和 Enabled。如果每次开机都要检测软驱势必会导致启动时间过长，此选项建议选择 Disabled。

9. Boot Up NumLock Status（启动 NumLock 键的状态）

此项是用来设定系统启动后 NumLock 的状态。设定值有 On 和 Off。如果设定为 On 时，系统启动后将打开 NumLock，小键盘数字键有效；如果设定为 Off 时，系统启动后 NumLock 关闭，小键盘方向键无效。

10. Gate A20 Option（Gate A20 选择）

此项是设置 Gate A20 的状态。A20 涉及扩展内存的首个 64 KB。如果选择默认值 Fast 时，Gate A20 就由端口 92 或芯片组指定的方法来控制加速系统性能。如果选择 Normal 时，A20 就由键盘或芯片组硬件控制。

11. Typematic Rate Setting（键盘输入的速率设定）

此项用来控制键盘输入速率的设置，设置包括 Typematic Rate (字符输入速率) 和 Typematic Delay (字符输入延迟) 两项。Typematic Rate Setting 选项启用后，可以设置键盘加速度的速率（字符/秒），可选项有：6，8，10，12，15，20，24 和 30。TypematicDelay（Msec）（字符输入延迟，毫秒）项允许选择键盘第一次按下去和加速开始间的延迟，可选项有：250，500，750 和 1000。

12. Security Option（安全选项）

此项用来设定 BIOS 密码保护的类型。可选项有如下几种。

Setup：当用户尝试运行进入 BIOS 设置界面时，出现密码提示框。

System：每次系统开机或用户要运行 BIOS 设置，都出现密码提示框。

13. HDD Security Freeze Lock（硬盘冻结）

此项用于设置硬盘处于冻结状态，默认值为 Disabled。

14. APIC Mode（APIC 功能）

此项允许用户控制 APIC（高级可编程中断控制器）。由于遵循了 PC2001 设计指南，此系统可在 APIC 模式下运行。启用 APIC 模式将为系统扩充可用的 IRQ 字元。可选项有：Enabled 和 Disabled。

15. OS/ Select For DRAM >64 MB（在 DRAM 情况下引导 OS/2）

此项可以允许用户在 OS/2 操作系统下使用大于 64 MB 的 DRAM。如果选择 No 时，用户不能在内存大于 64 MB 时运行 OS/2 操作系统；如果设置为 Yes 时，则可以使用。

4.2.3 设置高级芯片组特性

芯片组特性设置的内容主要包括内存控制、CPU 的外频、倍频设置、显示总线速度、FSB 设置等，其中的参数设置直接影响到系统的性能，也可用来超频。高级芯片组设置如图 4.7 所示。

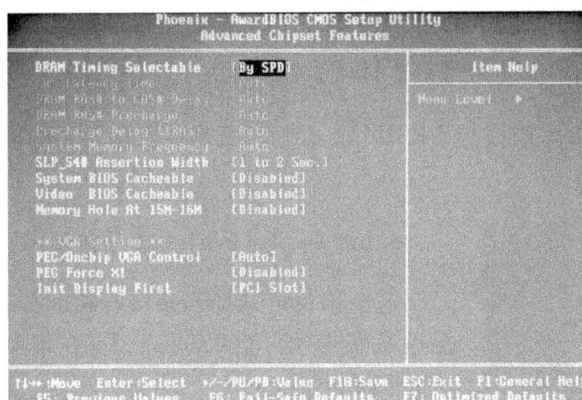

图 4.7　高级芯片组设置菜单

1. DRAM Timing Selectable（动态记忆体时序选择）

此项用于内存参数设置，可选项有：By SPD、Turbo 和 Normal。

By SPD：通过读取内存上 SPD 芯片中的厂商默认值来进行设定，这样一般能保证内存稳定运行。

Turbo：性能优先选项，如果内存质量好，都可通过把 By SPD 修改为 Turbo 来提高系统性能。

Normal：比较保守的内存设定值。

2. SLP_ S4# Assertion Width（系统性能）

此选项用来设定 SLP_ S4# Assertion Width。选项为：1 to 2 Sec、2 to 3 Sec、3 to 4 Sec、4 to 5 Sec。

3. System BIOS Cacheable（系统 BIOS 缓存）

此项设为 Enabled 时，可启动 BIOS ROM 位于 F0000H ~ FFFFFH 位址的快取功能，增进系统效能。Cache RAM 越大，系统效率越高。

4. Video BIOS Cacheable（视频 BIOS 缓存）

若系统 BIOS 快取功能已开启，将此项目设为 Enabled 时，位于 C0000H ~ C7FFFH 位址的 Video BIOS 资料即可快取，加快资料存取速度。Cache RAM 越大，影像的处理越快。

5. Memory Hole At 15MB ~ 16MB（内存保留 15MB ~ 16MB）

此项可以选择是否要保留 15MB ~ 16MB 之间的内存给 ISA 使用。

6. PEG/Onchip VGA Control（PEG/板载 VGA 控制）

此项决定了系统 RAM 是否将内存分配给板载视频控制器。设置为 Enabled，最多分配 128MB 系统 RAM 到板载视频控制器。

7. PEG Force X1（PCI-E 显示卡模式）

此项决定了是否要使用 PCI-E X16 显示卡。当此项设置为 Enabled，分配的带宽最高为 X16，最低为 X1。

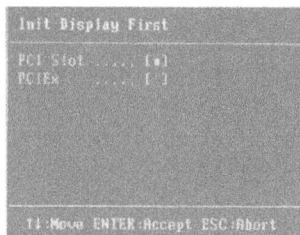

图 4.8　显示初始化可选项

8. Init Display First（显示初始化）

这个项目可选择当系统开机时先行对 PCI-E 或是 PCI 插槽来做初始化的动作。如图 4.8 所示，可选项有：PCIEx 和 PCI Slot。

PCI Slot：当系统开机时，它将会先对 PCI 插槽做初始化的动作。

PCIEx：当系统开机时，它将会先对 PCI-E 插槽做初始化的动作。

4.2.4　集成外部设备设定

集成的外部设备设定菜单用来设置集成在主板上的外部设备和端口的属性。集成外部设备设置如图 4.9 所示。

1. OnChip IDE Device（IDE 功能设置）

此项用于对板载 IDE 控制器及 IDE DMA 的设置。将光标移到 OnChip IDE Device 选项，按 Enter 键进入子菜单，如图 4.10 所示。

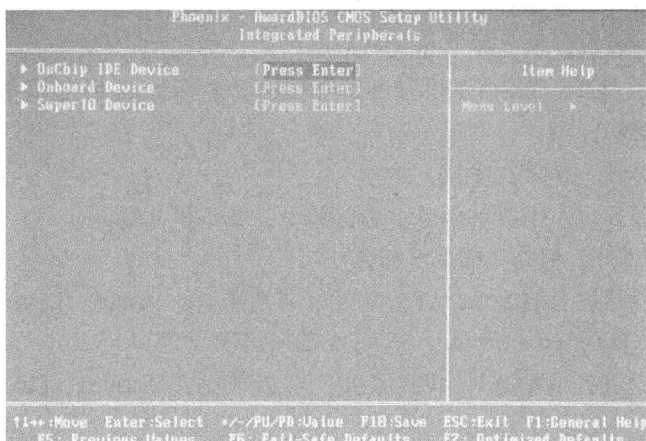

图 4.9　集成外部设备设置菜单

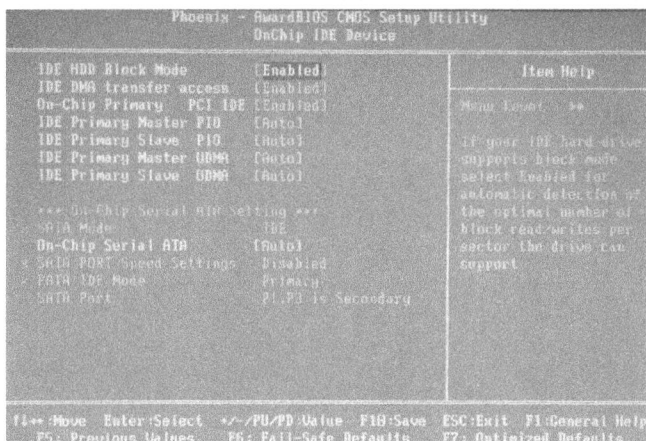

图 4.10　OnChip IDE Device 子菜单

（1）IDE HDD Block Mode（IDE 硬盘区块传输模式）

此项设置是否使用 IDE 硬盘区块传输模式，BIOS 会检测出系统可传输的最大硬盘区块，区块的大小会随着硬盘的类型而异。可选项有：Enabled 和 Disabled。

（2）IDE DMA transfer access（增强 DMA 模式传输）

此项设置是否使用加强 IDE 硬盘 DMA 模式资料传输能力。可选项有：Enabled 和 Disabled。

（3）On-Chip Primary PCI IDE（板载 IDE 通道）

此项用于开启或关闭 IDE 控制器。可选项有：Enabled 和 Disabled。

（4）IDE Primary Master/Slave PIO（IDE 主/从 PIO 模式）

此项允许用户设置 PIO 模式给每个板载 IDE 界面所支持的 IDE 设备。模式 0～4 可提高性能。在 Auto 模式中，系统将自动决定每个设备的最佳模式。可选项有：Auto、Mode 0、Mode 1、Mode 2、Mode 3、Mode 4。

（5）IDE Primary Master/Slave UDMA（IDE 主/从 UDMA 模式）

此项允许 IDE 硬盘设备支持 Ultra DMA/33 模式。如果用户的硬盘设备和系统软件都支持 Ultra DMA/33，Ultra DMA/66 和 Ultra DMA/100，选择 Auto 以启用 BIOS 支持。可选项有：Auto 和 Enabled。

（6）SATA Mode（SATA 模式）

此项用于设置 SATA 硬盘的模式。可选项有：IDE 和 RAID。

（7）On-Chip Serial ATA（板载 SATA）

此项用来设置芯片上的 Serial ATA 功能。可选项有：Manual、Disabled、Auto。

（8）SATA PORT Speed Settings（SATA 端口速度设置）

此项可让用户选择 SATA 端口的速度。可选项有：Disabled、Force GEN I 和 Force GEN II。

（9）PATA IDE Mode/ SATA Port（PATA IDE 模式/SATA 端口）

此项用于设置并行 IDE 和 SATA 端口的工作模式。可选项有：Primary 和 Secondary。

2. Onboard Device（板载设备）

将光标移到 Onboard Device 选项，按 Enter 键进入子菜单。如图 4.11 所示。

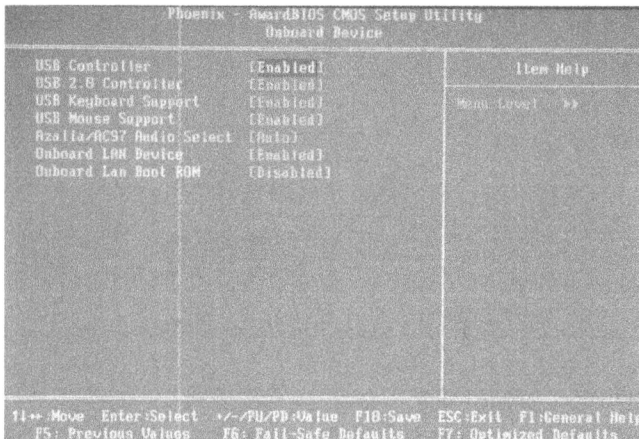

图 4.11　Onboard Device 子菜单

（1）USB Controller（USB 控制器）

此项用来控制板载 USB 控制器。可选项有：Enabled 和 Disabled。

（2）USB 2.0 Controller（USB 2.0 控制器）

此项用来控制板载 USB 2.0 控制器。可选项有：Enabled 和 Disabled。

（3）USB Keyboard Support（USB 键盘支持）

此项于设置操作系统使用 USB 接口的键盘。可选项有：Enabled 和 Disabled。

（4）USB Mouse Support（USB 鼠标支持）

此项于设置操作系统使用 USB 接口的鼠标。可选项有：Enabled 和 Disabled。

（5）Azalia/AC97 Audio Select（选择 Azalia/AC97）

此项用于设置选择 Azalia 音频或 AC97 音频。可选项有：Enabled 和 Disabled。

（6）Onboard LAN Device（板载 LAN）

此项用于设置开启或关闭板载 LAN 设备。可选项有：Enabled 和 Disabled。

（7）Onboard Lan Boot ROM（内建网路开机功能）

此项设置是否使用经由内建网路唤醒系统的功能。可选项有：Enabled 和 Disabled。

3. Super IO Device（板载超级 IO 设备）

将光标移到 Super IO Device 选项，按 Enter 键进入子菜单，如图 4.12 所示。

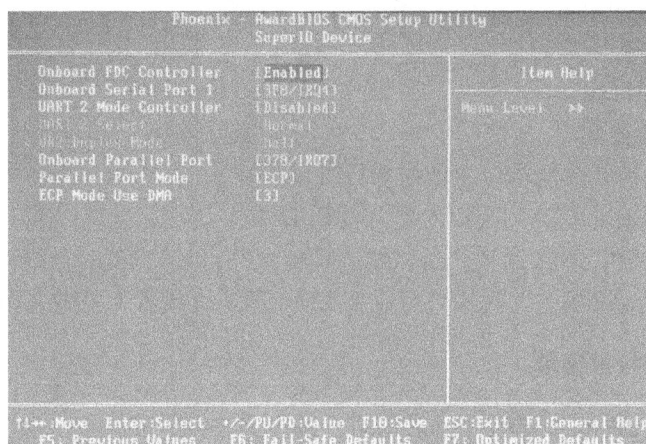

图 4.12　Super IO Device 子菜单

（1）Onboard FDC Controller（板载 FDC 控制器）

此项用于设置有无软盘控制器（FDC）。可选项有：Enabled 和 Disabled。

（2）Onboard Serial Port 1（板载 COM1）

此项设置将为 COM1 选择一个地址和相应的中断。可选项有：3F8/IRQ4，2E8/IRQ3，3E8/IRQ4，2F8/IRQ3，Disabled 和 Auto。

（3）UART 2 Mode Controller（COM2 控制器）

此项用于设置有无 COM2。可选项有：Enabled 和 Disabled。

（4）UART 2 Select（UART 2 模式选择）

此项允许指定 COM2 的工作模式。可选项有以下几种。

Normal：RS-232C 串行端口。

IRDA：IRDA 兼容口串行红外线端口。

ASKIR：广泛转换键入红外线端口。

（5）UR2 Duplex Mode（设置 COM2 的 IR 双模式）

此项用于设置 COM2 的 IR 双模式。可选项有以下几种。

Half：COM2 设置的 IR 为半双式模式。

Full：COM2 设置的 IR 为全双式模式。

（6）Onboard Parallel Port（板载并行端口）

此项用于给主机板上的并口指派一个输入/输出（I/O）地址的中断（IRQ）。可选项有以下几种。

Disabled：此项阻止并行端口访问系统资源，如果设置为此项，则不能使用打印端口。

3BC/IRQ7：Line Printer Port0（线性打印机端口0）。

378/IRQ7：Line Printer Port 1（线性打印机端口1）。

278/IRQ5：Line Printer Port2（线性打印机端口2）。

（7）Parallel Port Mode（并行端口模式）

此项用来设置并行端口模式。可选项有以下几种。

SPP：标准并行端口。

EPP：增强并行端口。

ECP：扩展效能端口。

ECP + EPP：扩展效能端口 + 增强并行端口。

（8）ECP Mode Use DMA（ECP 模式使用 DMA）

ECP 模式要使用 DMA 通道，所以要选择板载并行端口 ECP。选择完后，将出现信息：ECP Mode Use DMA，此时用户可以在 DMA 通道 3 或者 1 中做选择。

4.2.5 电源管理特性菜单

此菜单可以设置电源管理，当系统运行的方案与用户的方案一致时，可以更加有效地节约能源。如图 4.13 所示。

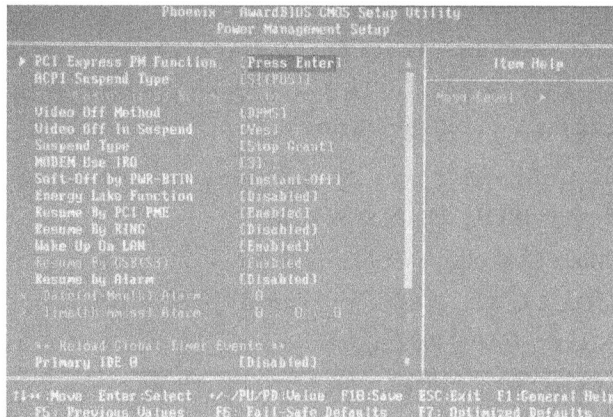

图 4.13　电源管理设置菜单

1. PCI Express PM Function（PCI Express PM 功能设置）

此项用于 PCI Express 的 PM 功能设置，按 Enter 键进入子菜单，如图 4.14 所示。

PCI Express PME（PCI Express PME 功能）

此项用于设定是否开启或关闭 PCI Express PME 功能。可选项有：Disabled 和 Enabled。

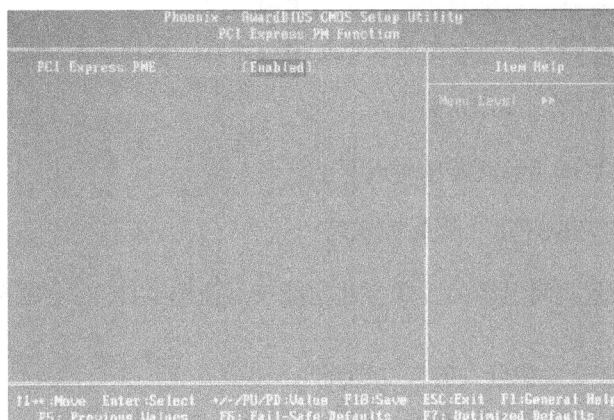

图 4.14 PCI Express PME 子菜单

2. ACPI Suspend Type（ACPI 节电模式）

此选项用于设定 ACPI 功能的节电模式。可选项有：S1 (POS)、S3 (STR) 和 S1 & S3。

S1 (POS) 模式：系统在暂停后电源不会被切断，仍然保持供电状态，可随时唤醒。

S3 (STR) 模式：系统在暂停后电源会被切断，但进入 STR 之前的状态可以保存到内存，STR 功能唤醒时可以快速回到以前的状态。

S1 & S3 模式：系统自动选择暂停模式。

3. Run VGABIOS if S3 Resume（S3 模式唤醒时显示卡初始化）

此选项用于设置从 S3 模式唤醒时是否初始化显示卡。可选项有：Auto (自动重新初始化显示卡)、Yes (重新初始化显示卡) 和 No (该功能无效)。

4. Video Off Method（关闭显示方法）

此项决定了显示器的方式。可选项有如下几种。

V/HSYNC + Blank：选择此项会关闭垂直和水平方向的同步端口，并存显示缓存中写入空值。

Blank Screen：此项仅在显示缓存中写入空值。

DPMS Support：初始化显示电源管理信号。

5. Video Off In Suspend（视频关闭）

此选项用于设定系统进入睡眠状态时，是否关闭视频。可选项有：No (不关闭) 和 Yes (关闭)。

6. Suspend Type（挂起方式）

此选项用于设置挂起方式。可选项有如下几种。

Stop Grant: 保存整个系统的状态，然后关掉电源。

PwrOn Suspend: CPU 和核心系统在低量电源模式，保持电源供给。

7. MODEM Use IRQ（MODEM 中断）

此选项用于设置调制解调器的中断号。

8. Soft-Off by PWR-BTTN（软关机方式）

此选项用于设置关闭电源的方式。此功能仅对使用 ATX 的电源接头才有效。可选项有以下几种。

Instant-Off: 当按下电源开关时，立即将电源关闭。

Delay 4 Sec: 按住电源开关不放，直到 4s 过后，电源才会关闭。

9. Energy Lake Function（硬盘节电）

此项用于设置电源的管理技术。可选项有：Disabled 和 Enabled。

10. Resume By PCI PEM（硬盘节电）

此项设定使系统根据 PCI 设备的活动从节电模式通过 PME 唤醒。可选项有：Disabled 和 Enabled。

11. Resume By RING（来电自动开机）

此项用于设置开启或关闭来电自动开机功能。可选项有：Disabled 和 Enabled。

12. Wake Up On LAN（网络唤醒）

此项用于设置机器的网络唤醒功能。可选项有：Disabled 和 Enabled。

13. Resume By USB（S3）（用 USB 从 S3 唤醒）

此项可让系统根据 USB 设备的活动，从 S3 状态唤醒。可选项有：Disabled 和 Enabled。

14. Resume By Alarm（定时开机）

此项可用来设置机器启动的时间。可选项有：Disabled 和 Enabled。

15. Date（of Month）Alarm（开机日期）

此项可用来设定系统的开机日期。可选项有如下几种。

0: 每天将系统的电源开启。

1-31: 选择系统电源开启的日期。

16. Time（hh：mm：ss）Alarm（开机时间）

此项可用来设定系统的开机时间。

17. Primary/ Secondary IDE 0/1（主/从 IDE 第 1/第 2 设备）

此项设置 IDE 设备有存取要求时，是否取消目前系统及该 IDE 设备的省电状态。可选项有：Disabled 和 Enabled。

4.2.6 PnP/PCI 配置

PnP/PCI 配置菜单描述了对 PCI 总线系统和 PnP（Plug and Play，即插即用）的配置。PCI 即外部元器件连接，是一个允许 I/O 设备在与其特别部件通信时的运行速度可以接近 CPU 自身速度的系统。PnP/PCI 配置如图 4.15 所示。

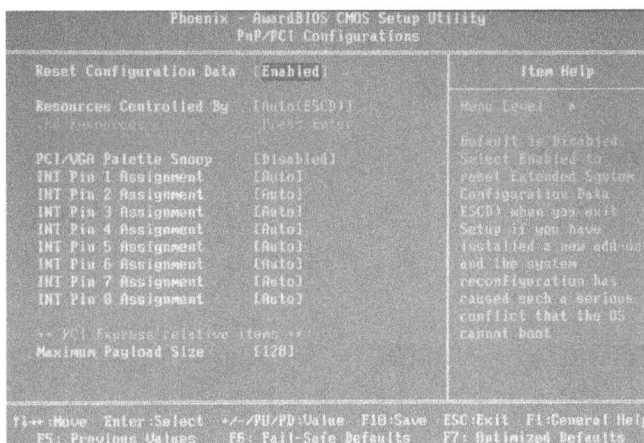

图 4.15 PnP/PCI 配置

1. Reset Configuration Data（重置配置数据）

此项用于设定安装新的附加设备而使系统重新配置发生了严重的冲突，使得系统无法启动时，重置扩展内存配置数据（ESCD）。可选项有：Enabled 和 Disabled。

2. Resource Controlled By（资源控制）

此项用于自动配置所有启动设备和即插即用设备。但仅在操作系统支持即插即用时才生效。如果选择 Manual，则进入每个子菜单后手动配置资源。可选项有：Auto（ESCD）和 Manual。

3. IRQ Resources（IRQ 资源）

此项仅在 Resource Controlled By 设置为 Manual 时才生效。按 Enter 键，用户可进入每项的子菜单。IRQ 资源列出了 Resources list IRQ 3/4/5/7/9/10/11/12/13/15，用户可以根据使用 IRQ 的设备类型来设置每个 IRQ 的类型。可选项有如下几种。

PCI Device：为兼容即插即用设备的 PCI 总线结构而设计。

Reserved：IRQ 将为以后的请求而预留。

4. PCI/VGA Palette Snoop（PCI/VGA 调色板检测）

此项用于设置工作于不同总线上的 VGA 设备是否可在不同的显示器设备的不同调色板上处理来自 CPU 的数据。可选项有：Enabled 和 Disabled。

5. INT Pin 1/2/3/4/5/6/7/8 Assignment（INT 分配）

默认情况下，系统会自动为每个装置分配一个 INT，使用者也可以手动为系统装置分配 INT。

6. Maximum Payload Size（最大负载）

此项用于设置 PCI Express 设备的最大 TLP（传输层数据包）有效负载值。设定值有：128，256，512，1024，2048，4096。

4.2.7　计算机的健康状态

计算机健康状态菜单监控目前的硬件状态，包括 CPU 系统温度、CPU 风扇转速、核心电压等。硬件监控的前提是主板上有相关的硬件监控机制。计算机健康状态如图 4.16 所示。

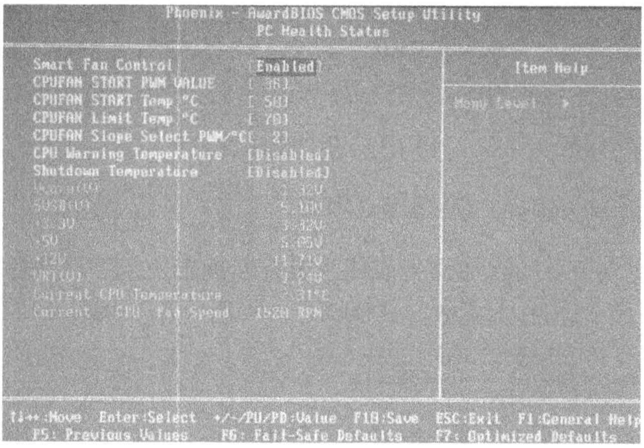

图 4.16　计算机的健康状态

1. Smart Fan Control（智能风扇控制）

此项用于设置是否使用智能风扇控制。设定值有 Enabled 和 Disabled。

2. CPUFAN START PWM VALUE（风扇基本转速）

此项用于设置智能风扇开始工作时的基本转速。

3. CPUFAN START Temp ℃（风扇初始温度）

此项用来设置当处理器工作温度达到多少摄氏度以后 CPU 风扇开始工作（转动）。

4. CPUFAN Limit Temp ℃ （风扇停止温度）

此项用来设置当处理器工作温度达到多少摄氏度以后 CPU 风扇停止工作。

5. CPUFAN Slope Select PWM/ ℃ （CPU 风扇转速提升/℃）

此项用来控制当 CPU 温度每升高 1℃时，CPU 风扇的转速随之提升多少。

6. CPU Warning Temperature （CPU 温度报警）

此项用来设置 CPU 过热报警的功能。如果 CPU 达到了设定的温度限度，系统将出现警告信息，以避免 CPU 温度过高的问题。常见可选项有：Disabled、50℃/122℉、53℃/127℉、56℃/133℉、60℃/145℉、66℃/151℉和70℃/158℉。

7. Shutdown Temperature （过热保护）

此项可以设置当 CPU 温度超过某一值后，可以自动关机，使 CPU 以免过热而损坏，建议设置温度在 60~65℃为宜。

4.2.8 频率/电压控制

频率/电压控制菜单可以控制频率/电压的设定，如图 4.17 所示。

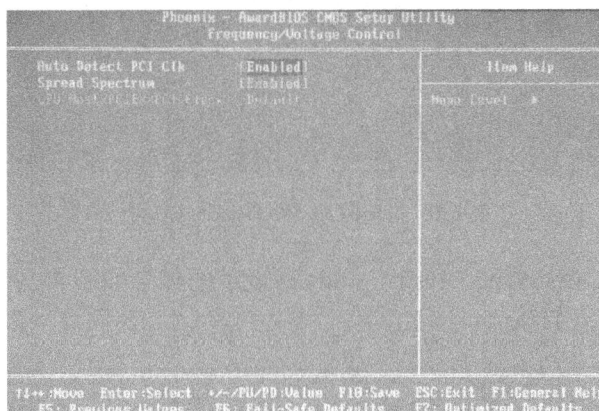

图 4.17 频率/电压控制

1. Auto Detect PCI Clk （自动侦测 PCI 时钟频率）

此项用于系统自动侦测安装的 PCI 卡，然后提供时钟给它，系统将屏蔽掉空闲的 PCI 插槽的时钟信号，以减少电磁干扰（EMI）。可选项有：Enabled 和 Disabled。

2. Spread Spectrum （频展）

此项用于减少电磁干扰。可选项为：Enabled、+/-0.25%、-0.5%、+/-0.5%、+/-0.38%。

3. CPU Host/PCIEX/PCI Clock（CPU 主频/PCIEX/PCI 时钟频率）

此项指定了 CPU 的前端系统总线频率、PCIE 和 PCI 总线频率的组合。它提供给用户一个处理器超频的方法。如果此项设置为 Default，CPU 主频总线、内存条和 PCI 总线的时钟频率都将设置为默认值。可选项有：Enabled 和 Disabled。

4.2.9　载入安全/优化 BIOS 默认设置

主菜单上的这两个选项允许为 BIOS 加载安全默认值和优化默认值。安全默认值是主板制造商设定的能提供稳定系统表现的设定值。优化默认值是主板制造商设定的优先性能表现的特定值，但可能会对系统的稳定性有所影响。

如果选择 Load Fail-Safe Defaults，屏幕将显示的信息如图 4.18 所示。按 Y 键后，再后按 Enter 键加载安全默认值。

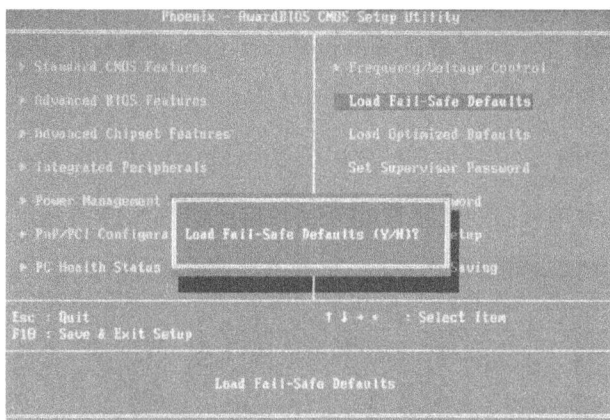

图 4.18　Load Fail-Safe Defaults 提示框

如果选择 Load Optimized Defaults，屏幕将显示的信息如图 4.19 所示。按 Y 键后，再按 Enter 键加载优化默认值。

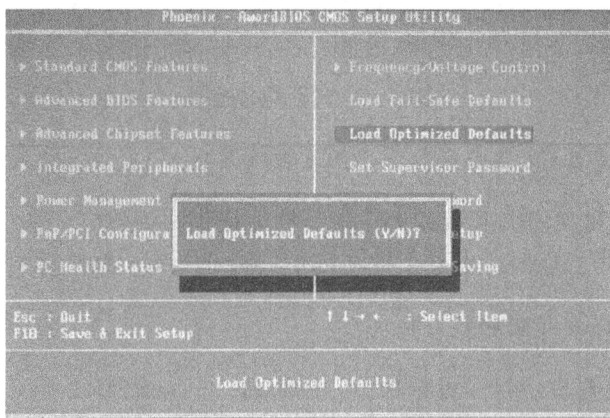

图 4.19　Load Optimized Defaults 提示框

4.2.10 设定管理员/用户密码

如果选择管理员/用户密码功能，在屏幕上将会出现的信息如图 4.20 所示。

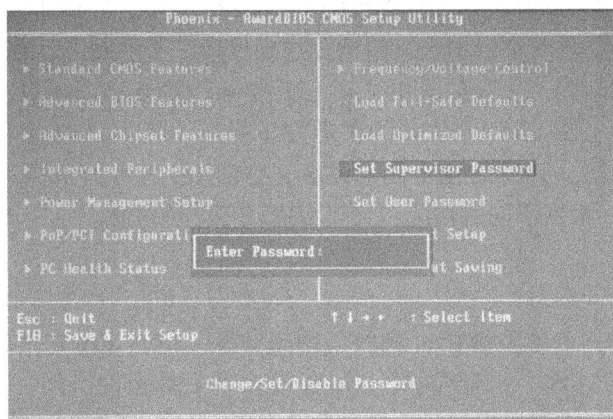

图 4.20 输入密码提示框

用户可以在屏幕上输入密码，最多为 8 个字符，然后按 Enter 键。现在输入的密码会清除所有以前输入的 CMOS 密码。系统会再次要求输入密码，再输入一次密码后，按 Enter 键确认。也可以按 Esc 键，放弃此项选择，不输入密码。

要清除密码，只要在弹出输入密码的窗口时按 Enter 键，屏幕将会显示一条确认信息，是否禁用密码，一旦密码被禁用，系统重启后，用户可以不用输入密码直接进入设定的程序。

一旦使用密码功能，用户会在每次进入 BIOS 设定程序时，被要求输入密码。这样可以避免任何未经授权的用户改变系统的配置信息。

此外，启用系统密码功能可以使 BIOS 在每次系统引导前都要求输入密码，这样可以避免任何未经授权的用户使用计算机。用户可在高级 BIOS 特性设定中的 Password Check（密码检查）项设定启用功能。如果将其设置为 Always，系统引导和进入 BIOS 设定程序前都会要求输入密码。如果设定为 Setup，则仅在进入 BIOS 设定程序前要求输入密码。

管理员密码和用户密码的区别如下所述。

Supervisor Password：能进入并修改设定程序。

User Password：只能进入，但无法修改 BIOS 设定程序。

4.3 CMOS 口令遗忘时的处理方法

在使用计算机的过程中，也许会碰到以下几个问题。

1）为了防止非法用户使用自己的计算机，在 CMOS RAM 中设置了一个开机口令，可是后来忘掉了口令，系统不能启动。

2）由于机器更改了配置情况，需要在使用新的配置前进入 CMOS Setup 界面进行设置，然而用户却忘记了口令，因此用户就不能方便地进入 Setup 界面进行设置。

3）有一些病毒可以非法入侵计算机的 CMOS RAM 中，但由于 CMOS RAM 的内容在机器断电的情况下仍然不会消失，给清除病毒也带来了不便。

为了解决上述问题，一般都采用"对主板放电"的方法来解决，即在计算机断电的情况下，将主板上的 CMOS RAM 的供电端正极与主板上的内置电池或外接电池的正极断开一定的时间，其目的在于使 CMOS RAM 中的内容由于得不到正常的供电而丢失。具体操作时，根据不同的情况，又可以有以下几种方法。

1. 跳线清除法

某些主板上有一个单独的两针跳线，用来清除 CMOS RAM 中的内容。该跳线一般标注为 CLEAR CMOS。当需要清除 CMOS RAM 中的内容时，用一只跳线器，将该跳线短接一会儿即可。需要指出的是，在某些主板上（如华硕 TX97-LE 等），该跳线器有可能只是两个焊点，在需要清除 CMOS RAM 中的内容时，需要用一只镊子，将两个焊点连通，即可达到清除 CMOS RAM 内容的目的。

2. 跳线放电法

其中跳线放电法可分为以下两种类型。

（1）三针跳线

某些主板上，有一个单独的三针跳线，用来清除 CMOS RAM 中的内容。该跳线两端的两根针一般分别标注为 NORMAL 和 RESET CMOS，即正常情况下，三针跳线器中间的一根针和标注为 NORMAL 的一根针短接；如果将三针跳线器中间的一根针和标注为 RESET CMOS 的一根针短接，就清除掉 CMOS RAM 中的内容。清除后，请千万不要忘记将三针跳线器中间的一根针和标注为 NORMAL 的一根针恢复短接；否则开机时，主机将可能没有任何显示。

（2）四针跳线

在某些主板上，有一个单独的四针跳线，用来对 CMOS RAM 供电和清除 CMOS RAM 中的内容。该跳线两端的两根针一般用来外接 CMOS RAM 的供电电池（EXTERNAL BATT）；当 CMOS RAM 使用主板上内置的电池供电时，就要将该跳线器中间的两根针短接。四根针的用途分别为：标为 EXTERNAL BATT 的一根针用来连接外接电池的正极；与其相邻的第二根针与主板上内置电池的正极相通；第三根针为 CMOS RAM 供电端的正极；第四根针为 CMOS RAM 供电端的零点位（即负极）。如果 CMOS RAM 采用的主板内置电池供电，一般情况下，用一只跳线器将第三根针和第四根针短接一会儿即可将 CMOS RAM 中的内容清除；短接的时间应参考主板的说明书，通常要比前两种方法长一些。清除掉 CMOS RAM 中的内容后，请不要忘记将跳线器的状态恢复原状。

3. 自然放电法

首先对整台计算机断电，然后打开主机箱，将主板上内部供电电池取下；或者将主板外接电池拔下，两三天后再装好，即可达到放电的目的。

4. 电池短路法

在早期的主板上，有时找不到任何有关清除 CMOS RAM 内容的跳线，并且电池是焊在主板上的。在这种情况下，可以用一根导线，分别触及该电池的正极和负极，以使得该电池的正极和负极连通，并持续一段时间，就可将 CMOS RAM 的内容清除。主板上的 CMOS RAM 的内容丢失后，在重新启动计算机时，将会出现诸如：CMOS 电池无效，请重新设置其内容的提示；并且给出可以进入 CMOS RAM 设置的按键。

思考与练习

一、单项选择题

1. CMOS 芯片是一个（　　）存储器。
   A. 只读　　　　B. 随机　　　　C. 动态随机　　　D. 静态随机
2. 机箱面板连接线中，硬盘工作指示灯的标识是（　　）。
   A. RESET　　　B. SPEAKER　　C. POWER LED　　D. HDD LED
3. 在加电之前都应作相应的检查，但不必检查（　　）。
   A. 内存条是否插入良好　　　　B. 电源插头是否插好
   C. 音箱是否接上电源　　　　　D. 接口适配卡与插槽是否接触良好
4. CMOS 是一种（　　）。
   A. 软件　　　　B. 硬件　　　　C. 电池　　　　D. 外存储器
5. 下列 Award BIOS 的报警声及含义正确的是（　　）。
   A. 1 长表示系统正常启动
   B. 1 长 2 短表示内存或主板出错
   C. 1 长 1 短表示键盘控制器错误
   D. 不断地长声响表示内存有问题
6. 下面关于 BIOS 中的密码设置，其中不正确的是（　　）。
   A. 密码分为管理者密码设置和使用者密码设置
   B. 密码长度最长为 6 个数字或符号
   C. 密码的显示方式有 Setup 和 System 两种
   D. 密码有大小写之分。
7. 如果用户在 CMOS 中不经意更改了某些设置值，可以选择（　　）来恢复，以便于发生故障时进行调试。
   A. advanced chipset features　　　B. PnP/PCI configuration
   C. load turbo defaults　　　　　　D. load setup defaults

8. BIOS 与 CMOS 是两个容易混淆的概念，以下叙述错误的是（　　　）。

    A. CMOS 是一种可读写的 RAM 芯片

    B. BIOS 是一种可读写的 RAM 芯片

    C. BIOS 是对 CMOS 参数进行设置的程序

    D. CMOS 参数都储存在 CMOS 这块 RAM 芯片中

9. 进入 BIOS Setup 程序后，通常可以使用键盘的（　　　）来进行选项的切换。

    A. Esc 键　　　　　　　　　　　　B. Alt + Shift 组合键

    C. Enter 键　　　　　　　　　　　　D. 光标移动键

10. 进入 BIOS Setup 程序后，通常可以使用键盘的（　　　）来进行选项的确认。

    A. Esc 键　　　　　　　　　　　　B. Alt + Shift 组合键

    C. Enter 键　　　　　　　　　　　　D. 光标移动键

二、简答题

1. BIOS 的具体功能和作用主要表现在哪几个方面？

2. 主板上的 BIOS 芯片和 CMOS 芯片有什么关系？是不是指的是同一块芯片？

3. BIOS 口令遗忘的处理方法有哪些？

项目五

硬盘初始化与操作系统的安装

知识目标

- 了解硬盘的初始化
- 掌握分区、格式化命令的使用
- 熟悉分区软件的使用方法
- 掌握操作系统的安装方法
- 掌握各种配件驱动程序的安装方法

技能目标

- 能够按照要求使用 FDISK 命令或分区软件对硬盘进行分区
- 能够使用 FORMAT 命令格式化硬盘
- 能够独立安装操作系统及进行相关设置
- 能够安装各类配件的驱动程序

5.1　硬盘的初始化

硬盘是计算机上最常用的存储器，它的数据是以文件的形式存储在硬盘上的。在使用硬盘前需要进行硬盘初始化，它包括了：硬盘的低级格式化、硬盘的分区和硬盘的高级格式化，这三项操作必须按照顺序执行，前一项操作是后一项操作的基础。

5.1.1　硬盘的低级格式化

硬盘的低级格式化是对硬盘最彻底的初始化方式，它将硬盘划分出柱面和磁道，再将磁道划分成若干个扇区，每个扇区又划分出标识部分 ID、间隔区 GAP 和数据区 DATA 等。

一般情况下，低级格式化是在硬盘出厂前由厂商完成的，普通用户不需要进行此项操作。在硬盘多次分区均告失败或在高级格式化中发现大量"坏道"时，可以通过低级格式化进行修复。低级格式化会使保存在硬盘内的数据全部丢失，缩短硬盘寿命，所以不到万不得已不要对硬盘进行低级格式化。

5.1.2　硬盘的分区

新购买的硬盘一般为空白硬盘，分区就是将一个大硬盘划分成若干个小的空间，设置硬盘的各项物理参数，指定硬盘主引导记录（Master Boot Record, MBR）和引导记录备份的存放位置，方便对硬盘数据的管理和使用。

1. 相关概念

物理磁盘（Physical Disk）是磁盘实体。

逻辑磁盘（Logical Disk）是经过磁盘分区所建立的磁盘区域（也称逻辑驱动器），以英文字母 C～Z 命名。

主分区是一个逻辑磁盘，它是包含操作系统启动所必须的文件和数据的硬盘分区。

扩展分区是除了主分区之外硬盘剩下的空间所建立的分区，扩展分区在划分成若干个逻辑分区后才能使用。

逻辑分区是在操作系统中所看到的 D 盘、E 盘、F 盘等。

活动分区是计算机启动时引导操作系统的分区，活动分区必须是主分区，一般默认为 C 盘。

硬盘分区实际上是对硬盘的物理存储空间进行了逻辑上的分割，即将一个硬盘划分为主分区和扩展分区，主分区有 1～4 个，扩展分区可根据实际需要分成多个逻辑驱动器。硬盘的分区信息保存在硬盘的主引导记录中，即硬盘的第 0 面第 0 柱面的 1 扇区。

2. 分区格式

根据目前流行的操作系统，常用的分区格式有以下 4 种。

（1）FAT16 格式

这种分区格式采用 16 位的文件分配表，能支持的最大分区为 2GB，每个分区最多只能有 $2^{16} - 1 = 65535$ 个簇，分区越大，簇就越大。在 DOS 和 Windows 系统中，磁盘文件的一个簇只分配给一个文件使用，例如，1GB 的硬盘若只分一个区，那么簇的大小是 32KB。即使一个文件只有 1B 长，存储时也要占 32KB 的硬盘空间，剩余的空间便全部闲置，硬盘的实际利用率较低。随着当前主流硬盘的容量越来越大，FAT16 格式的这个缺点变得越来越突出。

（2）FAT32 格式

这种格式采用 32 位的文件分配表，使其对磁盘的管理能力大大增强，突破了 FAT16 对每一个分区的容量只有 2GB 的限制。FAT32 的最大优点：在一个不超过 8GB 的分区中，每个簇容量都固定为 4KB。与 FAT16 相比，可以大大减少硬盘空间的浪费，提高了硬盘利用效率。

目前支持这一磁盘分区格式的操作系统有 Windows 95/98/2000/XP。采用 FAT32 格式分区的磁盘由于文件分配表的扩大，所以运行速度比采用 FAT16 格式分区的硬盘要慢；另外，由于某些早期的操作系统和应用软件不支持这种分区格式，所以采用这种分区格式后，它们将无法使用。

（3）NTFS 格式

这是网络操作系统 Windows NT 的硬盘分区格式，其显著的优点是安全性和稳定性极其出色。在使用中不易产生文件碎片，对硬盘的空间利用及软件的运行速度都有好处。它能记录用户的操作，通过严格限制用户权限，使每个用户只能按照系统赋予的权限操作，充分保护了网络系统与数据安全。目前支持这种分区格式的操作系统有 Windows NT/2000/XP/2003。

与 Windows NT 不同，Windows 2000/XP/2003 使用 NTFS 5.0 分区格式。其新特性有磁盘限额——管理员可以限制磁盘使用者能使用的硬盘空间；加密——在从磁盘读取和写入文件时，可以自动加密和解密文件数据等。

（4）Ext 和 Swap 格式

这两种分区格式是专门为 Linux 设计的，拥有最快的速度和最小的 CPU 占用率。

由于 Linux 为自由软件，几乎不用花钱就能装入计算机，所以赢得了许多用户。其磁盘分区格式：一种是 Linux Native 主分区，一种是 Linux Swap 交换分区。它们的Native 主分区和 Swap 交换分区都采用相同的格式，称为 Ext 和 Swap。这两种分区格式的安全性与稳定性极佳，结合使用 Linux 操作系统后，死机的机会大大减少。Ext 和 NTFS 类似，也有多种版本。现在已经有新一代的 Linux 文件格式出现，如 SGI 公司的 XFS、ReiserFS 和 Ext3 等。

3. 常用的分区软件介绍

硬盘分区具体有三种方法：第一种是用 DOS 系统下的 FDISK 命令进行分区，然后使用 Format 命令进行格式化；第二种是用分区软件来进行分区，例如，Disk Manager Partition Magic 和 Disk Man；第三种是用 Windows 2000/XP 操作系统安装光盘自带的分区格式化工具进行操作。另外，在安装了 Windows 2000/XP 后还可以利用系统中的磁盘管理工具建立分区。

（1）DOS 与 Windows 系统自带的 FDISK 命令

FDISK 命令由于版本的不同而不能正确识别超出 80GB 的硬盘。在使用 FDISK 命令进行分区或者删除分区操作时，硬盘上的所有数据就被完全被删除掉，如果想自由调节分区的大小，也只能重新进行分区。

（2）Partition Magic

Partition Magic 的全称是 Partition Magic by Power Quest，也被称为分区魔术师。它的性能极其优异，是现今最流行的一种分区软件。

它支持超过 80GB 的大容量硬盘，支持 FAT/FAT32/NTFS/HPFS/Linux Ext2 等多种格式的文件系统，可以在 DOS 和 Windows 95/98/XP/2000 多种系统平台下运行，可以实现硬盘动态分区和无损分区。

（3）Disk Manager

用 Disk Manager 分区后格式化时速度比一般的分区软件要快，Disk Manager 可以在一分钟内把一个大容量的硬盘重新分区和格式化结束。但是 Disk Manager 的版本对硬盘要求很挑剔，在运行当中，发现硬盘的厂商不符合，会自动中止运行。现在的 Disk Manager Partner 对 Disk Manager 进行了彻底地改进，使 Disk Manager 能够在不同厂商的硬盘上运行。

5.1.3 高级格式化

一个硬盘的逻辑系统包括系统区和数据区，系统区包括硬盘分区表、引导扇区、FAT 区、目录区。在硬盘的初始化中，低级格式化建立硬盘的坐标系统，分区建立硬盘分区表部分、高级格式化就是建立硬盘的引导扇区、目录区、FAT 区和数据区的过程。高级格式化可以利用 Format 命令、分区软件来实现。如果已经安装了操作系统，则通过各逻辑磁盘的快捷菜单中"格式化"命令即可进行。

实训 5.1　使用 FDISK 命令实现硬盘的分区

实训目的

通过本实训掌握用 FDISK 命令实现硬盘分区。

实训工具

一台组装好的计算机，一张 Windows 98 光盘。

实训步骤

（1）运行 FDISK

设置 BIOS，将光驱设置为第一启动设备。用 Windows 98/Me 启动盘启动计算机后，在 DOS 提示符 A:\>下输入命令"FDISK"，然后按 Enter 键，显示结果如图 5.1 所示。

Your computer has a disk larger than 512 MB. This version of Windowsincludes improved support for large disks, resulting in more efficientuse of disk space on large drives, and allowing disks over 2 GB to beformatted as a single drive.

IMPORTANT: If you enable large disk support and create any new drives on thisdisk, you will not be able to access the new drive (s) using other operatingsystems, including some versions of Windows 95 and Windows NT, as well asearlier versions of Windows and MS-DOS. In addition, disk utilities thatwere not designed explicitly for the FAT32 file system will not be ableto work with this disk. If you need to access this disk with other operating-systems or older disk utilities, do not enable large drive support.

Do you wish to enable large disk support (Y/N) ……? [Y]

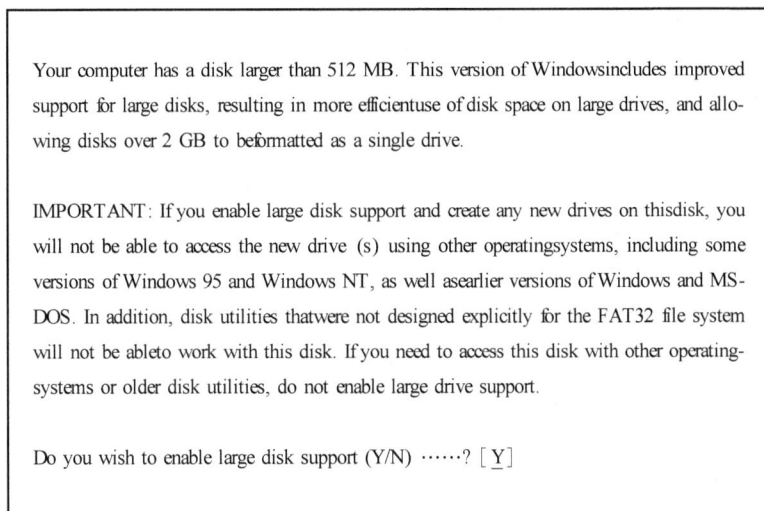

图 5.1　FDISK 程序自检

Fdisk 程序启动将检测硬盘容量，若发现大于 512MB，就询问是否可以支持大容量硬盘模式，默认值是 Y，直接按 Enter 键，启动 FDISK 程序的主界面，如图 5.2 所示。

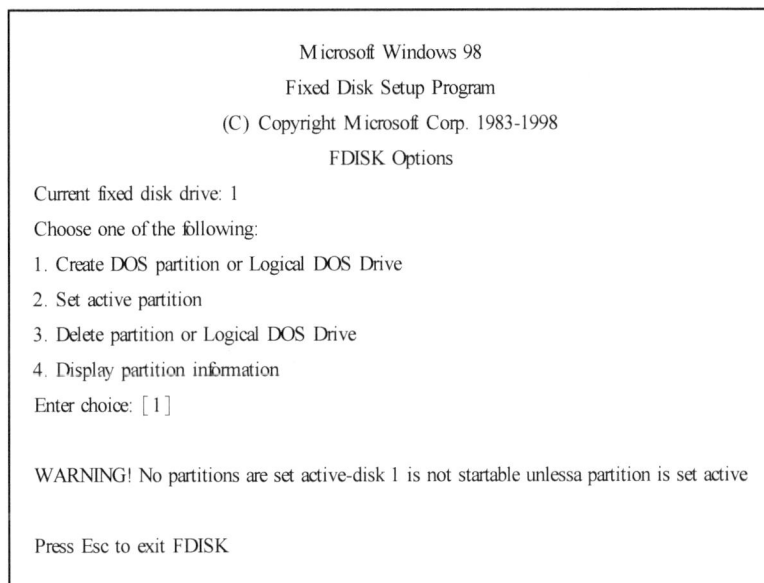

Microsoft Windows 98
Fixed Disk Setup Program
(C) Copyright Microsoft Corp. 1983-1998
FDISK Options

Current fixed disk drive: 1

Choose one of the following:

1. Create DOS partition or Logical DOS Drive

2. Set active partition

3. Delete partition or Logical DOS Drive

4. Display partition information

Enter choice: [1]

WARNING! No partitions are set active-disk 1 is not startable unlessa partition is set active

Press Esc to exit FDISK

图 5.2　FDISK 程序主界面

图 5.2 中的 Choose one of the following 中有以下 4 个选项：

1）Create DOS partition or Logical DOS Drive 建立 DOS 分区或者逻辑 DOS 驱动器。

2）Set active partition 设置活动分区。

3）Delete partition or Logical DOS Drive 删除分区或者逻辑 DOS 驱动器。

4）Display partition information 显示分区信息。

Enter choice 提示输入代表每项操作的数字，按 Enter 键即可执行相应的操作。Press Esc to exit FDISK 选项的意思是按 Esc 键退出 FDISK 主程序。

（2）建立分区

第一步，建立 DOS 分区：在图 5.2 中输入"1"，按 Enter 键，进入如图 5.3 所示的界面，显示建立 DOS 分区和逻辑分区。

Choose one of the following 中有以下 3 个选项：

1）Create Primary DOS Partition 建立主 DOS 分区。

2）Create Extended DOS Partition 建立扩展 DOS 分区。

3）Create Logical DOS Drive（s）in the Extended DOS Partition 建立逻辑 DOS 驱动器。

在图 5.3 中输入数字 1，然后按 Enter 键，询问是否将最大的可用空间作为主 DOS 分区，如图 5.4 所示。如果是，将整个硬盘都作为主分区，即整个硬盘空间只分成了 C：一个主分区。如果不想都作为主分区，输入 N 后，再按 Enter 键，进入下一个界面，如图 5.5 所示。

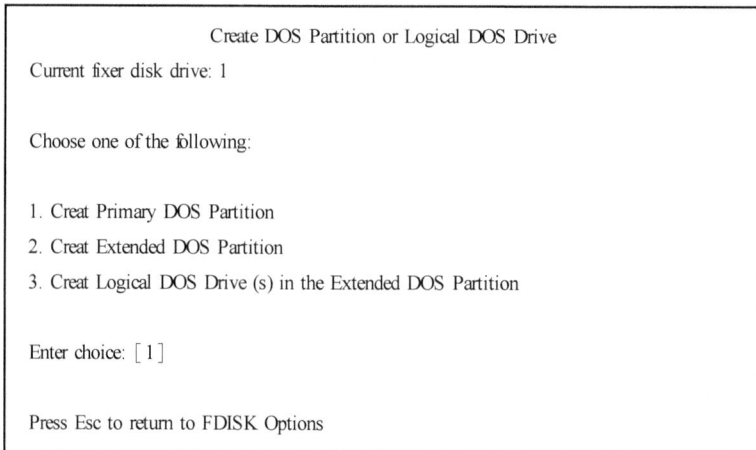

```
                    Create DOS Partition or Logical DOS Drive
Current fixer disk drive: 1


Choose one of the following:


1. Creat Primary DOS Partition
2. Creat Extended DOS Partition
3. Creat Logical DOS Drive (s) in the Extended DOS Partition


Enter choice: [1]


Press Esc to return to FDISK Options
```

图 5.3　建立 DOS 分区和逻辑分区

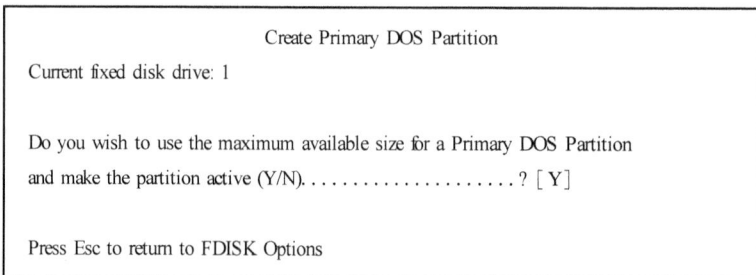

```
                         Create Primary DOS Partition
Current fixed disk drive: 1

Do you wish to use the maximum available size for a Primary DOS Partition
and make the partition active (Y/N).....................? [Y]


Press Esc to return to FDISK Options
```

图 5.4　建立 DOS 主分区

```
                        Create Primary DOS Partition
Current fixed disk drive: 1


Total disk space is 16379 Mbytes (1Mbyte = 1048576 bytes)
Maximum space available for partition is 16379 Mbytes (100%)


Enter partition size in Mbytes or percent of disk space (%) to
create a Primary DOS Partition. . . . . . . . . . . . . . . . . . . . . . . . . . . : [7000]


Invalid entry, please enter 0-9.
Press Esc to return to FDISK Options
```

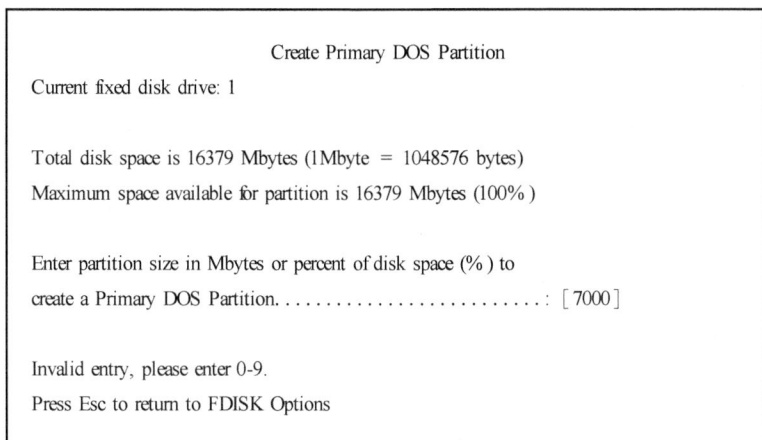

图 5.5 指定主 DOS 分区的容量为 7000MB

FDISK 程序现实硬盘的容量大小为 16 379MB，说明主 DOS 分区的最大容量不能超出16 379MB，输入数字"7000"，指定主 DOS 分区的容量为 7 000MB 或者输入百分数，例如"43%"。输入完后，按 Enter 键，进入界面，如图 5.6 所示。

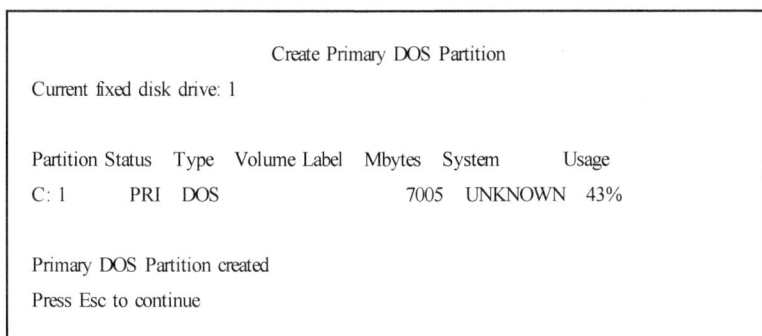

```
                        Create Primary DOS Partition
Current fixed disk drive: 1


Partition Status    Type   Volume Label   Mbytes   System      Usage
C: 1           PRI   DOS                7005   UNKNOWN   43%


Primary DOS Partition created
Press Esc to continue
```

图 5.6 主 DOS 分区的部分信息

主 DOS 分区建立成功。与此同时，FDISK 程序也给出了主 DOS 分区的部分信息。字母 C 代表 C 驱动器，分区类别为：PRI DOS，主 DOS 分区的大小为 7005MB，是整个硬盘容量的43%等。

第二步，成功建立主 DOS 分区后，下一步就需要建立扩展 DOS 分区，按 Esc 键继续，在"建立 DOS 分区和逻辑 DOS 分区"的界面中输入"2"并按 Enter 键，即进入如图 5.7 所示的 Create Extended DOS Partition 界面。

如果想把剩余的硬盘空间都作为扩展 DOS 分区，即不想留给 DOS 操作系统以外的其他操作系统使用，那么直接按 Enter 键，这里会出现扩展 DOS 分区的信息，表示 DOS 扩展分区已经建立。注意和主 DOS 分区的驱动字母 C 是不同的，扩展 DOS 分区没有字母代号，它还要划分逻辑 DOS 驱动器，按 Esc 键继续，如图 5.8 所示。

```
                    Create Extended DOS Partition
Current fixed disk drive: 1

Partition  Status  Type  Volume Label  Mbytes  System    Usage
C: 1       PRI     DOS                  7005    UNKNOWN   43%


Total disk space is 16379 Mbytes (1 Mbyte = 1048576 bytes)
Maximum space available for partition is 9374 Mbytes (57% )


Enter partition size in Mbytes or percent of disk space (% ) to
create an Extended DOS Partition........................: [ 9374 ]


Press Esc to return to FDISK Options
```

图 5.7　建立扩展 DOS 分区的显示信息

```
                    Create Extended DOS Partition
Current fixed disk drive: 1


Partition  Status  Type   Volume Label  Mbytes  System    Usage
C: 1       PRI     DOS                   7005    UNKNOWN   43%
   2       EXT     DOS                   9374    UNKNOWN   57%
Extended DOS Partition created
Press Esc to continue
```

图 5.8　显示扩展 DOS 分区已经建立

第三步，建立逻辑 DOS 驱动器。扩展 DOS 分区成功建立后，下一步就是进行划分一个或多个逻辑 DOS 驱动器。FDISK 程序在默认情况下将整个扩展 DOS 分区划分一个逻辑驱动器，如图 5.9 所示。

```
         Create Logical DOS Drive (s) in the Extended DOS Partition
No logical drives defined
Total Extended DOS Partition size is 9374 Mbytes (1 MByte = 1048576 bytes )
Maximum space available for logical drive is 9374 Mbytes (100% )
Enter logical drive size in Mbytes or percent of disk space (% )... [ 9374 ]
Press Esc to return to FDISK Options
```

图 5.9　建立逻辑 DOS 驱动器

假如把扩展 DOS 分区划分为两个逻辑驱动器，一个为 5GB，剩余的空间作为另外一个逻辑驱动器，那么输入"5000"，并按 Enter 键，出现如图 5.10 所示的界面。

```
                Create Logical DOS Drive (s) in the Extended DOS Partition
Drv Volume Lable Mbytes System Usage
D: 5005 UNKNOWN 53%


Total Extended DOS Partition size is 9374 Mbytes (1 MByte = 1048576 bytes )
Maximum space available for logical drive is 4369 Mbytes (47% )


Enter logical drive size in Mbytes or percent of disk space (% )...  [4369]


Logical DOS Drive created, drive letters changed or added


Press Esc to return to FDISK Options
```

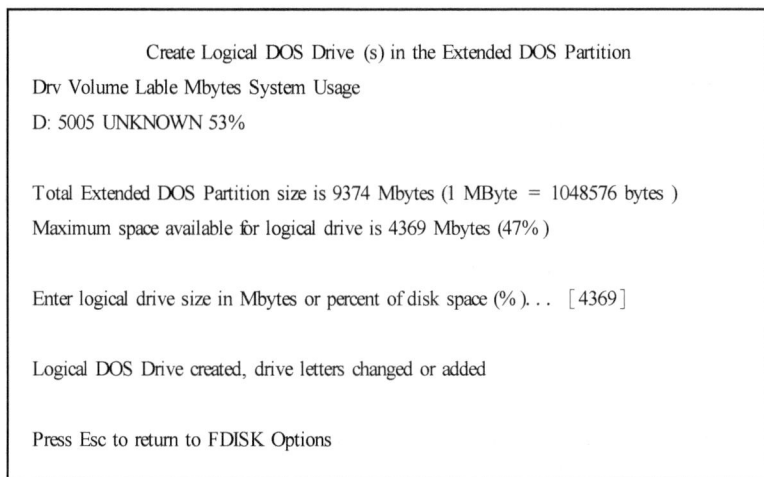

图 5.10 划分逻辑驱动器后显示的信息

逻辑驱动器 D 建立成功，按 Enter 键，把剩余的空间全部划分为逻辑驱动器 E，直到把 DOS 扩展分区的所有空间都分配完为止，如图 5.11 所示，按 Esc 键返回主菜单。

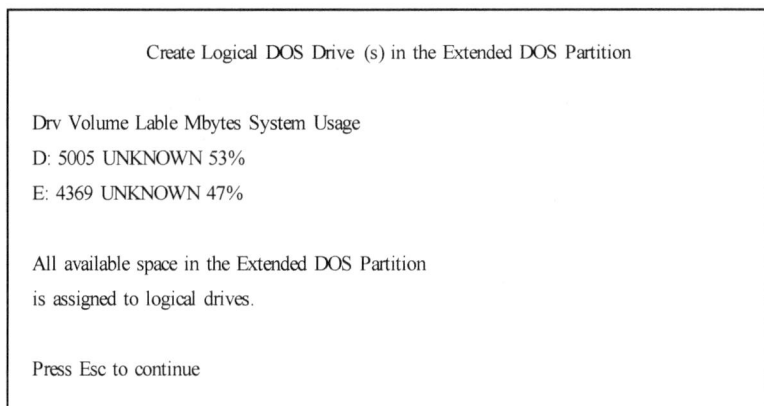

```
                Create Logical DOS Drive (s) in the Extended DOS Partition

Drv Volume Lable Mbytes System Usage
D: 5005 UNKNOWN 53%
E: 4369 UNKNOWN 47%


All available space in the Extended DOS Partition
is assigned to logical drives.


Press Esc to continue
```

图 5.11 划分的逻辑驱动器 D、E

第四步，设置活动分区。已经建立了主 DOS 分区、扩展 DOS 分区、逻辑 DOS 驱动器，但是计算机需要知道从哪个分区启动计算机。这时，必须把其中一个分区设置为活动分区，计算机才能从该分区启动。在 DOS 分区里，只有主 DOS 分区才可以设置为活动分区，剩下所有的分区都不能作为活动分区。

在 FDISK 主菜单中输入数字"2"（见图 5.12）准备设置活动分区，选择数字"1"分区，即主 DOS 分区。输入"1"，并按 Enter 键，进入活动分区界面，如图 5.13 所示。

主 DOS 分区被设置成了活动分区，如图 5.14 所示，在 Status 选项中，如果 1 分区的值为 A，表示它是活动分区。按 Esc 键返回主界面，如图 5.15 所示。

```
                          FDISK Options

Current fixed disk drive: 1
Choose one of the following:


1. Create DOS partition or Logical DOS Drive
2. Set active partition
3. Delete partition or Logical DOS Drive
4. Display partition information


Enter choice: [2]


WARNING! No partitions are set active-disk 1 is not startable unless
a partition is set active
Press Esc to exit FDISK
```

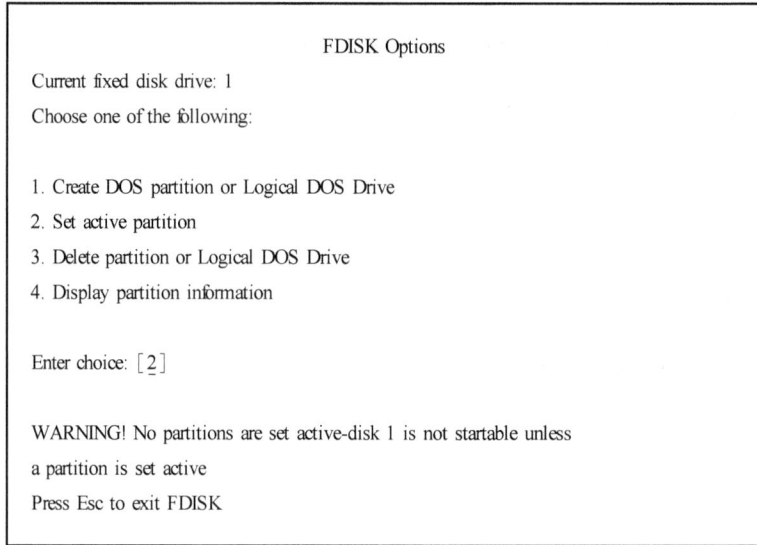

图 5.12   FDISK 选项

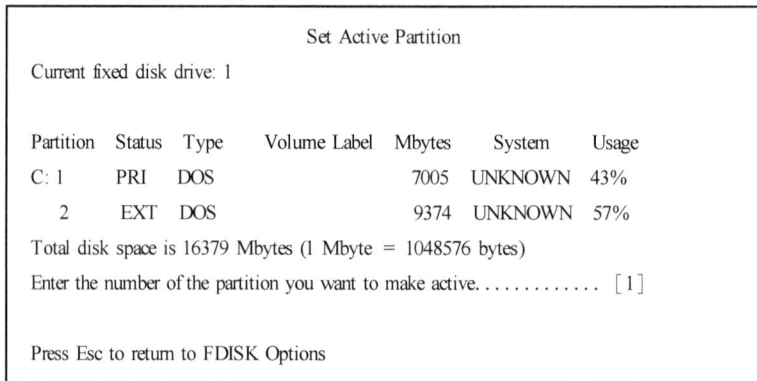

```
                       Set Active Partition

Current fixed disk drive: 1


Partition  Status  Type    Volume Label  Mbytes    System    Usage
C: 1        PRI    DOS                    7005    UNKNOWN    43%
   2        EXT    DOS                    9374    UNKNOWN    57%
Total disk space is 16379 Mbytes (1 Mbyte = 1048576 bytes)
Enter the number of the partition you want to make active. . . . . . . . . . . . [1]


Press Esc to return to FDISK Options
```

图 5.13   选择活动分区

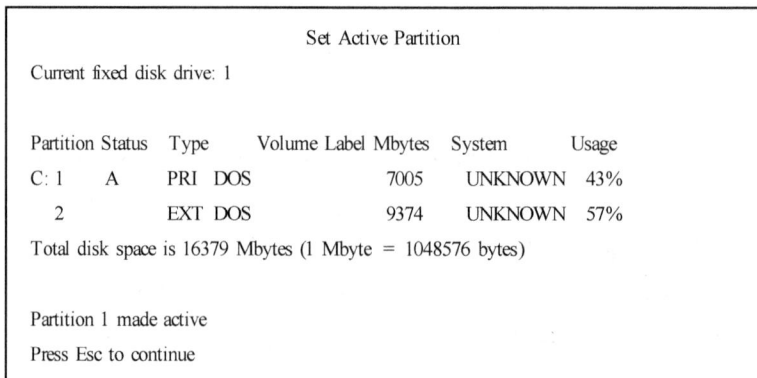

```
                       Set Active Partition

Current fixed disk drive: 1


Partition Status   Type      Volume Label Mbytes  System      Usage
C: 1       A       PRI DOS                 7005    UNKNOWN    43%
   2               EXT DOS                 9374    UNKNOWN    57%
Total disk space is 16379 Mbytes (1 Mbyte = 1048576 bytes)


Partition 1 made active
Press Esc to continue
```

图 5.14   主分区设置为活动分区

```
                           FDISK Options

Current fixed disk drive: 1

Choose one of the following:


  1. Create DOS partition or Logical DOS Drive

  2. Set active partition

  3. Delete partition or Logical DOS Drive

  4. Display partition information


Enter choice:［3］

Press Esc to exit FDISK
```

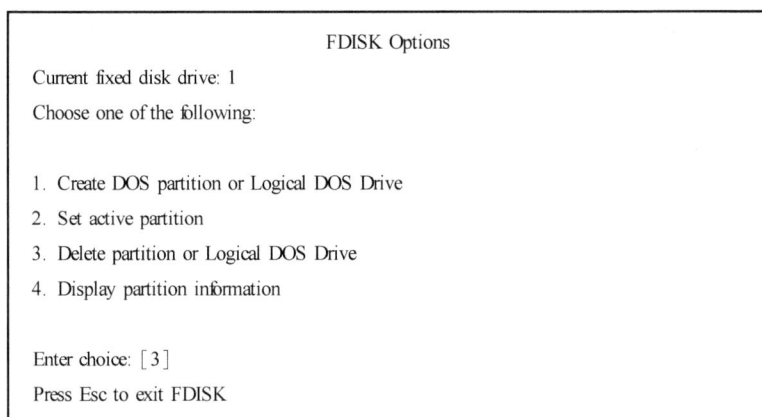

图 5.15　FDISK 选项

（3）删除分区

如果对所进行的分区方式感到不满意，想重新分区，在硬盘重新分区之前必须要删除旧分区的信息，才允许对硬盘重新分区，则必须按照以下步骤进行：

首先，进入 FDISK 程序的主界面，然后在主菜单中选择数字"3"，即 Delete Partitionor Logical DOS Drive 操作，启动删除硬盘上的分区和逻辑 DOS 驱动器。这时屏幕将出现提示信息，要求用户输入将要删除的分区或逻辑驱动器，如图 5.16 所示。

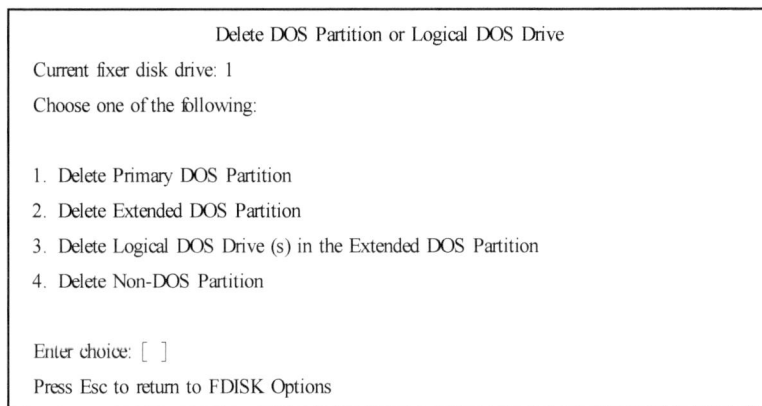

```
              Delete DOS Partition or Logical DOS Drive

Current fixer disk drive: 1

Choose one of the following:


  1. Delete Primary DOS Partition

  2. Delete Extended DOS Partition

  3. Delete Logical DOS Drive (s) in the Extended DOS Partition

  4. Delete Non-DOS Partition


Enter choice:［  ］

Press Esc to return to FDISK Options
```

图 5.16　删除 DOS 分区显示信息

在如图 5.16 所示的 Choose one of the following 中有以下 4 个选项。

1）Delete Primary DOS Partition 删除主 DOS 分区。

2）Delete Extended DOS Partition 删除扩展 DOS 分区。

3）Delete Logical DOS Drive（s）in the Extended DOS Partition 删除扩展 DOS 分区中的逻辑 DOS 驱动器。

4）Delete Non-DOS Partition 删除非 DOS 分区。

如果硬盘中有非 DOS 分区，应该选择菜单项中的数字"4"来删除非 DOS 分区。删除了非 DOS 分区以后，再删除扩展分区上的逻辑驱动器。在 FDISK 程序的主菜单上选择

数字 "3"，屏幕上会出现提示信息，要求用户指定要删除的逻辑驱动器，如图 5.17 所示。

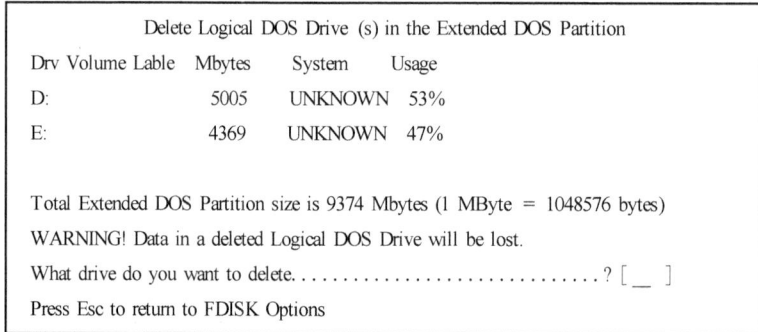

```
              Delete Logical DOS Drive (s) in the Extended DOS Partition

Drv Volume Lable   Mbytes      System      Usage
D:                 5005        UNKNOWN     53%
E:                 4369        UNKNOWN     47%


Total Extended DOS Partition size is 9374 Mbytes (1 MByte = 1048576 bytes)
WARNING! Data in a deleted Logical DOS Drive will be lost.
What drive do you want to delete.............................? [ __ ]
Press Esc to return to FDISK Options
```

图 5.17　指定要删除的逻辑驱动器

FDISK 程序警告逻辑 DOS 驱动器中的数据会丢失，并询问要删除哪个逻辑 DOS 驱动器，根据删除分区的顺序进行操作。这时只需输入 E，按 Enter 键。删除分区是一个很危险的操作，所以 FDISK 程序在用户删除程序时将会出现一个警告，要求输入该驱动器的卷标来加以确认。在屏幕上方显示出驱动器的卷标，如果没有，只需按 Enter 键即可。如图 5.18 所示。

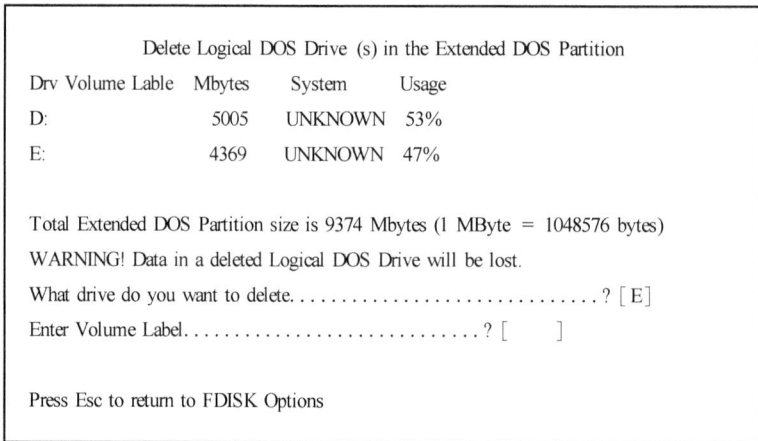

```
              Delete Logical DOS Drive (s) in the Extended DOS Partition

Drv Volume Lable   Mbytes      System      Usage
D:                 5005        UNKNOWN     53%
E:                 4369        UNKNOWN     47%


Total Extended DOS Partition size is 9374 Mbytes (1 MByte = 1048576 bytes)
WARNING! Data in a deleted Logical DOS Drive will be lost.
What drive do you want to delete.............................? [ E ]
Enter Volume Label............................? [      ]


Press Esc to return to FDISK Options
```

图 5.18　FDISK 程序要求输入卷标

FDISK 程序最后一次加以确认，默认值设置为 N，不删除。如果想删除，输入 Y，确认删除该分区，按 Enter 键，如图 5.19 所示。

逻辑 DOS 驱动器 E 已经被删除，下一步按照同样的方法来删除驱动器 D。直到 FDISK 程序提示扩展 DOS 分区中逻辑驱动器全部被删除，按 Esc 键返回，如图 5.20 所示。

接下来按照同样的方法来删除驱动器 D，如图 5.21 所示，这时 FDISK 程序将提示扩展 DOS 分区中所有的逻辑驱动器都被删除掉，如图 5.22 所示。

```
                Delete Logical DOS Drive (s) in the Extended DOS Partition

Drv Volume Lable   Mbytes      System      Usage
D:                 5005        UNKNOWN     53%
E:                 4369        UNKNOWN     47%


Total Extended DOS Partition size is 9374 Mbytes (1 MByte = 1048576 bytes)
WARNING! Data in a deleted Logical DOS Drive will be lost.
What drive do you want to delete.............................? [E]
Enter Volume Label.............................? [      ]
Are you sure (Y/N).........................? [N]


Press Esc to return to FDISK Options
```

图 5.19 对要删除的卷标加以确认

```
                Delete Logical DOS Drive (s) in the Extended DOS Partition


Drv Volume Lable   Mbytes      System      Usage
D:                 5005    UNKNOWN   53%
E: Drive deleted
Total Extended DOS Partition size is 9374 Mbytes (1 MByte = 1048576 bytes)
WARNING! Data in a deleted Logical DOS Drive will be lost.
What drive do you want to delete.............................? [ _ ]
Press Esc to return to FDISK Options
```

图 5.20 逻辑 DOS 驱动器 E 被删除

```
                Delete Logical DOS Drive (s) in the Extended DOS Partition


Drv Volume Lable Mbytes System Usage
D: Drive deleted
E: Drive deleted


All logical drives deleted in the Extended DOS Partition.
Press Esc to continue
```

图 5.21 逻辑 DOS 驱动器 D 被删除

```
                Delete Logical DOS Drive (s) in the Extended DOS Partition


No logical drives defined


Drive letters have been changed or deleted


Press Esc to continue
```

图 5.22 逻辑驱动器将全部被删除

删除了逻辑驱动器后，下面就应该删除扩展分区。仍然输入数字"3"，按 Enter 键即可。要删除的是扩展 DOS 分区（Extended DOS Partition），输入数字"2"，按 Enter 键进入删除界面，如图 5.23 所示。

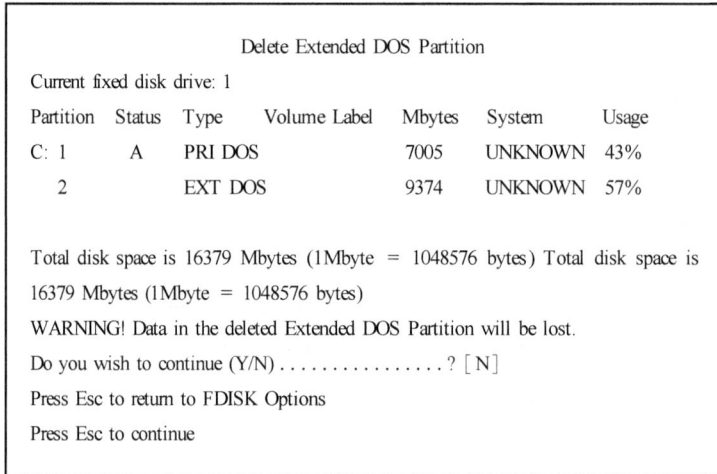

```
                    Delete Extended DOS Partition
Current fixed disk drive: 1

Partition   Status   Type      Volume Label    Mbytes    System      Usage
C: 1        A        PRI DOS                   7005      UNKNOWN     43%
   2                 EXT DOS                   9374      UNKNOWN     57%


Total disk space is 16379 Mbytes (1Mbyte = 1048576 bytes) Total disk space is
16379 Mbytes (1Mbyte = 1048576 bytes)

WARNING! Data in the deleted Extended DOS Partition will be lost.

Do you wish to continue (Y/N) . . . . . . . . . . . . . . . ? [N]

Press Esc to return to FDISK Options

Press Esc to continue
```

图 5.23　删除扩展 DOS 分区

输入 Y，按 Enter 键，确定要删除扩展 DOS 分区，然后按 Esc 键返回删除界面，如图 5.24 所示。

输入数字"1"（即主分区号）后按 Enter 键，屏幕上将会出现如图 5.25 所示的信

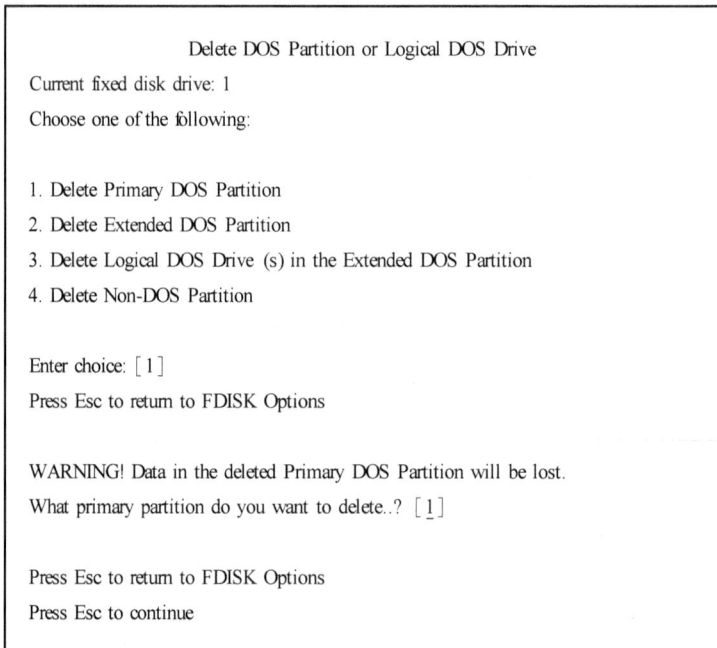

```
                Delete DOS Partition or Logical DOS Drive
Current fixed disk drive: 1
Choose one of the following:


1. Delete Primary DOS Partition

2. Delete Extended DOS Partition

3. Delete Logical DOS Drive (s) in the Extended DOS Partition

4. Delete Non-DOS Partition


Enter choice: [1]
Press Esc to return to FDISK Options


WARNING! Data in the deleted Primary DOS Partition will be lost.
What primary partition do you want to delete..? [1]


Press Esc to return to FDISK Options
Press Esc to continue
```

图 5.24　删除分区主界面

息，确认是否删除主 DOS 分区，如果确认删除主 DOS 分区，则提示输入主分区的卷标，按 Enter 键即可，如图 5.26 所示。

```
                    Delete Primary DOS Partition
Current fixed disk drive: 1

Partition Status   Type    Volume Label   Mbytes    System      Usage
C: 1        A     PRI DOS                 7005      UNKNOWN     43%


Total disk space is 16379 Mbytes (1Mbyte = 1048576 bytes)


WARNING! Data in the deleted Primary DOS Partition will be lost.
What primary partition do you want to delete. . ? [1]
Enter Volume Label. . . . . . . . . . . . . . . . . . . . . . . . . . . . ? [    ]


Press Esc to return to FDISK Options

Press Esc to continue
```

图 5.25 选择删除主 DOS 分区号

```
                    Delete Primary DOS Partition
Current fixed disk drive: 1

Partition Status    Type     Volume Label   Mbytes   System      Usage
C: 1        A      PRI DOS                  7005     UNKNOWN     43%


Total disk space is 16379 Mbytes (1Mbyte = 1048576 bytes)


WARNING! Data in the deleted Primary DOS Partition will be lost.
What primary partition do you want to delete. . ? [1]
Enter Volume Label. . . . . . . . . . . . . . . . . . . . . . . . . . . . ? [    ]
Are you sure (Y/N) . . . . . . . . . . . . . . . . . . . . . . . . . ? [N]
Press Esc to return to FDISK Options


Press Esc to continue
```

图 5.26 提示输入 DOS 分区的卷标

接下来再输入 Y 确认删除 DOS 主分区。这时屏幕上显示信息表示主分区已经被删除，按 Esc 键继续，如图 5.27 所示。

```
                    Delete Primary DOS Partition
Current fixed disk drive: 1

Total disk space is 16379 Mbytes (1Mbyte = 1048576 bytes)

Primary DOS Partition deleted

Press Esc to continue
```

图 5.27 显示主 DOS 删除信息

查看分区信息：在 FDISK 主界面中输入数字"4"，可以查看硬盘分区信息，见图 5.28。

```
                    Display Partition Information
Current fixed disk drive: 1

Partition  Status  Type  Volume Label  Mbytes   System    Usage
C: 1         A     PRI DOS              7005     UNKNOWN  43%
2 EXT DOS 9374 UNKNOWN 57%
Total disk space is 16379 Mbytes (1Mbyte = 1048576 bytes)


The Extended DOS Partition contains Logical DOS Drives .
Do you want to display the logical drive information (Y/N) . . . . . .?  [Y]


Press Esc to return to FDISK Options
```

图 5.28　分区的有关信息

下面进行分区信息简要介绍：Partition 显示分区的代号和编号；Status 显示分区的状态；Type 显示分区的类型；Volume Label 显示分区的卷标；Mbytes 显示分区的大小；System 显示分区的文件系统；Usage 显示分区占整个硬盘容量的百分比，如图 5.29 所示。

```
                 Display Logical DOS Drive Information
Drv Volume  Label  Mbytes  System     Usage
D:                   5005   UNKNOWN   53%
E:                   4369   UNKNOWN   47%


Total Extended DOS Partition size is 9374 Mbytes (1 Mbytes = 1048576 bytes)


Press Esc to continue
```

图 5.29　逻辑 DOS 驱动器的信息

实训 5.2　使用 Format 命令对硬盘进行格式化

实训目的

掌握使用 Format 命令对硬盘进行格式化。

实训工具

一台经过分区的计算机，一张 Windows 98 光盘。

实训步骤

1) 用软盘启动系统，在命令提示符 A:\> 后输入：Format C:/S。

Format 是 DOS 的外部命令，用户必须确保 A 盘上存在着这个命令，同时还要在命令行中加入参数"/S"，否则格式化后的 C 盘中不包含 DOS 的系统文件，不能正常启动 DOS 操作系统。

2) 屏幕提示信息如图 5.30 所示，计算机提示用户格式化硬盘将丢失数据。

因此用户一定要确认是否要对硬盘进行格式化。如果确认格式化硬盘，输入 Y 并按 Enter 键即可。

```
A:\> format c:/s


WARNING, ALL DATA ON NON-REMOVABLE DISK
DRIVE C: WILL BE LOST


Proceed with Format (Y/N)? y
```

图 5.30　提示格式化信息

3) 屏幕将显示格式化进程的提示信息，如果硬盘的容量很大，格式化操作时间就会很长，用户要耐心等待，如图 5.31 所示。

```
A:\> format c:/s


WARNING, ALL DATA ON NON-REMOVABLE DISK
DRIVE C: WILL BE LOST


PROCEED WITH Format (Y/N)? y


Formatting 7, 004. 87M
__ 8 percent completed
```

图 5.31　格式化进程信息

4) 格式化结束后，计算机将提示输入 C 盘卷标，最大不能超出 11 个字符，直接按 Enter 键则表示不设置卷标。建议最好给 C 盘设置一个名字，如 system，如图 5.32 所示。

5) 这时屏幕将显示磁盘容量信息，并出现提示符，如图 5.33 所示。到此，C 盘格式化完成。

其中显示的硬盘的基本信息如下：

- 硬盘的总容量是 6991.19 MB。
- 硬盘的卷标 system。
- 硬盘空间，有多少被系统占用，有多少可用空间。
- 卷标的序列码是 0F20-10EA。

```
DRIVE C: WILL BE LOST

PROCEED WITH Format (Y/N)? y


Formatting 7, 004. 87M

Format complete.

Writing out file allocation table

Complete.

Calculating free space (this may take several minutes)...

Complete.

System transferred


Volume label (11 characters, ENTER for none)? system
```

图 5.32　输入卷标提示

```
Volume label (11 characters, ENTER for none)? system


6, 991. 19 MB total disk space

327, 680 bytes used by system

6, 990. 88 MB available on disk

1, 789, 663 allocation unit available on disk


Volume Serial Number is 0F20-10EA


A: \> _
```

图 5.33　磁盘空间信息

6）剩下的逻辑盘，用同样的方法进行格式化，但是要注意一点，格式化命令中不带参数 "/S"。

硬盘格式化完成后，取出软盘驱动器中的 DOS 系统盘，按 Ctrl + Alt + Del 组合键，重新启动计算机即可。

实训 5.3　使用 Partition Magic 软件分区

实训目的

使用 Partition Magic 工具软件对硬盘进行分区。

实训工具

一台组装好的计算机，一张包含 Partition Magic 工具软件的光盘。

实训步骤

1）首先启动计算机，进入 BIOS 操作界面，将第一启动设备设置为光驱，保存并退出。

2）重新启动计算机，运行 Partition Magic 8.0 中文版，如图 5.34 所示。

3）如果这是一块没有分过区的硬盘，那么它的界面如图 5.35 所示。用鼠标选中"未分配"的区域，并选择工具栏中的"C:"建立新的磁盘分区。

4）首先划分一个 5GB 的 C 盘。在创建 C 盘的时候要选择建立为"主要分割磁区"，类型可以随意选择，目前常用的格式是 FAT32 和 NTFS 格式，在这里选择 FAT32 格式。在"大小"的输入框中输入磁盘的大小 5000MB，如图 5.36 所示。最后单击"确定"按钮，C 盘就划分好了，如图 5.37 所示。

图 5.34　Partition Magic 启动界面

图 5.35　Partition Magic 主界面

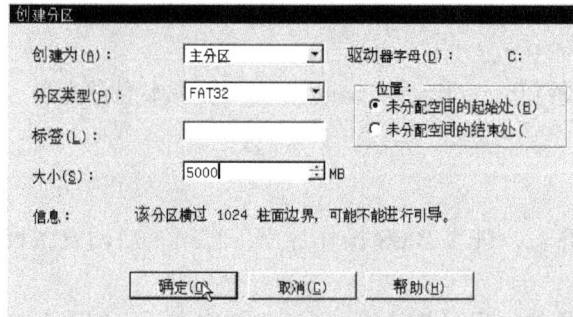

图 5.36　创建主分区

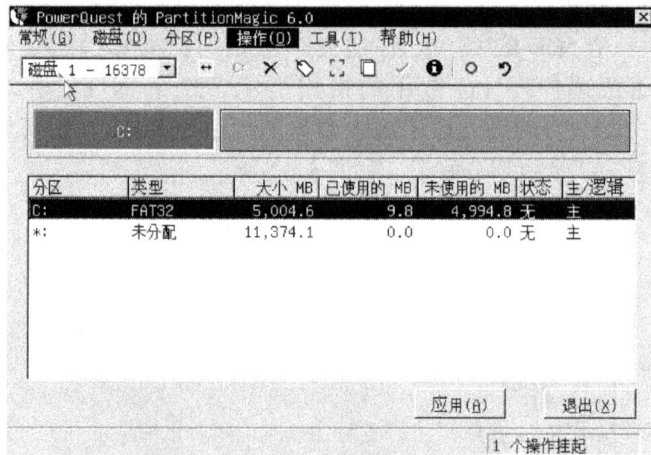

图 5.37　创建完毕

5）接着划分一个 6GB 的 D 盘。如图 5.38 所示选中"未分配"的空间，随之选择工具栏中的"C:"建立新的磁盘分区。

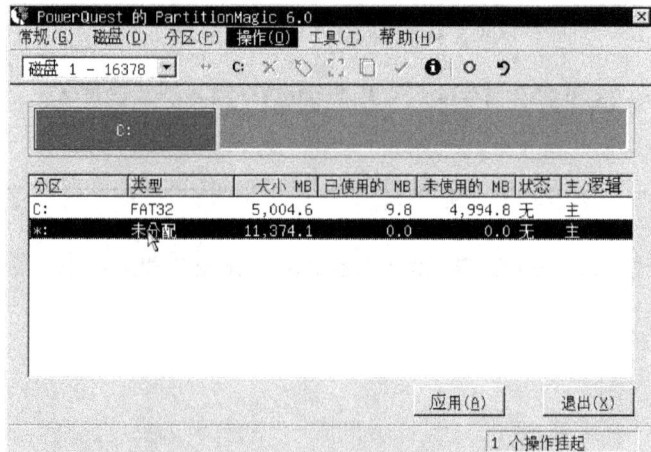

图 5.38　选中未分配的区域

在创建 D 盘的时候要选择建立为"逻辑分割磁区",类型可以随意选择,在这里选择FAT 格式。在"大小"的输入框中输入磁盘的大小为 6000MB,如图 5.39 所示。最后单击"确定"按钮,D 盘就划分好了。

6)最后将剩余的所有空间都划分为 E 盘,方法与划分 D 盘一样。但值得注意的是"大小"输入框中的数字不需要进行更改,如图 5.40 所示。E 盘划分完成,如图 5.41 所示。

7)此时,C 盘、D 盘和 E 盘的空间都已经划分完毕,下面要对它们进行真正意义上的创建。用鼠标单击"执行"按钮,如图 5.41 所示。单击后,屏幕会自动弹出一个对话框,如图 5.42 所示,询问是否执行变更,选择"是"按钮。

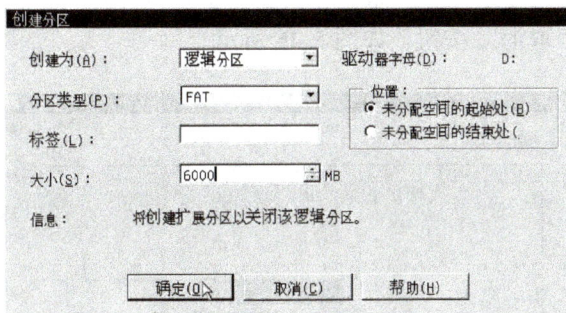

图 5.39　创建逻辑分区

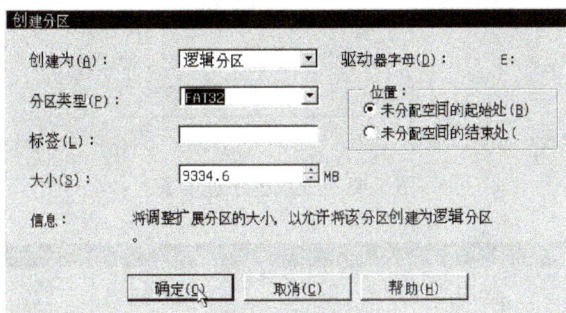

图 5.40　创建 E 盘

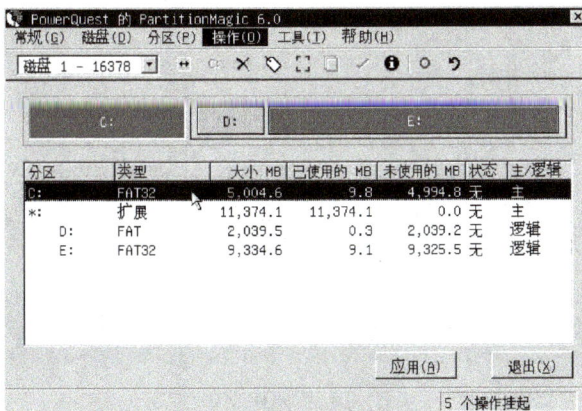

图 5.41　分区创建完毕

在确定现在执行变更后，批次程序开始执行目前的作业，也就是在真正意义上开始依次创建 C 盘、D 盘和 E 盘，如图 5.43 所示。

待整个进展达到 100% 以后，用鼠标单击"确定"按钮，完成所有磁盘的创建工作，如图 5.44 所示。

8）假如要删除某个分区，首先用鼠标选中该分区（图中以删除 D: 为例），单击鼠标右键，在弹出的快捷菜单中，选择"删除"命令，如图 5.45 所示。随之自动弹出对话框询问是否删除该分区，如果确认删除就输入 OK，然后单击"确认"按钮；如果不删除就单击"取消"按钮，如图 5.46 所示。

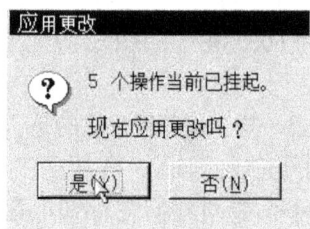

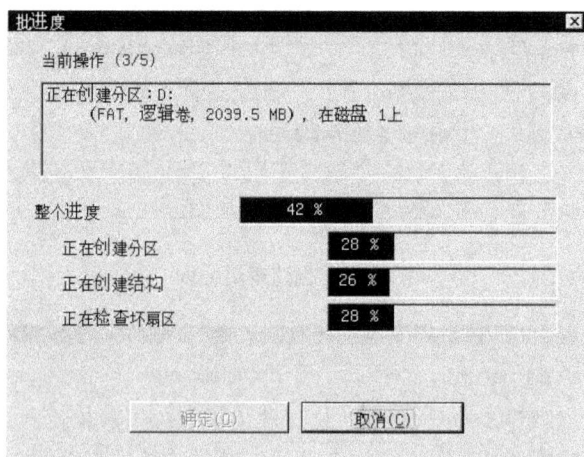

图 5.42 执行操作

图 5.43 批次程序进度条

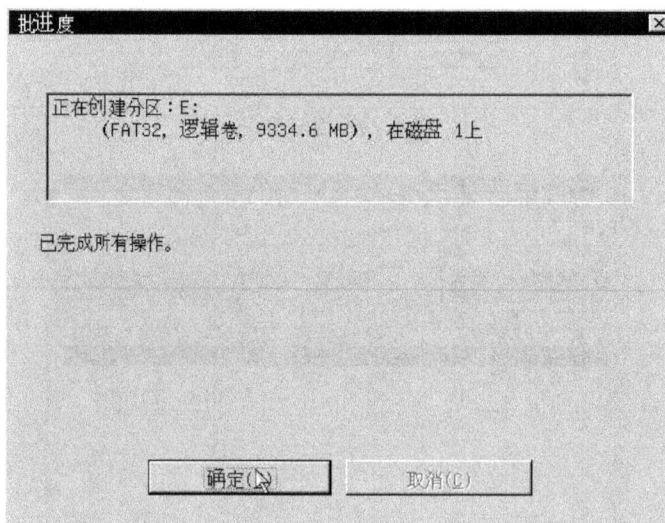

图 5.44 操作完毕

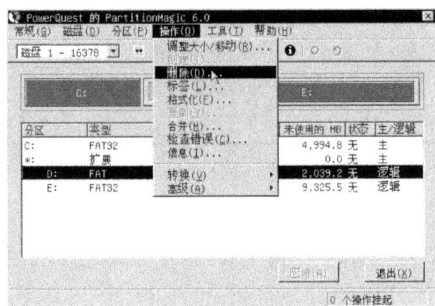

图 5.45　删除分区

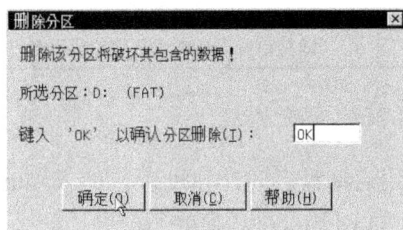

图 5.46　再次确认删除分区

5.2　操作系统的安装

操作系统是用户和计算机之间的交互界面。它管理着所有的计算机系统资源，同时也为用户提供了一个抽象概念上的计算机，在操作系统的帮助下，用户无需直接操作计算机的硬件就可正常工作，从而使计算机更易于使用。

5.2.1　Windows 操作系统简介

目前针对个人计算机的操作系统主要有 Windows 和 Linux。其中 Windows 是当前最流行的计算机操作系统，是 Microsoft 公司为个人计算机开发的图形化界面的计算机系统软件，它使计算机的操作更简单，运行更快捷，性能更可靠。从某种意义上说，Windows 是一个计算机的管家，是一种信息处理的平台和用户工作的环境，要使用各种应用软件，都离不开 Windows 操作系统的支持。

5.2.2　安装 Windows XP

1. Windows XP 的硬件配置要求

Windows XP 是微软公司提供的针对个人用户、性能稳定的操作系统，它的运行环境要求见表 5.1。

表 5.1　Windows XP 操作系统运行环境要求

硬　件	基　本　配　置	建　议　使　用
CPU	Pentium Ⅱ 233MHz 或其他的兼容微处理器	Pentium Ⅲ 或 Pentium 4 或更高档次的微处理器
内存	256MB 或更高，最低 128MB	256MB 或更多
硬盘空间	可用硬盘空间 1GB	2GB 以上可用硬盘空间
运行空间	200MB	500MB
显示卡	标准 VGA 卡或更高分辨图形卡	支持硬件 3D 的 32 位真彩显示卡

续表

硬 件	基 本 配 置	建 议 使 用
监视器	14 英寸彩色显示器	15 英寸或更大分辨率彩色显示器
输入设备	键盘和 Microsoft 或兼容定位设备	无

2. 系统的安装方法

1）用启动盘启动计算机后，进入 Windows XP 光盘中的 \ winnt \ i386 目录，执行该目录中的 winnt. exe 程序进行安装。

在执行 winnt. exe 前最好先执行 smartdrv 命令，该命令可以在 DOS 模式下建立高速缓存，加快 Windows XP 的安装速度。

2）用 Windows XP 光盘启动计算机，自动选择安装程序。建议使用这种方式安装。

需要事先准备好 CD-ROM 驱动器或者 DVD 驱动器及操作系统安装盘。根据需要来确定安装哪一种版本的操作系统。

3）在当前的操作系统（如 Windows 98）中运行 Windows XP 的安装程序进行升级安装。

实训 5.4 使用 Windows XP 光盘分区、格式化、安装操作系统

实训目的

使用 Windows XP 光盘分区、格式化、安装系统，掌握在 Windows 系统内对已有的硬盘分区进行格式化，并且对已有的硬盘分区进行碎片整理。

实训工具

一台组装好的计算机，一张 Windows XP 系统光盘。

实训步骤

（1）设置计算机 BIOS 参数

1）首先启动计算机，进入 BIOS 操作界面，禁止反病毒程序和电源管理程序，以使操作系统的安装能够顺利完成。将 Advanced Features Setup 中的 Virus Warning 选项和 Power Management Setup 中的 Power Management 选项设为 Disabled。

2）如果使用软盘启动系统，应在 BIOS 中将 1st Boot Device 设置为软驱 A（Floppy A）；如果从光驱启动系统并直接开始安装，应在 BIOS 中将 1st Boot Device 设置为光驱（CD-ROM）选项，保存设置，重新启动计算机。

（2）使用 Windows XP 光盘进行分区、格式化

1）将 Windows XP 操作系统光盘放入光驱中，这时系统会自动启动 Windows XP 的安装程序，如图 5.47 所示，Windows Setup 正在进行安装文件的装载。

图 5.47　安装文件的装载

2）接下来进入 Windows XP Professional 安装选项，选择要在哪个逻辑磁盘上安装 Windows XP Professional 操作系统。此时还可以在此进行创建分区或者删除分区的操作，如图 5.48 所示，按下 Enter 键将在当前所选的磁盘分区上安装 Windows XP；删除所选磁盘分区，按 D 键；在尚未划分的空间中创建磁盘分区，按 C 键。按照说明操作即可。

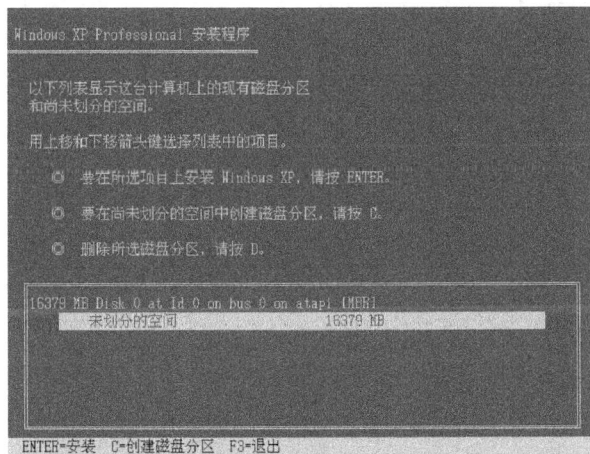

图 5.48　安装选项

3）如果创建新的磁盘分区，则按 C 键，进入如图 5.49 所示的界面，在光标闪动处输入想要创建磁盘分区的大小，例如，输入 5000，即 C 盘大小约为 5GB；剩余的空

间都划分给 D 盘，大小约为 11GB。

4）划分好的硬盘分区信息如图 5.50 所示。选中 C 盘，要在 C 盘上安装 Windows XP Professional 操作系统，按 Enter 键进行安装。

5）接下来选择用什么文件系统来格式化磁盘，共有包括 NTFS 和 FAT 的四种选择，在此选择最后一项"用 FAT 文件系统格式化磁盘分区"，按 Enter 键将该磁盘格式化为 FAT 分区。此时系统提示该磁盘分区上所有的数据将会丢失，需再次按 Enter 键确认格式化，如图 5.51 所示。

6）格式化的过程比较缓慢，耐心等待一下，如图 5.52 所示。

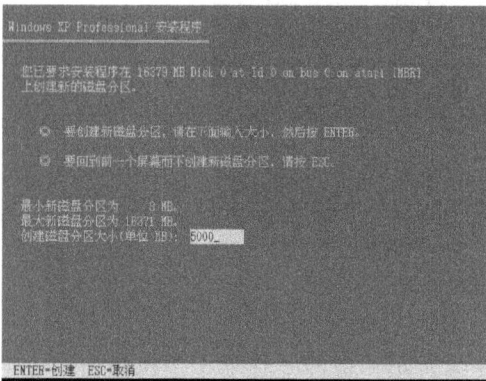

图 5.49　创建新的磁盘分区

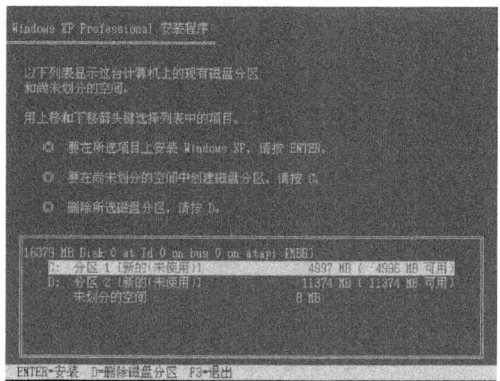

图 5.50　划分好的硬盘分区信息

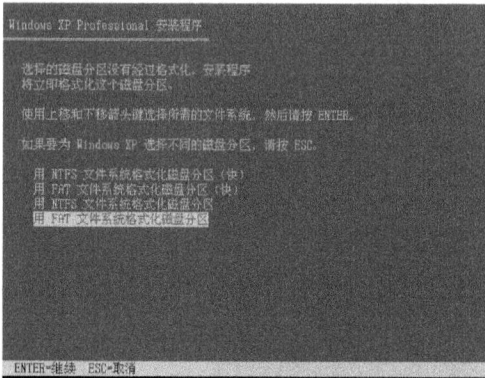

图 5.51　选择用什么文件系统来格式化磁盘

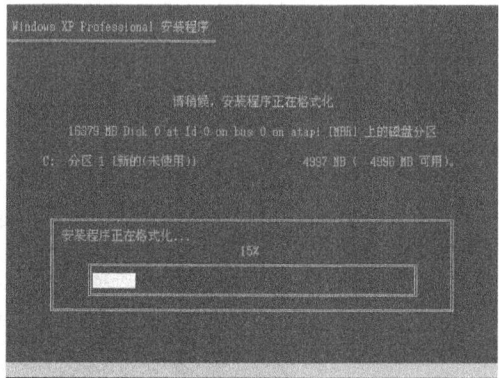

图 5.52　格式化进程

（3）Windows XP 系统的安装

1）格式化完毕后，将进行安装文件的复制，如图 5.53 所示。

2）文件复制完后，计算机将重新启动，接下来到了"安装 Windows"界面，系统将进行复制文件，而且给出了大约需要时间，如图 5.54 所示。当所有的文件全部复制结束，并且系统自动配置后，计算机即结束 Windows XP 的安装。整个安装过程都由计算机自动来完成，用户只需在安装过程中输入一些个人信息即可。

3）安装过程中会出现"区域和语言选项"，设置正确后，单击"下一步"按钮，如图 5.55 所示。然后输入"姓名"和"单位",单击"下一步"按钮,如图 5.56 所示。此外,再输入"计算机名",如果有必要的话再输入密码,单击"下一步"按钮,如图 5.57 所示。最后是"时间和日期设置",设置正确的话,单击"下一步"按钮完成设置,如图 5.58 所示。

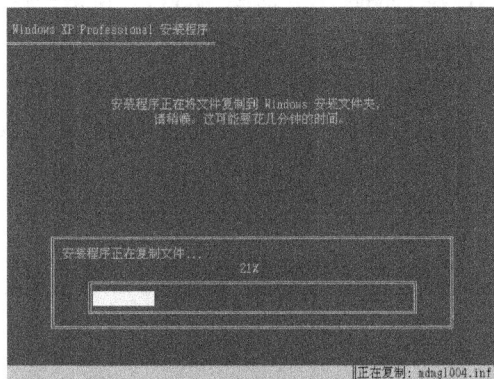

图 5.53 安装文件的复制

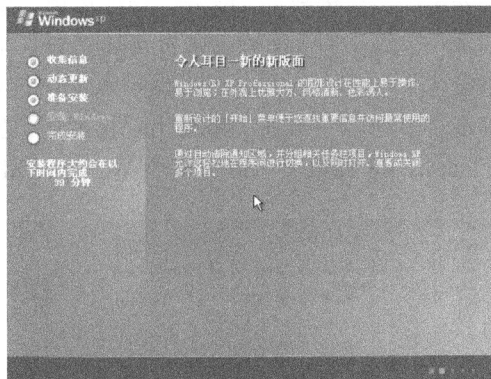

图 5.54 安装 Windows 的界面

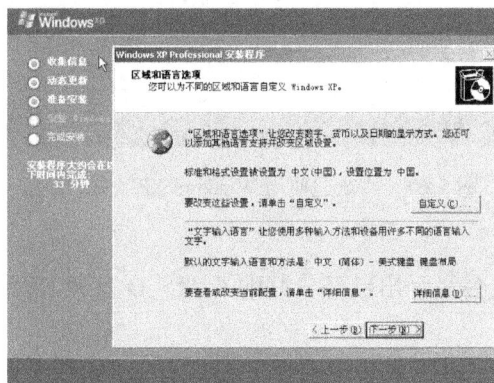

图 5.55 区域和语言选项

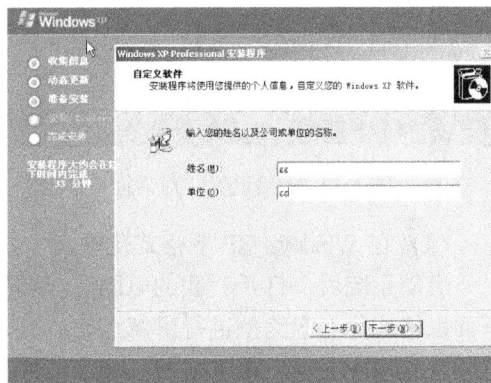

图 5.56 输入"姓名"和"单位"

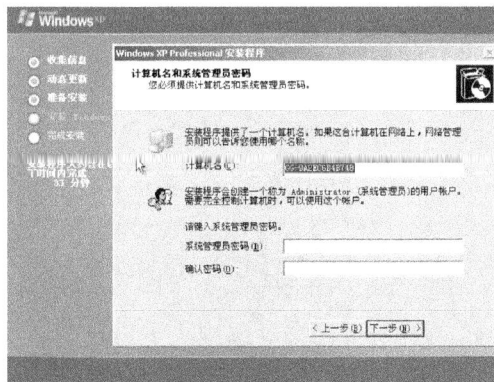

图 5.57 输入"计算机名"和"密码"

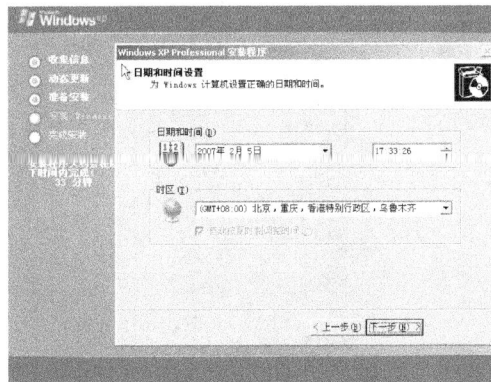

图 5.58 进行时间和日期设置

4）接下来出现"网络设置"对话框，这一对话框只在计算机安装了网卡的情况下才会出现，选择默认的"典型设置"即可，单击"下一步"按钮，如图 5.59 所示。

5）系统文件复制完成后，计算机重新启动，这时将进入一个"欢迎使用 Windows XP"全新的操作界面，如图 5.60 所示，要求用户设置网络并询问是否激活 Windows。如果用户已连接到了 Internet，则可选择"是，现在 Internet 上激活 Windows"单选按钮；如果还没连接到 Internet，则可选择"否，请每隔几天提醒我"单选按钮。做出选择后，单击"下一步"按钮，将出现输入使用这台计算机的每位用户的名称的对话框，然后单击"下一步"按钮，将会出现祝贺用户安装成功的界面，单击"完成"按钮，出现 Windows XP 的桌面。这时整个 Windows XP 安装过程也就结束了。

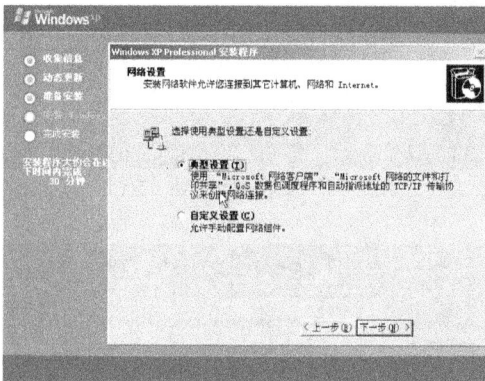

图 5.59 "网络设置"对话框

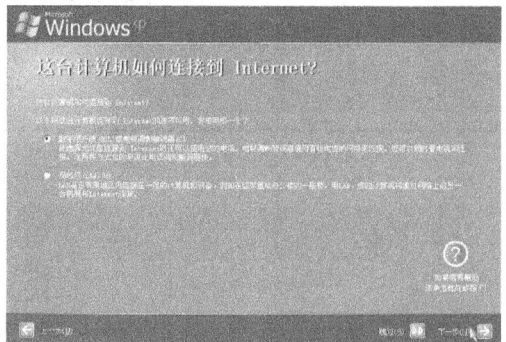

图 5.60　"欢迎使用 Windows XP"操作界面

（4）在 Windows XP 下格式化硬盘

启动系统后，打开"我的电脑"，屏幕上会显示出已经分好的 C 盘、D 盘和 E 盘，下面以格式化 E 盘为例进行讲解。

首先选中 E 盘，单击鼠标右键，在弹出的快捷菜单中选择"格式化"，如图 5.61 所示。随之出现"格式化本地磁盘 (E:)"的对话框，如图 5.62 所示。在复选框"快速格式化"前打勾，并用鼠标单击"开始"按钮，进行格式化。

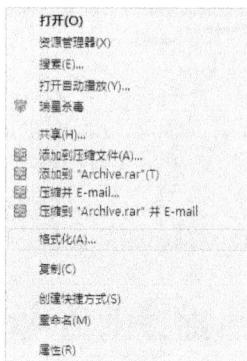

图 5.61　菜单

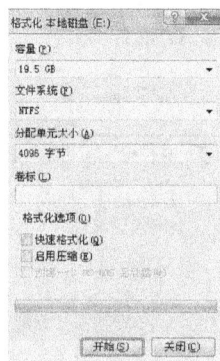

图 5.62　格式化选项

　　格式化完毕后，出现"格式化完毕"对话框，使用鼠标单击"确定"按钮，并关闭"格式化"对话框即可。

　　(5) 对硬盘分区进行碎片整理

　　计算机工作一段时间后，经常进行文件的存取会产生许多文件碎片，碎片会使硬盘产生降低计算机速度的额外工作。磁盘碎片整理程序可以重新排列碎片数据，以便硬盘能够更有效地工作。磁盘碎片整理程序可以按计划由计算机自动运行，也可以手动进行硬盘碎片的整理。这里以对 E 盘进行碎片整理为例进行讲解。

　　1) 打开"我的电脑"，选中 E 盘并单击鼠标右键，在弹出的快捷菜单中，选择"属性"项，再选择"工具"选项卡中"碎片整理"栏下的"开始整理"按钮，如图 5.63 所示。随后系统自动弹出"磁盘碎片整理"对话框，如图 5.64 所示。

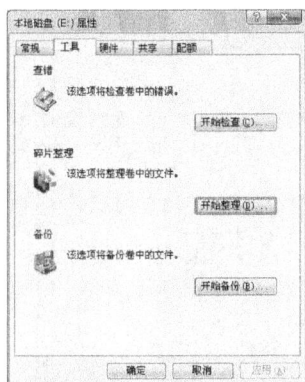

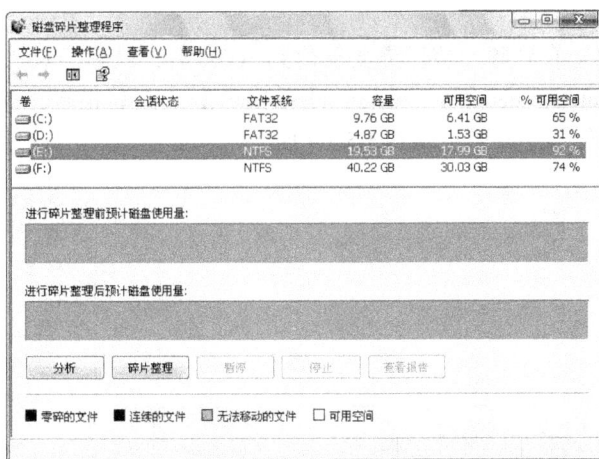

图 5.63　开始整理　　　　　　　　　图 5.64　磁盘碎片整理

　　2) 在图 5.64 中用鼠标单击"分析"按钮，开始对 E 盘进行分析，确认 E 盘是否需要进行碎片整理。分析结果系统自动弹出对话框，如图 5.65 所示。

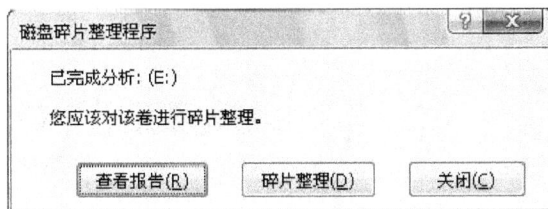

图 5.65　分析硬盘数据

　　3) 查看 E 盘的分析信息，在图 5.65 中单击"查看报告"按钮，出现 E 盘的分析信息，如图 5.66 所示。接着单击"碎片整理"按钮，开始进行碎片整理，如图 5.67 所示。

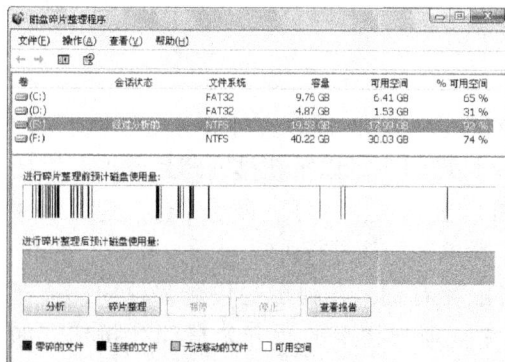

图 5.66　具体分析信息

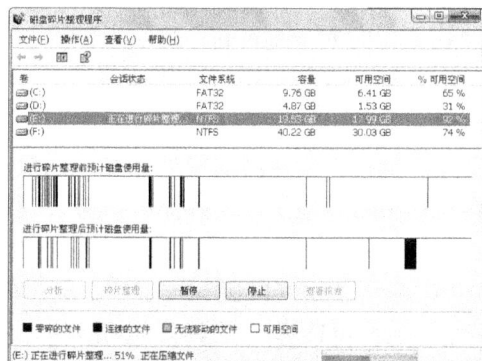

图 5.67　整理碎片

4）直到碎片整理进度条达到 100% 后，就会自动弹出对话框完成对 E 盘的碎片整理，如图 5.68 所示。随后，用鼠标单击"查看报告"按钮，出现碎片整理报告，最后关闭该对话框即可，如图 5.69 所示。

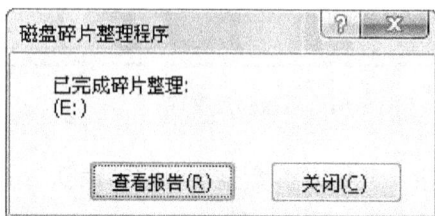

图 5.68　完成碎片整理

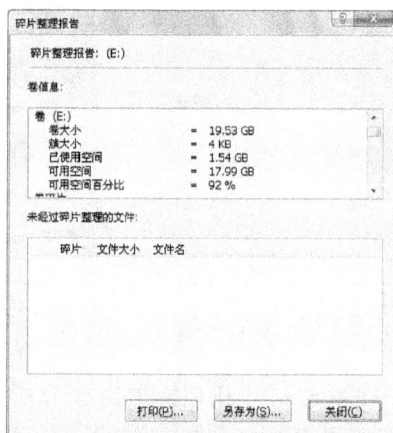

图 5.69　碎片整理报告

5.3　驱动程序的安装

驱动程序是计算机硬件设备的控制者，它是一段能让计算机与各种硬件设备通话的程序代码，通过驱动程序操作系统才能控制计算机上的硬件设备。一般来说，安装好 Windows XP 操作系统后，大部分的硬件都已经处于正常的工作状态下，但为了更好的发挥显示卡、声卡等设备的功能，建议用户安装最新版本的驱动程序。

5.3.1　驱动的存储格式

驱动程序由一些扩展名为 . dll、. drv、. vxd、. sys、. exe、. 386、. ini、. inf、. cpl、.

dat 和. cat 的文件组成。

1）扩展名为 ".cat" 的文件：是微软数字签名文件，这个文件存放在 Windows System CatRoot 目录中。

2）扩展名为 ".inf" 的文件：是描述性文件，用来专门记录、描述硬件设备的安装信息，包括设备的名称、型号、厂商及驱动程序的版本、日期等，是以纯文本的方式并用特定的语法格式记载的。通过读取这些信息操作系统就知道安装的是什么设备，应当如何安装驱动程序、复制哪些文件。

3）其他扩展名文件：被称为实体文件，也就是说它们才是设备的驱动程序。

5.3.2 驱动程序的安装顺序

安装驱动程序需要一定的技术，更要注意安装顺序。一般遵循的顺序是：先安装主板的驱动程序，然后才能安装各种板卡的驱动程序；先安装主机内部设备的驱动程序，然后安装主机外部设备的驱动程序。具体如下：安装操作系统的最新补丁程序→安装主板芯片组的驱动程序→安装最新的 DirectX→安装最新的显示卡驱动程序→安装声卡驱动程序→安装网卡及其他外设的驱动程序。

5.3.3 安装驱动程序的常用方法

根据在 Windows XP 下安装硬件驱动程序的操作特点，可以将硬件分为即插即用和非即插即用设备。根据厂商提供驱动程序的方式，可以分为自安装型和 Windows 识别型。不同设备只要按上述方式归类，则同类设备驱动程序的安装方式大致相同。

1. 安装即插即用设备的驱动程序

在安装 Windows 的过程中，Windows 会自动检测计算机系统中所有支持 PnP（即插即用）的硬件设备，并依照 Windows 自带硬件设备驱动程序库的情况，为检测到的硬件安装驱动程序。

如果无法为设备安装驱动程序，即无法识别硬件的确切型号，操作系统也会正常安装。安装结束后，用户可以打开系统硬件设备列表查看，如果某硬件设备名称之前有一个黄色的感叹号图样，则表示该设备的驱动程序未能正确安装，此时需要为该设备安装驱动程序。如果即插即用的硬件是在安装 Windows XP 之后安装的，则 Windows XP 在启动过程中发现该设备并尝试为该设备安装驱动程序。如果不能安装，会启动驱动程序安装向导，并提示用户插入驱动程序安装盘。

通常情况下，Windows XP 能够自动检测到 PCI 卡、AGP 卡、ISA 卡、USB 设备及多数打印机和扫描仪等，即使未能正确安装其驱动程序，该设备也会出现在 "设备管理器" 的硬件列表中。双击列表中的设备名称，可以查看该设备的属性并为其更新（由于 Windows XP 能识别所有即插即用设备，所以 Windows XP 中没有 "从头安装" 的概念，对所有设备，都是 "更新"）驱动程序。

2. 安装非即插即用设备的驱动程序

对于非即插即用的早期设备，如果 Windows XP 启动后未发现它已经安装，则用户需要在"控制面板"中双击"添加硬件"图标，直接启动硬件安装向导。该向导将先搜索即插即用设备，然后询问是否检测与即插即用相兼容的设备。由于检测耗时相当长，所以除非手里没有驱动程序，并且不知道硬件型号，否则没有必要检测。

选择要安装的硬件类型，如网络适配器，然后单击"从磁盘安装"按钮，输入驱动程序所在的路径。单击"打开"按钮，硬件更新向导将列出在指定位置找到的所有驱动程序，选择相应的硬件驱动并单击"确定"按钮，硬件向导会开始安装驱动程序。安装后硬件向导会询问"是否重新启动"，此时选择"否"。如果安装的是网卡，那么还需要在"设备管理器"中双击网卡，打开其属性对话框，在"资源"选项卡中正确设置网卡使用的中断号和 I/O 地址，这两个参数可由网卡附带的测试程序得到。然后重启系统，如果系统报告网络适配器工作不正常，则说明网卡与其他设备存在资源冲突。必须重新设置中断或 I/O 地址，直到没有冲突为止。

3. 其他安装方法

使用如下方法均能安装驱动程序。

1）利用驱动程序盘中的 Setup 程序。

一些硬件产品的驱动盘中除了有驱动程序外，还有专门的 Setup 程序，它们将安装驱动程序的步骤简化，使用起来更为方便。如果驱动程序盘中有 Setup 程序，建议初学者尽量使用它。

2）在"设备管理器"中单击"刷新"按钮，系统会自动搜索即插即用设备。

如果找到，系统就会启动硬件向导来安装驱动程序；如果某设备运行不正常，或与其他非即插即用设备发生冲突，可先删除发生冲突的即插即用设备（或未知设备），使用这种方法可以很方便地重装驱动程序。

3）在"打印机"文件夹中添加打印机。

选择"开始"→"所有程序"→"控制面板"→"打印机"命令，打开"打印机"文件夹，双击"添加打印机"图标，便可启动"添加打印机向导"来安装打印机。

4）利用 Windows Update 从 Internet 上下载并安装驱动程序。

以上介绍了安装驱动程序的其他方法，用户可以在实践中发现最适合的方法。

实训5.5　查看硬件信息并安装即插即用设备的驱动程序

实训目的

掌握即插即用设备驱动程序的安装方法。

实训工具

一台装有 Windows XP 系统并安装好最新补丁的计算机，一张计算机自带的驱动程序光盘。

实训步骤

（1）查看硬件信息及驱动程序

执行"开始"→"控制面板"→"系统"→"设备管理器"选项或右击"我的电脑"，选择"属性"→"硬件"选项卡→"设备管理器"选项，如图 5.70 所示。

若设备前面带"?"号，表示该设备的驱动程序没有正确安装；若设备前面带"!"号，表示该设备所使用的资源与其他设备所占用的资源相互冲突。在图 5.70 中设备管理器中视频控制器前面带"?"号，表示显示卡驱动程序没有正确安装。

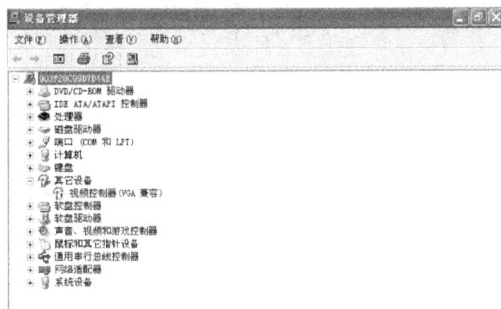

图 5.70　利用设备管理器查看设备

（2）安装显示卡的驱动程序

1）用右键单击视频控制器，在弹出的快捷菜单中选择"更新驱动程序"命令，出现硬件更新向导，单击"下一步"按钮，如图 5.71 所示。

2）选择"在这些位置上搜索最佳驱动程序"单选项下的"在搜索中包括这个位置"复选项，并点击"浏览"按钮选择驱动程序的正确位置，单击"下一步"按钮，如图 5.72 所示。

图 5.71　硬件更新向导

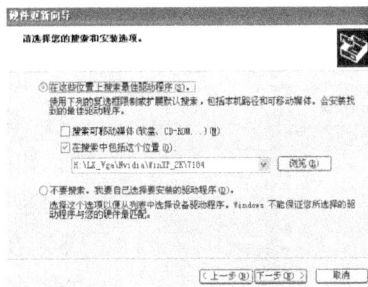

图 5.72　选择正确的驱动路径

3）"硬件更新向导"开始安装驱动程序,如图5.73所示。

4）驱动程序安装完毕,单击"完成"按钮完成安装,如图5.74所示。

图 5.73　开始安装驱动程序

图 5.74　安装完成

实训 5.6　声卡驱动程序的安装

实训目的

掌握手动安装声卡驱动程序的方法。

实训工具

一台装有 Windows XP 系统的计算机,一张计算机自带的驱动程序光盘。

实训步骤

1）首先启动计算机,打开"我的电脑",右击光驱盘符,在弹出的快捷菜单中选择"打开"命令,如图5.75所示。

2）打开光盘后,找到 Audio 文件夹,它就是声卡驱动的所在位置,如图 5.76 所示。

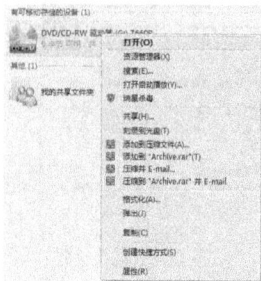

图 5.75　运行驱动程序光盘

3）打开"Audio"文件夹,找到"setup"声卡安装文件图标,如图5.77所示。

4）双击 setup 声卡安装文件,开始准备安装声卡的驱动程序,如图5.78所示。待进度条达到100%以后,系统自动进入欢迎界面,如图5.79所示。

5）在图5.79中单击"下一步"按钮,则自动进入声卡驱动程序的安装界面,显示声卡驱动程序安装的状态进度,如图5.80所示。待进度条达到100%,就完成了声卡驱动程序的安装过程，如图 5.81 所示。

6）重启计算机后，安装的声卡驱动程序生效，就可以正常使用了。

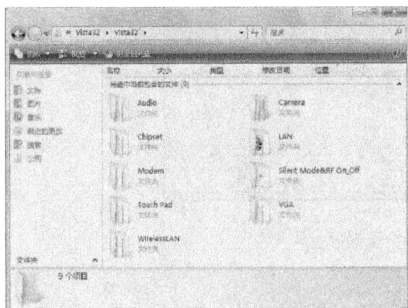

图 5.76　查找声卡驱动程序

图 5.77　查找声卡驱动程序的安装程序

图 5.78　准备安装

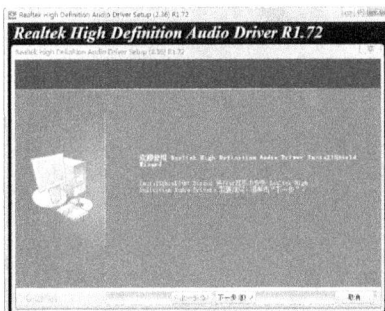

图 5.79　进入欢迎界面

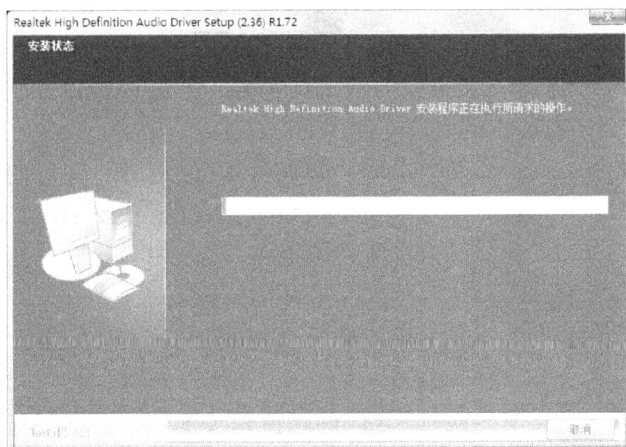

图 5.80　开始安装驱动程序

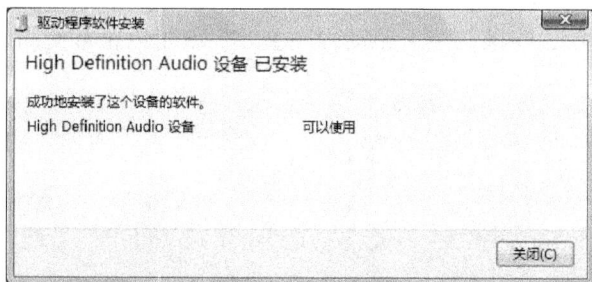

图 5.81　声卡驱动程序安装完毕

实训 5.7　打印机驱动程序的安装和打印机的使用维护

实训目的

掌握打印机驱动程序的安装设置方法和打印机简单的使用维护方法。

实训工具

一台计算机、一台针式打印机、一根并口线。

实训步骤

各种打印机驱动程序的安装设置方法大同小异，但使用维护方法各有不同，下面以针式打印机为例介绍打印机的安装与使用的方法。

图 5.82　并口线

（1）针式打印机的安装

1）使用时先用如图 5.82 所示的并口线将打印机和计算机连接在一起，并接上打印机电源。

2）在 Windows 窗口下单击"开始"，如图 5.83 所示，选择"控制面板"项，弹出如图 5.84 所示的窗口。

3）在此窗口中选择"打印机和其他硬件"选项，在弹出的窗口中选择"添加打印机"项，如图 5.85所示。

4）出现"添加打印机向导"对话框，如图 5.86 所示。

5）单击"下一步"按钮，选择"连接到此计算机的本地打印机"单选项，如图 5.87所示。

6）单击"下一步"按钮，检测打印机，如图 5.88 所示，然后再按照前面其他设备的驱动程序安装方法安装打印机的驱动程序即可。

图 5.83　选择控制面板

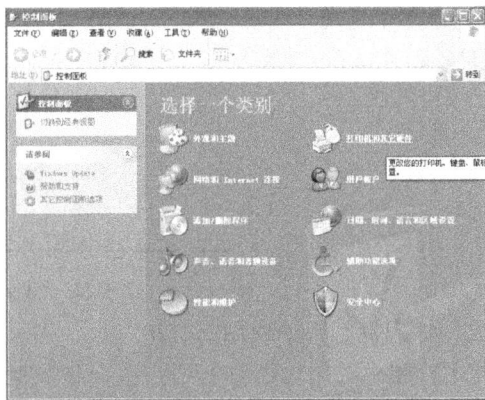

图 5.84　选择打印机和其他硬件选项

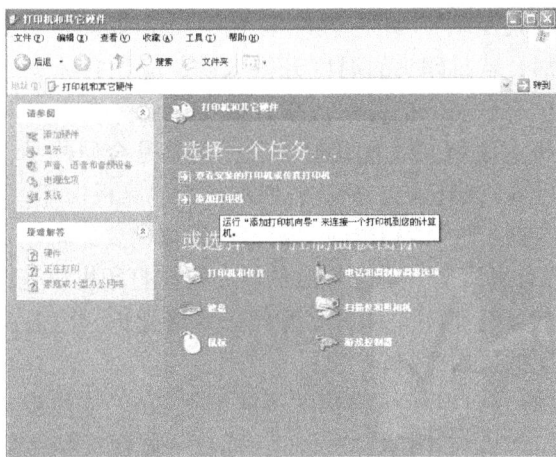

图 5.85　添加打印机

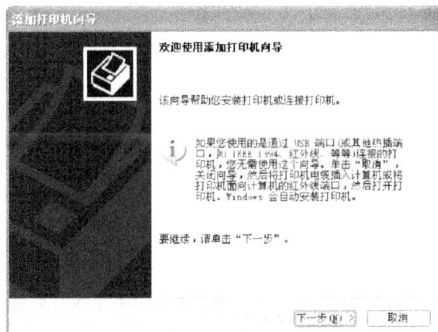

图 5.86　添加打印机向导

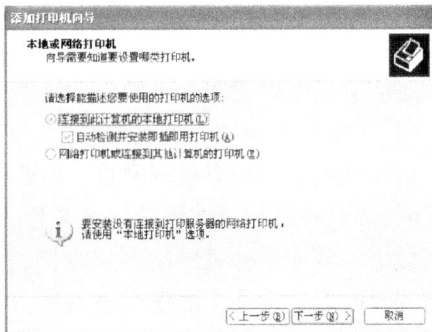

图 5.87　选择连接到此计算机的本地打印机

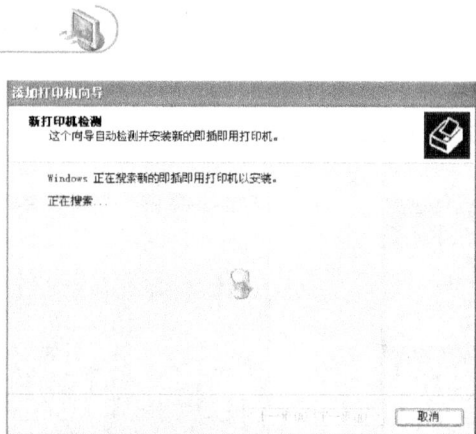

图 5.88　搜索打印机

（2）针式打印机的使用与维护

针式打印机的结构简单耐用，适合高强度打印，需要正确地使用与维护。

1）打印机必须放在平稳、干净、防潮、无酸碱腐蚀的工作环境中，并且应远离热源、震源和避免日光直接照晒。针式打印机工作的正常温度范围是 10 ～ 35℃（温度变化会引起电气参数的较大变动），正常湿度范围是 30% ～ 80%。要特别注意打印时的温度。打印一段时间后，若打印头的温度升得太高，应让它休息一会儿，以保护打印针。当然，有的打印机有自动保护功能，在打印头达到一定温度时，它会自动停止打印，待其冷却。打印机上面请勿放置其他物品，尤其是金属物品，如大头针、回行针等，以免将异物掉入针式打印机内，造成机内部件或电路板损坏。

2）定期用小刷子或吸尘器清扫机内的灰尘和纸屑，要经常用在稀释的中性洗涤剂（尽量不要使用酒精等有机溶剂）中浸泡过的软布擦拭打印机机壳，以保证良好的清洁度。打印头是打印机的关键部件，因此使用者要加倍爱护。注意调整纸厚调节杆，保持打印针与打印胶辊间的适当距离。

3）针式打印机并行接口电缆线的长度不能超过2m。各种接口连接器插头都不能带电插拔，以免烧坏打印机与主机接口元件，插拔一定要关掉主机和打印机电源，不要让打印机长时间地连续工作。

4）定期检查打印机的机械装置，检查其有无螺钉松动或脱落现象，字车导轨轴套是否磨损。输纸机构、字车和色带传动机构的运转是否灵活，若有松动、晃动或不灵活，则应分别予以紧固、更换或调整。

5）正确使用操作面板上的进纸、退纸、跳行、跳页等按钮，尽量不要用手旋转手柄。若发现走纸或小车运行困难，不要强行工作，以免损坏电路及机械部分。

6）要选择高质量的色带。色带是由带基和油墨制成的，高质量的色带带基没有明显的接痕，其连接处是用超声波焊接工艺处理过的，油墨均匀，而低质量的色带带基则有明显的双层接头，油墨质量很差。定期检查色带及色带盒，若发现色带盒太紧或色带表面起毛就应及时更换（注意色带的质量），否则色带盒太紧会影响字车移动，色带破损会在打印过程中出现打印针刮色带或刮纸现象，最终将打印针挂断。

7）打印头的位置要根据纸张的厚度及时进行调整。要根据所用纸的厚度调节打印纸厚调整杆。打印头与滚筒的间距过大会造成打印字迹太淡，且易断针；间隙过小，会因冲击力大而缩短色带和打印头的寿命。在打印中，一般情况不要抽纸，因为在抽纸的瞬间很可能刮断打印针，造成不必要的损失。

8) 针式打印机工作时，其打印头表面温度较高，不要用手随意触摸打印头表面。不要将手伸进打印机内，以免妨碍字车移动，甚至弄坏某些部件。

9) 应尽量减少打印机空转。许多用户在实际工作中，往往打开计算机主机即打开打印机，这既浪费了电力又减少了打印机的寿命，故用户最好在需要打印时再打开打印机。

10) 要尽量避免打印蜡纸。因为蜡纸上的石蜡会与打印胶辊上的橡胶发生化学反应，使橡胶膨胀变形。另外石蜡也会进入打印针导孔，易造成断针。

思考与练习

一、单项选择题

1. DOS 下安装 Windows 98 时使用的命令是 （　　　）。

　　A. Setup　　　　　　B. Run　　　　　　C. Winnt　　　　　　D. Edit

2. DOS 下安装 Windows XP 系列操作系统时使用的命令是 （　　　）。

　　A. Setup　　　　　　B. Run　　　　　　C. Winnt　　　　　　D. Edit

3. 以下 （　　　） 不是 Windows 2000 操作系统可访问的文件系统。

　　A. EXT2　　　　　　B. FAT16　　　　　　C. FAT32　　　　　　D. NTFS

4. DOS 是 （　　　） 操作系统。

　　A. 多用户多任务　　　　　　　　　　B. 多用户单任务

　　C. 单用户多任务　　　　　　　　　　D. 单用户单任务

5. Linux 操作系统使用的文件系统是 （　　　）。

　　A. FAT16　　　　　　B. FAT32　　　　　　C. EXT　　　　　　D. NTFS

6. DOS 下的分区命令是 （　　　）。

　　A. Format　　　　　　B. Quit　　　　　　C. Fdisk　　　　　　D. Del

7. 启动 Fdisk 程序，可对硬盘进行分区，以下关于 Fdisk 命令的说法正确的是 （　　　）。

　　A. 启动 Fdisk 对硬盘分区，无须有 Fdisk 这个命令

　　B. Fdisk 可用于建立基本 MS-DOS 分区和扩展 MS-DOS 分区

　　C. 改变一个分区的大小，不必先删掉这些分区

　　D. 如果不小心删掉了一个分区，有可能丢掉该分区上的所有数据

8. 在 Fdisk 中，要创建一个主分区需要选择的菜单是 （　　　）。

　　A. Create Primary DOS partition

　　B. Create Extended DOS partition

　　C. Create Logical DOS Drive (s) in the Extended DOS partition

　　D. Delete partition or logical DOS Drive

9. 执行 Fdisk 对一个新硬盘进行分区，应当选择 （　　　）。

　　A. Delete partition or Logical DOS Drive

B. Set active partition

C. Display partition information

D. Create DOS partition or Logical DOS Drive

10. 执行 Fdisk 查看硬盘的现行分区情况，应当选择（　　　）。

A. Delete partition or Logical DOS Drive

B. Display partition information

C. Create DOS partition or Logical DOS Drive

D. Set active partition

11. 执行 Fdisk 将 C 盘激活，应当选择（　　　）。

A. Display partition information

B. Create DOS partition or Logical DOS Drive

C. Set active partition

D. Delete partition or Logical DOS Drive

12. 在硬盘分区的 Fdisk 命令中，要删除原来的所有分区，应首先删除（　　　）。

A. 扩展分区　　　　　　　　　　　　B. 逻辑盘D、E、F 等

C. 主分区 C 盘　　　　　　　　　　　D. 非 DOS 分区

13. 在硬盘分区的 Fdisk 命令中，当创建了 C、D、E 逻辑盘后，为了能够引导操作系统，通常必须激活（　　　）。

A. A 盘　　　　　B. C 盘　　　　　C. D 盘　　　　　D. E 盘

14. 对于一块新购硬盘，建立分区的顺序是（　　　）；对于一块已用硬盘，根据当前的分区情况（有主分区、扩展分区和逻辑分区），删除分区的顺序为（　　　）。

A. 分区、扩展分区和逻辑分区

B. 逻辑分区、主分区和扩展分区

C. 逻辑分区、扩展分区和主分区

D. 主分区、逻辑分区和扩展分区

二、名词解释

1. 逻辑磁盘

2. 主分区

3. 扩展分区

4. 逻辑分区

5. 活动分区

三、简答题

1. 高级格式化的作用是什么？

2. 使用 Format 格式化的注意事项有哪些？

3. 如何安装打印机？

项目六

计算机常用应用软件

知识目标

- 了解常用应用软件的安装方法
- 了解系统优化软件的使用方法
- 了解磁盘操作工具软件的使用方法
- 了解病毒的防治方法

技能目标

- 能够熟练安装常见应用软件
- 能够使用系统优化软件提高系统工作效率
- 能够使用 Ghost 等软件备份重要文件及系统
- 至少掌握一种杀毒软件的使用方法

6.1 常用应用软件的安装

在计算机的使用过程中，用户通常都需要用 Office 系列软件协助办公；需要使用 Realplyer 等播放软件播放音频视频文件；上网浏览网页需要 IE 浏览器；修改图片需要 Photoshop 等图形处理软件……这些软件在使用之前都需要经过安装。

实训 6.1 Office XP 的安装

实训目的

通过安装 Office XP，掌握一般应用软件的安装方法。

实训工具

已安装好操作系统的计算机，Office XP 安装光盘。

实训步骤

（1）运行安装程序

插入 Office XP 的安装光盘后，如果用户的操作系统设置了"光盘自动运行"功能，则会自动开始安装过程；如果未设置"自动运行"功能，可选择"开始"→"我的电脑"，在出现的窗口中双击"CD 驱动器"图标，再双击"Setup. exe"图标。

这两种方法均弹出"Microsoft Office XP 安装"对话框，如图 6.1 所示。

图 6.1 启动安装程序

（2）填写个人信息

在弹出的对话框中，分别填写"用户名"、"缩写"和"单位"3个文本框，并输入产品密钥。完成后单击"下一步"按钮，如图6.2所示。

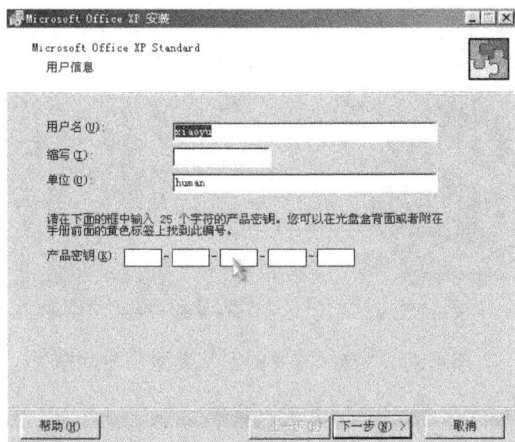

图6.2 填写用户名、单位及产品密钥等信息

（3）接受协议

在弹出的"最终用户许可协议"对话框中选中"我接受"复选框后，单击"下一步"按钮，如图6.3所示。

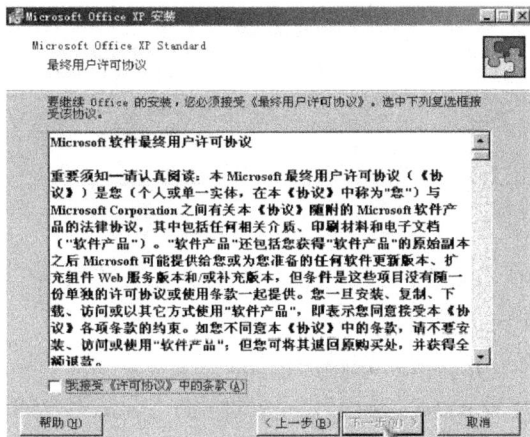

图6.3 "最终用户许可协议"对话框

（4）安装设置

1）在弹出的"选择需要的安装类型"对话框中，选择"自定义"单选按钮并设置好安装位置，然后单击"下一步"按钮，如图6.4所示。

2）在弹出的"选择要安装的应用程序"对话框中可根据用户的需要在窗口中选择要安装的应用程序，这里选中"为每个应用程序选择详细的安装选项"单选按钮，如图6.5所示，然后单击"下一步"按钮。

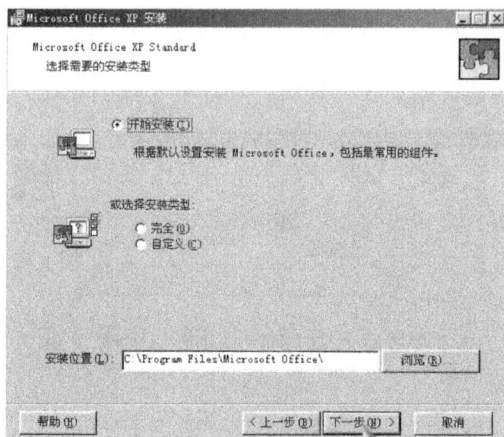

图 6.4 "选择需要的安装类型"对话框

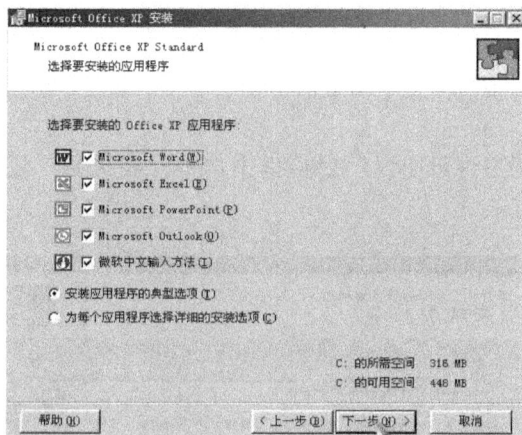

图 6.5 "选择要安装的应用程序"对话框

3）随后弹出"为所有 Office 应用程序和工具选择安装选项"对话框。该对话框中间的窗格是一个选项列表，如图 6.6 所示。

这里显示的是 Office XP 所有可选择的应用程序。

● Microsoft Word for Windows：Word 是字处理软件，是最普及的计算机软件之一。

● Microsoft Excel for Windows：Excel 电子表格软件在中国的普及程度仅在 Word 软件之后，但在国外的普及率却超过了 Word。

● Microsoft PowerPoint for Windows：PowerPoint 是演示文稿制作软件，可以用来发表讲演、作学术报告、介绍公司或学校情况，是非常优秀的软件。

● Microsoft Outlook for Windows：Outlook 是很强大的电子邮件管理软件，但国内的用户似乎更喜欢使用 Outlook Express 这个 Outlook 的简化版，也有许多用户选择其他专用的邮件管理软件。

● Microsoft Access for Windows：Access 软件是个功能很强的数据库软件，在生成分类检索表和数据关系管理上，它比 Excel 的功能强。

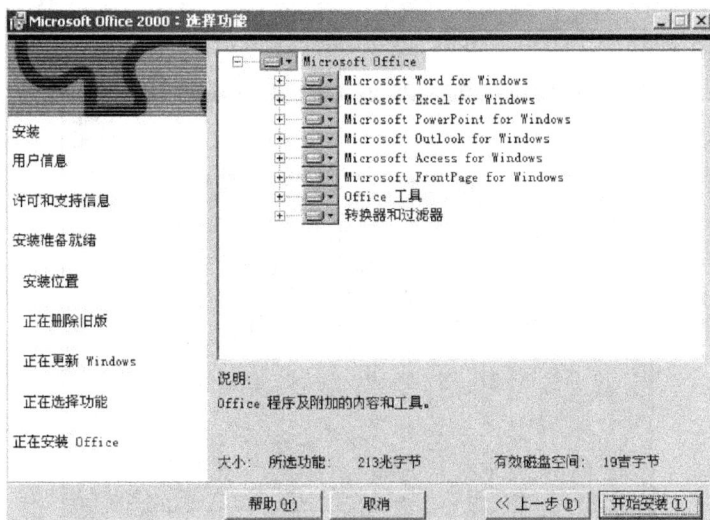

图 6.6 Office 下所有可选的组件对话框

- Microsoft FrontPage for Windows：FrontPage 是网页制作软件。
- Office 工具：其中包括公式编辑器、语言设置工具等十几个选项。
- Office 共享功能：其中包括中文可选用户输入法、转换器与过滤器、中文字体、校对工具等十几个选项，读者可根据情况自行选取这些选项。

4）将列表左侧的带有加号的方框展开，单击指向下方箭头的图标可显示下拉菜单，从中可以选择菜单下的各个模块。了解了各个图标的含义后，可以逐个打开各个程序，然后决定各个程序下子项的取舍。例如，对 Microsoft Word 程序进行如图 6.7 所示的选择。

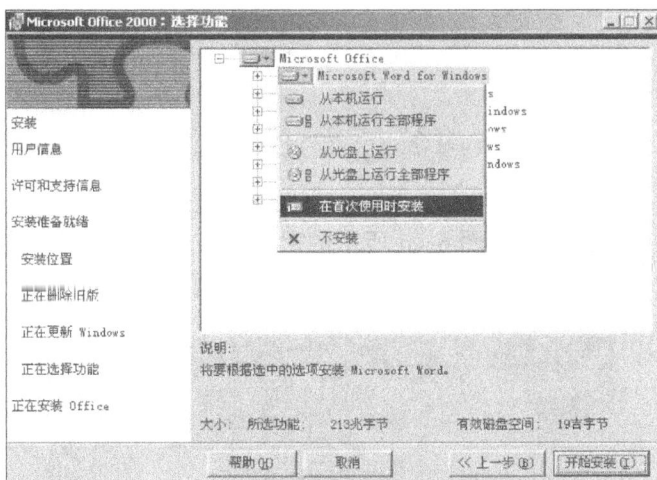

图 6.7 可选择的不同情况及其选项

5）依照用户的具体需求选择好需安装的项目后，单击"开始安装"按钮，在弹出的"开始安装"对话框中单击"安装"按钮进入安装进程，如图6.8所示。

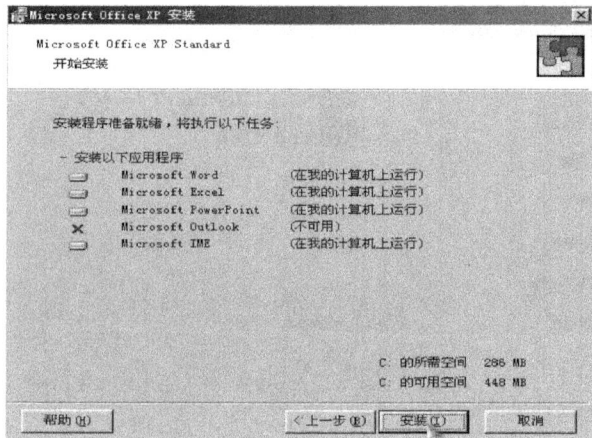

图6.8　"开始安装"对话框

（5）安装进程

这时会出现"正在安装Office"对话框，进程条显示目前已安装软件的百分比，如果这时想取消安装，则可单击"取消"按钮，如图6.9所示。

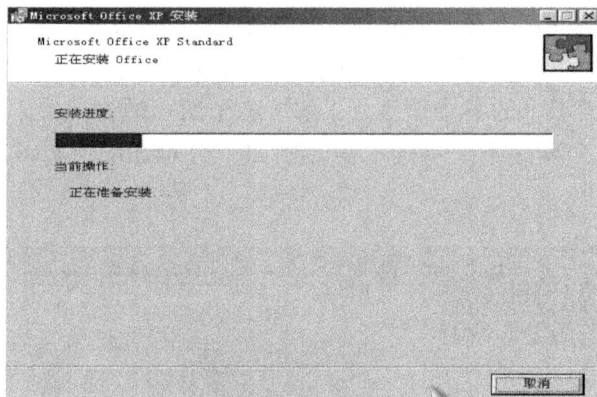

图6.9　显示安装进度的进度条

程序安装结束后，出现如图6.10所示的对话框。单击"确定"按钮，完成Office XP的安装。

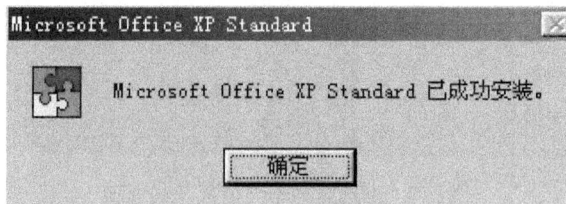

图6.10　完成安装对话框

6.2　系统优化软件的使用

使用优化软件可以提高系统的性能，超级兔子魔法设置是一个应用范围很广泛的系统优化软件，主要作用是可以方便快捷地修改 Windows 操作系统的某些设置和安全地维护 Windows 系统的正常运行。下面介绍的超级兔子魔法设置，给用户提供了一个非常好的优化方案。

1. 启动

启动超级兔子魔法设置 V7.93，如图 6.11 所示为超级兔子魔法设置的主界面。界面中主要包括"超级兔子"和"实用工具"里面的 16 个按钮。

图 6.11　超级兔子魔法设置主界面

2. 超级兔子清理王

利用超级兔子清理王可以轻松优化系统，清除硬盘与注册表中的垃圾，卸载各种顽固软件和 IE 插件，其中专业卸载可以完美卸载常见的广告软件和其他软件。此外，还可以下载升级系统补丁，如图 6.12 所示。

3. 超级兔子魔法设置

在此选项里主要包括以下 8 个功能，如图 6.13 所示。

1）启动程序：可自行添加或者删除自动运行的项目，把不必要的自动运行的程序禁止掉，从而达到优化系统的目的。

2）个性化：可设置输入法顺序、OEM 信息、外观（IE 背景图案及开机画面）、文件夹图标、光驱信息和键盘。

3）菜单：可设置开始菜单、添加菜单、关联菜单和打开方式等。

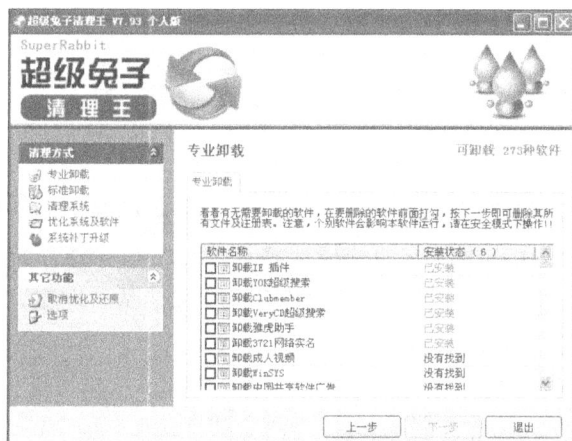

图 6.12 超级兔子清理王界面

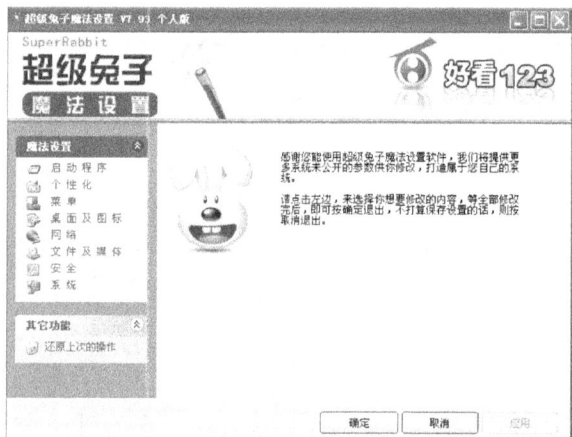

图 6.13 超级兔子魔法设置界面

4）桌面及图标：可设置桌面图标、系统图标、桌面墙纸及图标选项，方便快捷。

5）网络：可设置 IE 菜单，网卡地址及网络选项，方便用户根据网络使用实际情况来优化自己的网络，达到网络加速的目的。

6）文件及媒体：可对光盘、硬盘、U 盘进行相关设置。

7）安全：可设置用户密码及控制面板信息。

8）系统：可查看系统信息及系统文件夹的相关信息。

4. 超级兔子上网精灵

可以禁止 IE 广告、保护 IE 不被恶意网站修改，还可以禁止色情网站，对上网时间进行控制等一系列强大的 IE 控制功能，如图 6.14 所示。

5. 超级兔子安全助手

保护硬盘、文件夹及文件不让别人使用，或者删除顽固文件，另外，还可以隐藏磁盘，加（解）密文件，如图 6.15 所示。

图 6.14 超级兔子上网精灵界面

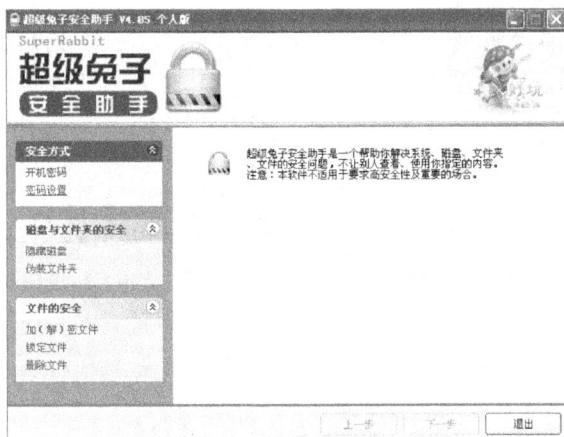

图 6.15 超级兔子安全助手界面

6. 超级兔子系统检测

超级兔子系统检测可以显示系统内软件、硬件的信息，还能对 CPU、显示卡的速度和键盘按键进行测试，如图 6.16 所示。

7. 超级兔子系统备份

每天自动备份注册表，即使启动失败也可恢复，如图 6.17 所示。

8. 超级兔子内存整理

为应用软件提供更多的可用物理内存，如图 6.18 所示。

9. 超级兔子快速关机

可以为 Windows 98/Me/2000 系统提供仿 XP 关机程序，如图 6.19 所示。

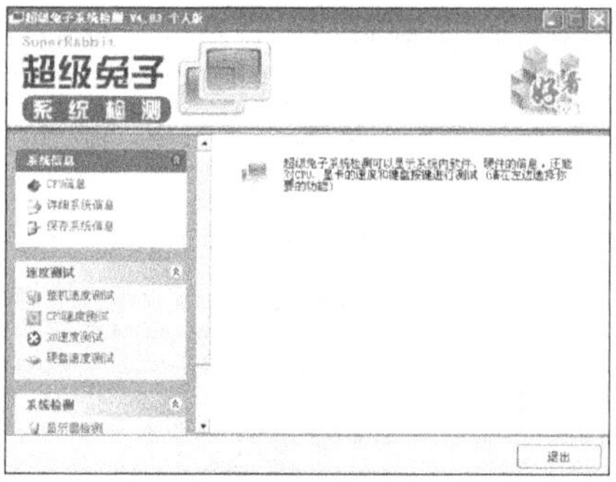

图 6.16　超级兔子系统检测

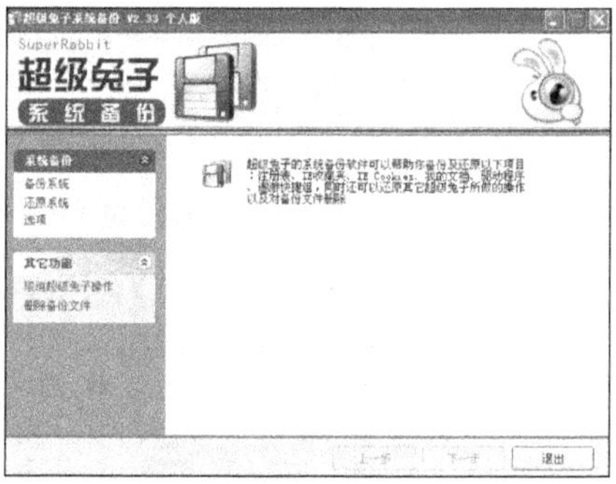

图 6.17　超级兔子系统备份

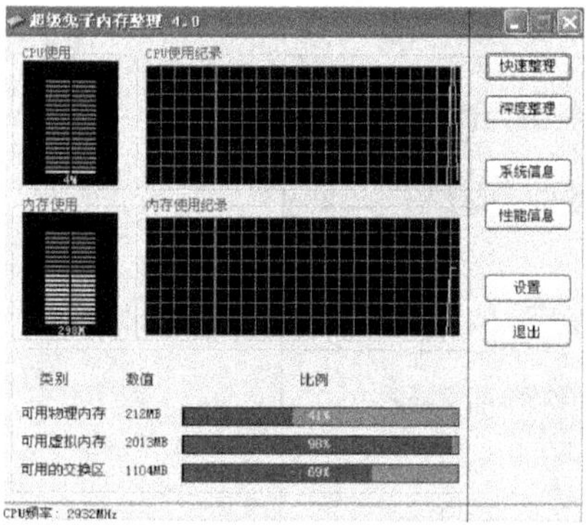

图 6.18　超级兔子内存整理

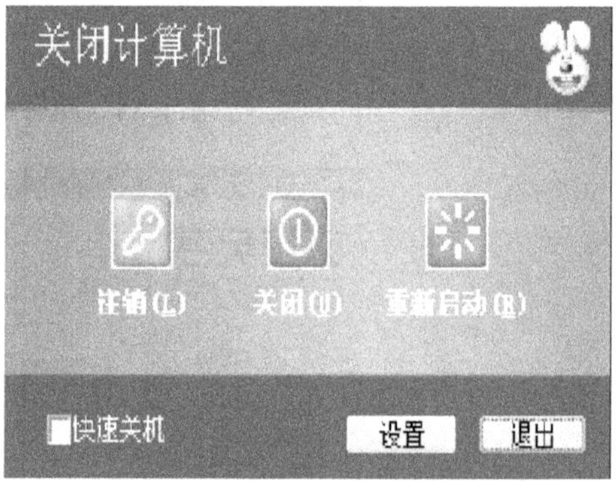

图 6.19　超级兔子快速关机

6.3　磁盘操作工具软件

6.3.1　磁盘操作工具软件简介

磁盘操作工具软件很多，其作用是对硬盘进行分区、格式化，对硬盘进行整理及修复等。下面简单介绍几个软件的功能。

1. Partition Magic

Partition Magic 的最大特点是允许在不损失硬盘中原有数据的前提下对硬盘进行重新设置分区、分区格式化及复制、移动、格式转换和更改硬盘分区大小、隐藏硬盘分区及多操作系统启动设置等操作。

2. Perfect Disk

Perfect Disk 可通过网络连线对远端计算机做硬盘或软盘进行重整。无论磁盘文件是 FAT 或是 NTFS 格式皆可以对磁盘文件格式进行分析，安全、快速地将硬盘或软盘不同磁区的文件和目录进行重整，保持硬盘或软盘文件的连续，使存取文件更加有效率。

3. Vopt XP

硬盘由于长时间安装软件或者删除文件变得零乱，这样不仅硬盘存取资料速度变慢，也会影响系统效率，虽可以利用 Windows 内附的磁盘整理程序来整理硬盘，但速度并不是很快，而 Vopt XP 可将分列在硬盘上不同扇区的文件快速和安全地重整，可以节省更多时间，Vopt XP 支持 FAT16 和 FAT32 格式及中文长文件名。

4. Bad Copy

Bad Copy 软件可以在不需要人工干预的情况下读出 CD-ROM 或磁盘上的坏文件。效果显著，还具有智能修复的功能，可以最大程度地挽回损失。Bad Copy 具有以下特别功能。

1）优化的算法，保证修复拯救数据更快、更全。

2）支持文件夹直接复制，甚至可以直接把整个逻辑盘完整地复制到另一个文件夹下。

3）可以自由定制 Bad Copy 的各项纠错参数，保证能高效、最大限度地挽救用户的宝贵数据。

4）可以直接对隐含或系统文件进行操作。

5）文件操作安全性较强，具有危险操作先行提示，可以避免不必要的损失。

6）可以直接在 Bad Copy 里面运行或打开程序。

6.3.2 磁盘操作工具软件 Ghost

Ghost 是由 Symantec 公司生产的一种硬盘镜像软件，功能强大，应用广泛。下面将具体介绍一下它的功能。

1. 硬盘间的复制

有些用户可能遇到这种情况，当有两个容量一致的硬盘时，其中一个有可以正常运行操作系统，另一个则为空盘，那么无需在第二块硬盘上安装 Windows 98，只需要使用 Ghost 在很短的时间内就可以完成这项工作。

首先将两块硬盘安装在同一个机器上，设好主从状态，在 DOS 状态下（有些时候，Ghost 也可以在 Windows 98 下运行，但为了防止意外的情况发生，建议运行在 DOS 环境下）运行 Ghost，然后依次选择 Local→Disk→To Disk 项，此时 Ghost 就会显示有两个磁盘的情况，单击第一个磁盘（原盘容量较小），按 Ghost 提示进行确认，然后再单击第二个磁盘（目标盘），再进行确认之后 Ghost 就开始复制工作。屏幕上方将有蓝色进度条显示其进行的状态，一般 1 GB 左右的数据在 10 分钟左右就可以完成。

对于不同容量的两个硬盘，这个方法只能使用在从小硬盘复制到大硬盘之上，反之则不行。进行复制后的大硬盘，还可以通过分区软件来将剩余的空间找出来（因为 Ghost 会将剩余的空间作为空闲处理）。对于其中有坏道的硬盘来说，这种复制操作后，系统运行会变得不稳定，所以要加以注意。

2. 从硬盘到镜像

有的用户手中可能有闲置的硬盘，这样就可以使用它来备份用户使用中硬盘的数据。安装两个硬盘在一台机器上，运行 Ghost，选择 Local→Disk→To Image 项，此时 Ghost 就会显示两个磁盘的情况，然后选定要备份的硬盘，再选定镜像文件放置在什么位置（往往是第二块硬盘的某一个目录中，目录要事先建立好）然后在屏幕下端的提示栏中输入一个名字，比如 DISKIMG，再按 Enter 键，就可以进行备份的工作了，同样有一个进度条演示进度过程。

3. 从镜像恢复到硬盘

经过了上一步骤的备份之后，如果硬盘坏了，就可以拿出备份的硬盘，安装在同一机器上，使用系统盘启动（软盘也可）运行 Ghost，然后依次选择 Local→Disk→From Image 项，再选择所备份的镜像文件存放的位置，然后指定要向哪一块硬盘恢复。确认之后，恢复工具就开始工作了，庞大的系统将会在十几分钟内完成恢复。

4. 从分区到分区

如果有两个不同的硬盘，想拥有相同的系统和工具软件，但其他的分区不同。这样的工作也可以通过 Ghost 来完成。

首先将两块硬盘安装在同一机器上并运行 Ghost。依次选择 Local→Partition→To Partition 项，然后选择原分区（因为是安装了两个硬盘，所以分区可能会非常多，因此在此处一定要弄清两块硬盘的分区排列顺序，是交错的还是顺序的），确认后再选择目标分区（第二块硬盘的第一个分区）。确认之后，Ghost 就开始工作了，进度条可以显示工作的进程。待处理完毕之后，就有两块都可以启动的硬盘了。请注意，因为是分区的复制，所以此处要求两个硬盘进行复制的分区必须大小一致，如果不一致，目标盘的其他分区将被删除。

5. 从分区到镜像

这个功能可以说是最常用的功能了，也就是备份操作系统的操作。如今的用户硬盘都比较大，这样就会有多个分区，又因为习惯上的原因，C 盘往往都安装着操作系统和一些常用的工具。所以这个功能无需第二块硬盘，只要将镜像放在其他分区中即可。

6. 从镜像恢复分区

如果操作系统损坏了或有系统文件发生了错误，只要有 Ghost 就再也不用费劲地重新安装操作系统了，只要按下列方法操作即可。

运行 Ghost，依次选择 Local→Partition→From Image 项，选定备份文件的存放位置（Ghost 的扩展名为 .gho）。然后选定要恢复的分区（这往往是硬盘的第一个分区），确定后，Ghost 就开始恢复工作了，系统即可完全恢复。

因为 Ghost 备份时使用的是原有系统，所以建议在备份之前一定要保证操作系统的完整性，以及所使用软件的完整性，清理好回收站，安装好各个设备的驱动程序，再进行备份。另外在恢复备份之前也别忘了备份用户近一段时间的重要数据，因为 Ghost 的镜像中不包括这些。

7. 检查功能

Ghost 还具有检查功能，可以检查镜像文件及磁盘的工作状态是否良好，这些功能应用的场合不太多，这里就不介绍了。

实训 6.2　使用 Norton Ghost 8.0 备份磁盘分区的数据

实训目的

掌握使用 Norton Ghost 8.0 备份磁盘分区的数据的方法。

实训工具

一台计算机，一张复制有 Ghost 的启动盘。

实训步骤

1）用复制有 Ghost 的启动盘启动电脑，进入 DOS 命令下，启动 Ghost 程序，在菜单中选择 Local→Partition→To Image 命令，弹出如图 6.20 所示的对话框。

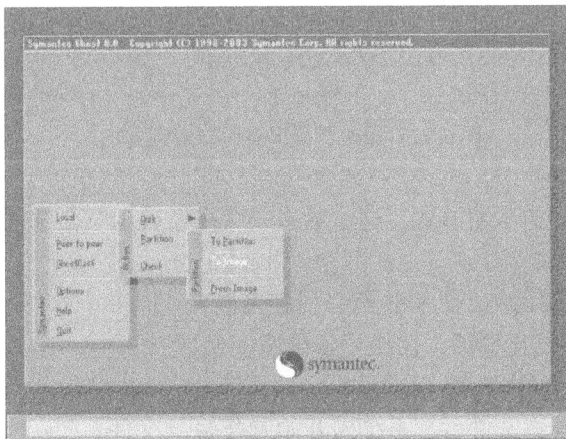

图 6.20　"磁盘分区备份"对话框一

2）现在可以选择对哪块硬盘进行操作，在这里介绍的是本机的单个硬盘，选定硬盘的第一个分区 C 盘，即系统盘后，单击 OK 按钮，如图 6.21 所示。

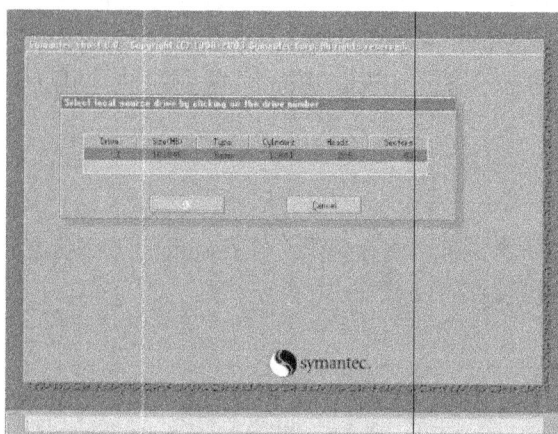

图 6.21　"磁盘分区备份"对话框二

3）选择把镜像文件存放在硬盘的哪个分区里，及如何给现在的镜像文件命名，这里将 C 盘克隆成镜像文件，命名为 winxp，并且将其存放在 D 盘里，然后单击 Save 按钮，如图 6.22 所示。

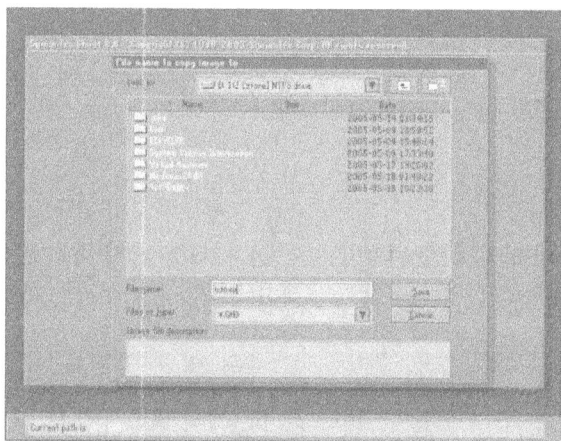

图 6.22　"磁盘分区备份"对话框三

4）选择镜像文件的压缩方式，这里给出三个按钮表示三个选项。

- No：表示不压缩。
- Fast：表示压缩比例小，而执行备份速度较快。
- High：表示压缩比例高，但执行备份速度相当慢。

单击 High 按钮，如图 6.23 所示。

5）在确认制作镜像文件后，系统即开始制作镜像文件，Ghost 备份的速度相当快，一般几分钟就完成了，然后系统会把克隆好的 winxp. gho 储存在设定的目录中，即存放在 D 盘里，如图 6.24 所示，这样分区备份就完成了。

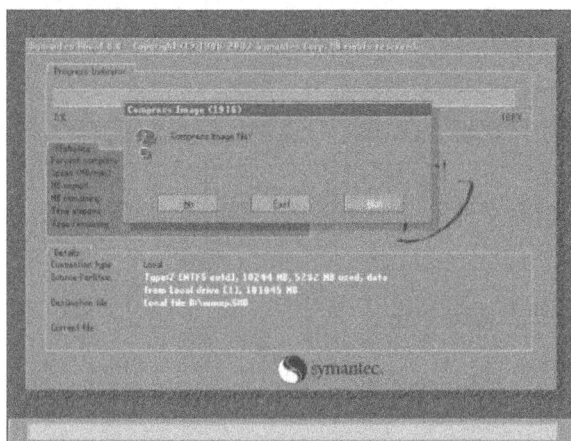

图 6.23 "磁盘分区备份"对话框四

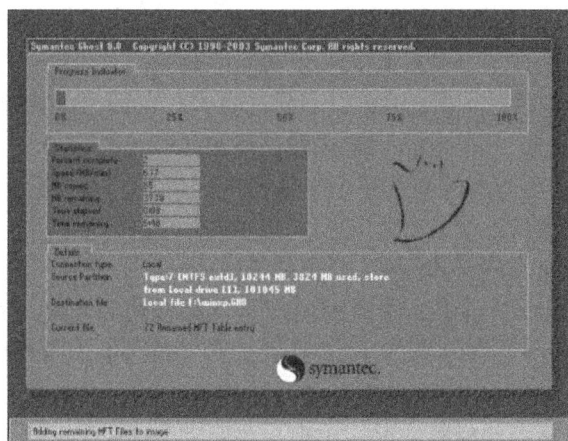

图 6.24 "磁盘分区备份"对话框五

6.4 病毒防治

6.4.1 病毒的特点

随着 Internet 的迅速发展，计算机病毒的产生和传播速度十分惊人，是目前造成计算机系统出现故障的重要原因之一。计算机病毒实际上是一种计算机程序，它们寄生在其他文件中，而且会不断地自我复制并传染给别的文件，对计算机硬件系统、软件系统和数据都具有极大的破坏性。计算机病毒具有传染性、隐蔽性和破坏性三个主要特点。

传染性：这是病毒的基本特征。计算机病毒也会通过各种渠道从已被感染的计算机扩散到未被感染的计算机，在某些情况下造成被感染的计算机工作失常，甚至瘫痪。

隐蔽性：病毒通常附在正常程序中或磁盘较隐蔽的地方，也有个别的以隐藏文件的形式出现，目的是不让用户发现它的存在。而且受到传染后，计算机系统通常仍能正常运行。正是由于这种隐蔽性，计算机病毒得以在用户没有察觉的情况下扩散到上百万台计算机中。

破坏性：任何病毒只要侵入系统，都会对系统及应用程序产生不同程度的影响。轻者会降低计算机工作效率，占用系统资源，重者可导致系统崩溃。特别是一些恶性病毒，会破坏数据、删除文件，或加密磁盘、格式化磁盘，有的还会对数据造成不可挽回的破坏。

6.4.2　如何判断计算机已感染病毒

计算机受到病毒感染后，会表现出不同的症状，下边把一些经常碰到的现象归纳起来，有如下一些方面。

1）计算机不能正常启动。加电后计算机根本不能启动，或者可以启动，但所需要的时间比原来的启动时间长了，有时还会突然出现黑屏现象。

2）运行速度降低。如果发现在运行某个程序时，读取数据的时间比原来长，存文件或调文件的时间都增加了，就可能是由于病毒造成的。

3）磁盘空间迅速变小。由于病毒程序要进驻内存，而且又能繁殖，因此使内存空间变小，甚至变为"0"，用户什么信息也读进不去。

4）文件内容和长度有所改变。一个文件存入磁盘后，本来它的长度和其内容都不会改变，可是由于病毒的干扰，文件长度可能改变，文件内容也可能出现乱码。有时文件内容无法显示或显示后又消失了。

5）经常出现"死机"现象。正常的操作是不会造成死机现象的，即使是初学者，命令输入不对也不会死机。如果机器经常死机，那可能是由于系统被病毒感染了。

6）外部设备工作异常。因为外部设备受系统的控制，如果机器中有病毒，外部设备在工作时可能会出现一些异常情况，出现一些用理论或经验说不清道不明的现象。

7）上网时莫名其妙弹出一些奇怪的网页；主页被修改；游戏账号、QQ 账号密码丢失；系统自动往外发邮件。有些病毒甚至会自动去拨号上网。

8）不能查看隐藏文件，不能进安全模式。在任务管理器里能看到一些莫名其妙的进程。

9）某些应用程序突然遭到破坏，一些数据文件遭到破坏。

10）屏幕上出现异常图形、异常提示，或出现异样的亮点，有时会出现异样的雪花点。

6.4.3　计算机病毒的防治

为了尽量减少计算机病毒对计算机系统的侵害，应该遵循以下原则来防治计算机病毒。

1. 预防

1）安装杀毒软件、防火墙，经常更新病毒库，定期查杀病毒。

2）经常下载系统更新程序，打好补丁。

3）对重要的数据进行备份，一旦文件受到损坏，可以及时将它恢复。

4）不滥用来历不明的磁盘；尽量做到专机专用，专盘专用；不做非法的复制、安装。

5）慎用网上下载的软件。Internet 是病毒传播的一大途径，对从网上下载的软件最好检测后再用。不要阅读陌生人发来的电子邮件。

总的来说，就是要立足于预防，切断病毒传染的一切可能的途径。

2. 杀毒

如果病毒已经侵入了计算机系统，应该及早检测并在它扩散之前将已感染的文件清除。也就是说，在发现病毒的迹象时及时采取措施。如果病毒已经传播开来，可以通过重新格式化硬盘的方法来将它清除，或者运行行之有效的杀毒软件。

要完全避免计算机病毒是非常困难的，但是可以通过采取防范措施，将它的危害控制到尽可能小的程度。

3. 杀病毒软件简介

市场上的杀毒软件很多，比较著名的国产杀毒软件有：金山毒霸、瑞星杀毒软件、江民 KV 杀毒软件；国外软件有：卡巴斯基杀毒软件、诺顿杀毒软件。另外，如果计算机上网，可以使用防火墙拦截网络攻击。

实训 6.3　使用瑞星杀毒软件下载、安装 Windows 补丁

实训目的

使用瑞星杀毒软件扫描系统漏洞，并从 Internet 下载相关的 Windows 系统补丁程序，并进行安装。

实训工具

一台可以连网、并安装了瑞星杀毒软件的计算机

实训步骤

（1）使用瑞星杀毒软件对 Windows 系统进行漏洞扫描

1）首先启动计算机，并运行瑞星杀毒软件程序，选择"工具"栏中的"漏洞扫描"项，如图 6.25 所示。使用鼠标单击"漏洞扫描"中的"运行"项，如图 6.26 所示。

2）开始扫描计算机系统的漏洞，方法是用鼠标单击图 6.26 下端的"开始扫描"链接即可，图 6.27 所显示的是漏洞扫描的结果。

3）下一步是对发现的安全漏洞进行详细查看。方法是使用鼠标单击"发现的安全漏洞"后的"查看详细"链接，单击以后出现如图 6.28 所示的对话框。

4）在如图 6.28 所示漏洞前的复选框中打对勾，并单击"修复选择的漏洞"链接，

就会出现安全漏洞的详细信息和补丁的下载地址，如图 6.29 所示。

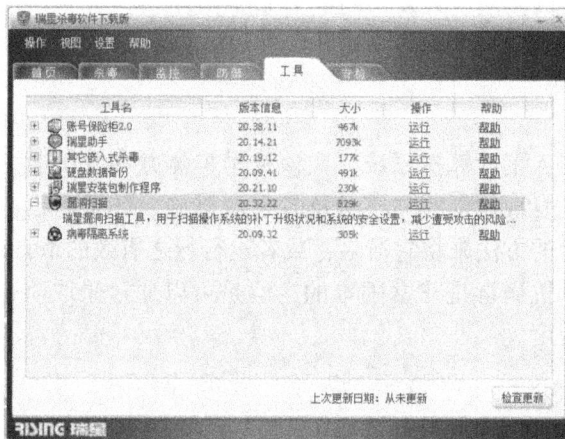

图 6.25　漏洞扫描所在位置

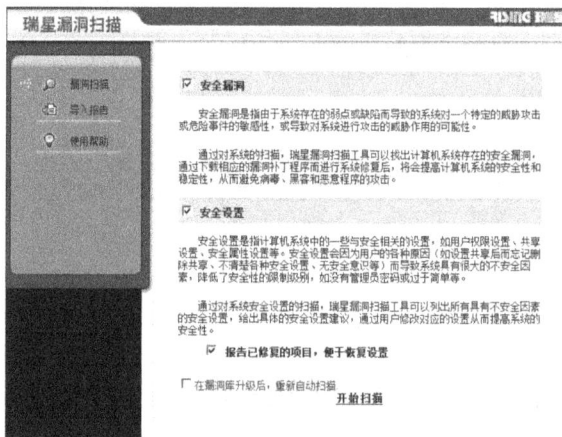

图 6.26　运行漏洞扫描

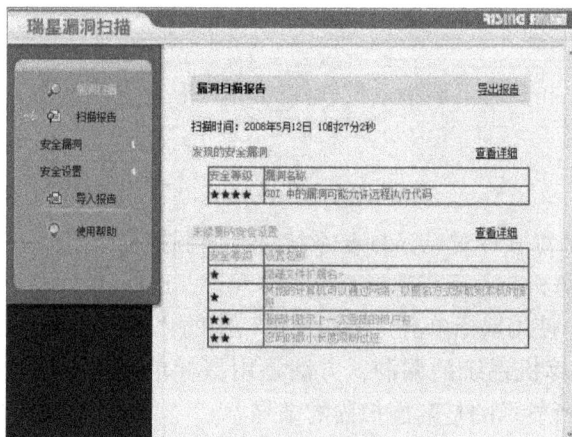

图 6.27　漏洞扫描的结果

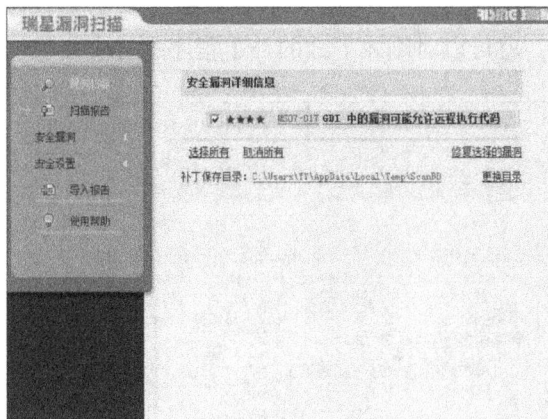

图 6.28　查看漏洞的详细信息

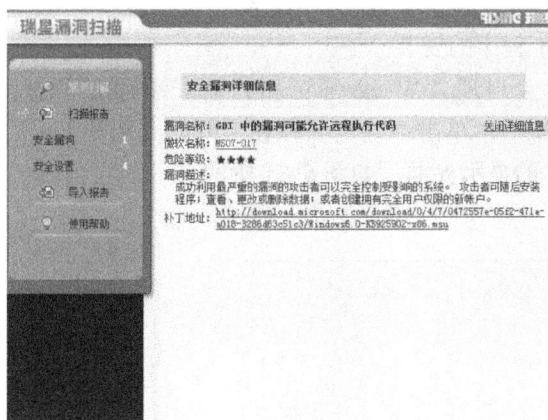

图 6.29　显示漏洞补丁的下载地址

（2）Windows 补丁程序的下载

1）在图 6.29 中，使用鼠标单击补丁地址，自动弹出文件下载的对话框，如图 6.30所示。单击"保存"按钮，并选择补丁程序的存储路径，接下来计算机就开始下载补丁程序了。

图 6.30　"文件下载"对话框

2) 待补丁程序下载完毕后，会弹出"下载完毕"对话框，如图 6.31 所示。用鼠标单击"打开"按钮，就可以对刚才下载的补丁程序进行安装了。

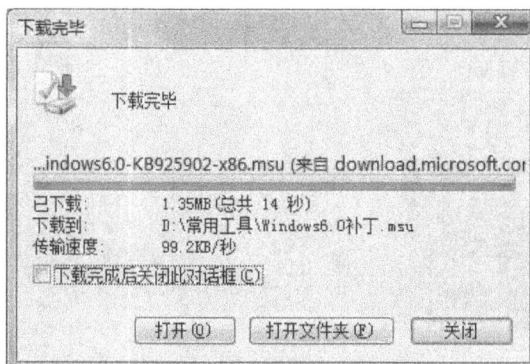

图 6.31　"下载完毕"对话框

（3）Windows 补丁程序的安装

1) 打开补丁后，会出现"Windows 更新独立安装程序"对话框，稍等片刻，如图 6.32所示。更新完毕后，单击"确定"按钮，开始安装补丁，如图 6.33 所示。

2) 正在安装补丁的显示界面，如图 6.34 所示。

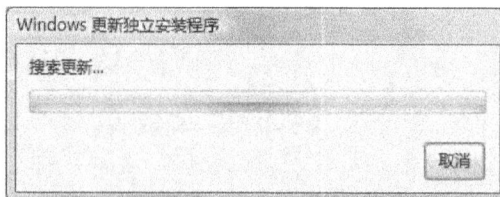

图 6.32　更新程序

图 6.33　确定安装

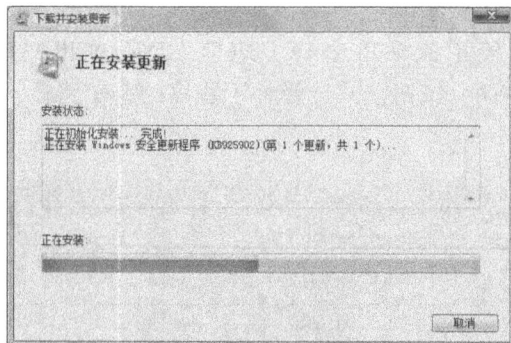

图 6.34　安装更新界面

3) 直到正在安装的进度条达到 100% 后，安装完成，如图 6.35 所示。最后单击"立即重新启动"按钮，重启计算机后补丁安装更新生效。

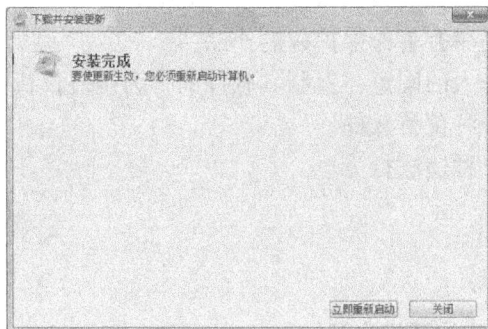

图 6.35 安装完成

思考与练习

一、单项选择题

1. Ghost 属于常用的（　　）软件。

    A. 数据备份与还原B. 杀毒软件　　　C. 系统优化软件　　D. 硬件测试软件

2. 以下（　　）属于常用的系统优化软件。

    A. 超级兔子　　　　　B. WinZip　　　　　C. Photoshop　　　　D. 东方影都

3. 以下（　　）属于常见的视频文件格式。

    A. BMP　　　　　　　B. MIDI　　　　　　C. MP3　　　　　　　D. AVI

4. 使用 Ghost 进行硬盘分区复制时，下列叙述错误的是（　　）。

    A. To Partition Magic 表示将一个分区的数据复制到另一个分区

    B. To Image 表示将一个分区的数据复制到一个磁盘文件

    C. From Image 表示将一个 Image 文件的数据恢复到一个分区上

    D. 选择 Local Check 表示要对硬盘检查病毒

5. 瑞星属于（　　）软件。

    A. 办公软件　　　　B. 整机性能测试　　C. 杀病毒　　　　　D. 影视播放

6. 计算机病毒是一种（　　）。

    A. 特殊的计算机部件　　　　　　　　B. 游戏软件

    C. 人为编制的特殊程序　　　　　　　D. 能传染的生物病毒

7. 计算机病毒按破坏性一般分为（　　）。

    A. 恶性病毒和良性病毒　　　　　　　B. 操作系统病毒和文件病毒

    C. 文件型病毒和木马程序　　　　　　D. 人为病毒和机器病毒

8. CIH 病毒攻击的目标是（　　）。

    A. BIOS　　　　　　B. CPU　　　　　　C. 内存　　　　　　D. 操作系统漏洞

9. 防止软盘感染计算机病毒的一种有效的办法是（　　）。

    A. 对软盘加上写保护　　　　　　　　B. 使软盘远离磁场

    C. 定期对软盘格式化处理　　　　　　D. 不与有病毒的软盘放置在一起

10. 下列关于计算机软件版权的叙述，不正确的是（　　　）。

　　A. 计算机软件是享有著作保护权的作品

　　B. 未经软件著作人的同意，复制其软件的行为是侵权行为

　　C. 盗版软件是一种免费软件

　　D. 盗版软件是一种违法行为

二、简答题

1. Ghost 有哪些功能？

2. 用户应该怎样预防计算机病毒？

项目七

计算机日常维护与故障的处理

知识目标

- 了解计算机的维护与保养方法
- 了解计算机故障的处理思路与方法
- 掌握计算机的检修流程
- 掌握计算机常见故障的产生原因和解决方法

技能目标

- 养成正确使用计算机的习惯
- 掌握计算机各配件的清洁方法
- 能够利用计算机故障的检测方法查找故障
- 熟悉计算机的启动过程并根据出现的提示信息判断故障所在
- 掌握最常见故障的排除方法

7.1 计算机的维护与保养

在使用计算机的过程中，由于工作环境和使用方法不当，也会导致一些部件不能正常工作，或加速老化。如何保养和维护计算机，最大限度地延长计算机的使用寿命，这是用户非常关心的问题。以下介绍最基本的计算机维护方法和使用注意事项。

7.1.1 计算机的使用环境

1. 温度与湿度的要求

计算机理想的工作温度应在 10 ~ 35℃，温度过高或者过低都会影响配件的寿命。相对湿度应为 30% ~ 80%，太高会影响计算机的性能发挥，甚至会引起短路。例如，天气较为潮湿时，最好每天都使用计算机或使计算机通电一段时间，如果显示器或机箱表面有水汽，这时绝对不能给计算机通电；而湿度太低则会产生静电。

2. 防静电

静电有可能造成计算机芯片的损坏，为防止静电对计算机造成损害，在打开计算机机箱前应用手接触可以放电的物体，将自身的静电释放后再接触计算机的配件。

3. 清洁的环境

灰尘对计算机的性能和寿命有一定的影响，附着了灰尘的元器件往往会出现接触不良，散热慢等情况。计算机大部分故障都是由于灰尘引起的。计算机应该在干净、少灰尘的地方使用，定期清洁，要时刻保持键盘、鼠标、显示器和机箱的干净整洁。如果机箱、键盘、鼠标和显示器上有灰尘，应该用清水或中性洗洁剂及时擦洗，在擦洗时要防止污水流入机箱内。

4. 防止震动

震动会造成计算机中部件的损坏（如硬盘的损坏或数据的丢失等），因此计算机不能工作在震动很大的环境中，如确实需要，应考虑安装防震设备。

5. 防止电磁干扰

计算机应在无磁场的环境中工作。磁场会破坏硬盘上的数据，会使 CRT 显示器产生抖动、花斑。例如，音像中往往含有磁铁，在摆放时要注意远离主机和显示器。

6. 电源的稳定性

计算机对电源同样也有要求。交流电正常的范围应在 220 V（1±10%），频率范围是 50 Hz（1±5%），并且应具有良好的接地系统。如果可能，使用 UPS 来保护计算机，当断电时，UPS 电源可以继续供电，而不至于突然关机造成对配件的损坏。

7.1.2 计算机的使用习惯

1. 开、关机注意事项

良好的个人使用习惯对计算机的寿命影响也很大，首先是要正确开关机。

正确的开机顺序是，先打开外设（如打印机，扫描仪等）的电源，还要打开显示器电源，然后再打开主机电源。关机顺序刚好相反，先关闭主机电源，再关闭外设电源。其目的是尽量减少对主机的损害，因为在主机通电的情况下，关闭外设的瞬间，对主机产生的冲击较大。

关机后一段时间内，最好不要频繁地开关机，因为这样对各配件的冲击很大，尤其是对硬盘的损伤更为严重。一般关机后距离下一次开机的时间至少应为 10s。特别要注意当计算机工作时，应避免进行关机操作，如机器正在读写数据时突然关机，很可能会损坏驱动器（硬盘、软驱等）。

2. 搬动时的注意事项

不能在计算机工作时搬动机器。当然，即使计算机未工作时，也应尽量避免频繁搬动计算机，因为过大的振动会对硬盘等配件造成损坏。

另外，关机时必须先关闭所有的应用程序，再按正常的顺序退出，否则就有可能造成应用程序损坏，文件丢失。

实训 7.1 计算机的清洁

实训目的

掌握计算机主机内部、显示器、键盘、鼠标的基本清洁技巧。

实训工具

计算机一台，清洁工具如图 7.1 所示分别是吹风机、显示器屏幕清洁剂、清洁布、扁毛刷、毛刷、板卡清洗液。

实训步骤

（1）拆卸主机

在清洁时要先去除静电，将电源断开，然后将各种外设的连线拆下，将机箱后面

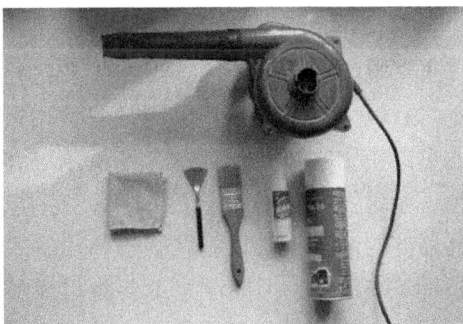

图 7.1 清洁工具

固定机箱侧挡板的几颗螺钉拧下，将两侧挡板拆下。然后依次将光驱、软驱、硬盘、电源等配件卸下来，再把显示卡、内存条等主板上的插卡全部拔下来。将CPU和CPU散热器保留在主板上，最后将主板也拆下来。

（2）清洁机箱风扇

现在的机箱一般都有前面板风扇，先将此风扇拆下来，并将整块前面板也取下来。此时可以用抹布抹去风扇进风口的灰尘，对于小孔中的灰尘可以用刷子进行解决。对于机箱的前面板及左右两块大挡板，由于它们裸露在外面，也很容易脏，如果用湿毛巾不能将外面的污渍擦掉，可以喷一点计算机外壳专用"清洁剂"，然后用抹布抹掉就行了。

如今的机箱一般都有一个甚至多个机箱面板风扇，比如前面板上有一个向机箱内吸风的风扇，后面板上有一个向机箱外抽风的风扇，在清洁机箱中最难处理的就是拆下来的面板风扇。首先用刷子将风扇叶片上的灰尘刷掉，如图7.2所示。然后用抹布细擦，对于风扇叶片可以用抹布沾一点清洁剂来进行擦洗。

目前所采用的机箱散热风扇其轴承主要有油封轴承、单滚珠轴承等几种，其中最常见的就是油封轴承。风扇的轴承中都需要使用润滑油，而风扇使用了较长时间后，由于润滑油的挥发，而导致风扇工作噪声的增大，在清洁风扇的时候建议给风扇轴承加一点润滑油。

撕开风扇正中央的标签就能看到风扇电动机的轴承，如图7.3所示。好一点的风扇会用一个橡胶垫封住轴承，此时可以将橡胶垫取下，然后向轴承内滴加润滑油，再将橡胶垫和标签贴上去即可。给风扇添加润滑油时，要控制好分量，切莫过多。

图7.2 使用毛刷清洁风扇

图7.3 撕开标签的风扇

（3）清洁电源

由于电源的特殊结构，清洁起来比较麻烦。首先要清洁风扇，将固定风扇的螺钉拧下之后就可以将风扇从电源盒里拿出来，用毛刷清洁，如图7.4所示，清理不到的地方可以使用吹风机，如图7.5所示。在拆风扇的时候一定要注意风扇的正反方向，以免还原时将方向搞错了。在清除完灰尘之后，给风扇加点润滑油。至于电源内电路板上元器件的清洁，就只能靠刷子和棉签了。电路板也是由4颗螺钉固定的，可以将电路板拆下来清洁，但要注意不要将里面的线弄断了，如图7.6所示，在实际操作过程中，最好能用吹风机配合刷子工作。在清洁电源内部的元器件时，不能用湿抹布擦拭元器件，以免导致电路短路。

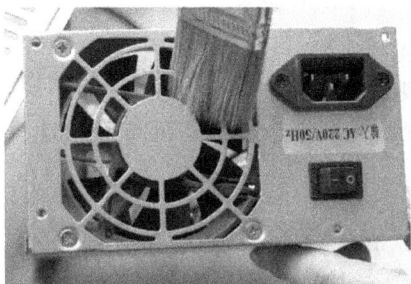

图 7.4   使用毛刷清洁电源风扇

图 7.5   使用吹风机清洁电源风扇

（4）清洁 CPU 散热器

CPU 散热器是主机内最脏的部件，清洁时，不仅要清除风扇叶片上的灰尘，而且还要将散热片片缝中的灰尘清除掉，否则会严重影响散热效果。CPU 风扇一般是用螺钉固定在散热片上的，因此在清洁散热器时，可以将固定风扇的 4 颗螺钉拧下来，使风扇和散热片分离之后再分别处理。按照前面的方法清洁风扇。散热片可以用刷子刷，如图 7.7 所示。也可以直接用自来水冲洗上面的灰尘，晾干之后再将风扇装上即可。

图 7.6   清洁电源内部

图 7.7   使用毛刷清洁散热片

（5）清洁内存及板卡

在显示卡、声卡、内置调制解调器等板卡中，因为显示卡上往往有散热片和风扇，其清洁工作比较麻烦，如果用户的显示卡风扇也是用螺钉固定在散热片上的，建议将风扇拆下来，然后再分别清洁风扇与散热片。利用刷子、纸巾等工具清除掉板卡上的灰尘之后，使用橡皮擦来回擦拭板卡的"金手指"，如图 7.8 所示，直到其发光为止。凡是有"金手指"的板卡（包括内存条），都建议用橡皮擦进行上述清除，这样能防止这些板卡因接触不良而出现一些莫名其妙的问题。

（6）清洁主板

在清洁主板的时候，要先把 CPU 上的散热器取下来，但不要把 CPU 取下来，否则在打扫灰尘时一旦让那些比较大的灰尘颗粒落到 CPU 插槽的针孔里，后果将不堪设想。主板上一般有两个部位灰尘比较多：一个是 CPU 插座附近；一个是 PS/2 和 COM 接口所在的部位。前者因为 CPU 风扇的缘故，很多颗粒较大的灰尘会落在 CPU 附近的电容上；后者因为露在机箱外面，接口与接口之间会有很多灰尘，不过这些灰尘都很好清除，用刷子就能刷干净，如图 7.9 所示。

需要注意的是在清除主板上的灰尘时，刷子的刷毛一定要柔软，刷的时候动作要轻，边刷边用皮老虎吹。如果用电吹风吹，一定要调到冷风挡。如果必要还可以使用板卡专用清洁液。

图 7.8　使用橡皮清洁板卡"金手指"　　　　图 7.9　使用毛刷清洁主板

（7）清洁驱动器

光驱是一个比较容易受灰尘袭击的配件，灰尘进入光驱内部，会造成光驱读盘能力急剧下降。清洁光驱只要拧下固定光驱的几颗螺钉，打开外壳，找到它的激光头，然后用镊子裹上一层"擦镜纸"，轻轻擦拭激光头。在擦拭激光头时，绝对不能用有腐蚀性的液体或湿的抹布。激光头是个比较"娇气"的配件，清洁手法不当可能会造成整个光驱的报废，最好请专业人员维护。

除了激光头外，光驱内部还有很多传动机构，包括齿轮、传动皮带等。可以用纸巾等物体抹掉这些物体上的灰尘，如果传动齿轮及滑杆传动不是很灵活，还可以给齿轮及滑杆加一点润滑油，但绝对不能将润滑油滴在传动皮带上，这样会使皮带打滑，导致光驱无法工作。

至于软驱和硬盘的清洗则比较简单，只要用刷子将表面的灰尘刷掉即可。如果用户的硬盘加装了硬盘风扇，那么先要将硬盘风扇取下来，然后分开处理，一定要将硬盘底部裸露的电路板上的灰尘用刷子清除掉。此外，如果软驱的读盘能力较差，则可以买一个软驱清洁盘，让软驱读取几次清洁盘就可以清洁软驱内部的磁头。

（8）清洁显示器

显示器是计算机所有配件中，寿命最长也是最为保值的配件。常见的显示器有CRT 显示器和液晶显示器，无论哪种显示器的内部清洁都要由专业显示器维修人员来处理，普通用户只能清洁外部显示屏，如图 7.10 所示为用抹布清洁显示器背部，如果清洁不彻底还可使用吹风机清洁显示器上的散热孔，如图 7.11 所示。

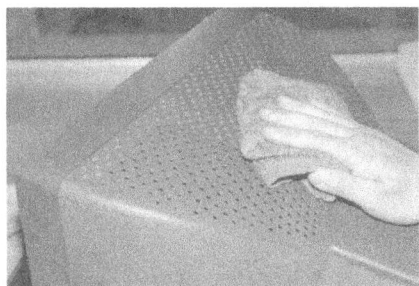

图 7.10　清洁显示器背部

图 7.11　清洁显示器散热孔

　　清洁显示器屏幕时，可使用专用清洁液。将清洁液喷少许在屏幕上，用专用清洁布轻轻擦拭，既可清除屏幕上的顽固污垢，又可消除静电，如图 7.12 所示。清洁要定时定量，不要频繁擦洗显示屏，更不能将清洁剂倒在屏幕上，那样会对显示屏造成一些不良影响。

　　（9）清洁键盘、鼠标

　　使用过一段时间以后，键盘上会有灰尘、污渍，先用潮湿的抹布将键帽擦拭干净，再用扁刷清洁键帽缝隙间的灰尘，如图 7.13 所示。

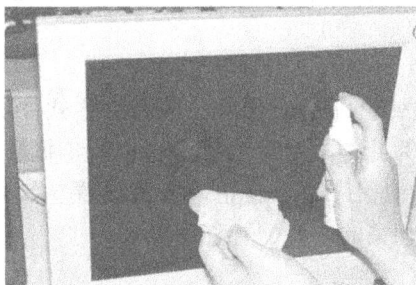

图 7.12　清洁显示器屏幕

图 7.13　使用小扁刷清洁键帽缝隙

　　机械鼠标清洁起来相对复杂，但目前市场的主流产品是光电鼠标，清洁非常简单，如图 7.14 所示鼠标在使用一段时间以后底部的垫脚会粘有脏物，用湿布擦拭干净即可，如图 7.15 所示。

图 7.14　鼠标垫脚上的脏物

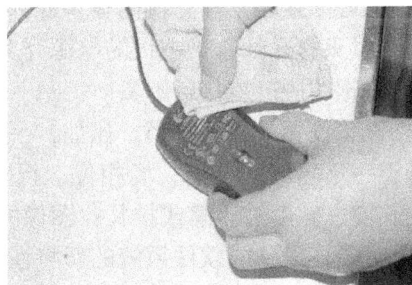

图 7.15　清洁鼠标垫脚

7.2　计算机故障的处理思路与方法

7.2.1　检修注意事项

检修计算机时，切记以下几点：

1）切勿带电拆装任何零部件，要随时留心静电。

2）备妥工具和替换部件，还要准备一个小空盒，以便放螺钉、弹簧等一些小物件。

3）清楚检修过程中每个操作步骤的目的、危害和挽救方法。

4）保持维修环境的洁净度，注意对电场和磁场的屏蔽。

5）维修场地应有良好的供电系统，电压比较稳定。

6）加电前，要将各部件充分固定，严格认真检查各种芯片、控制卡和信号线是否安装正确，确认后方能开机，开机后要注意防震。

7.2.2　处理故障的一般思路

处理故障时要保持清晰的思路，进行冷静分析，找出故障症结后方能下手处理。

1．熟悉常见故障的起因

比如，计算机使用过程中经常有不正常的死机和退出现象，或者有些软件功能使用不正常，一般应先用杀毒软件查杀病毒，因为此类故障绝大部分是由病毒捣乱所致。如果是单个硬件不能正常工作，则需先检查驱动程序是否已正确安装设置。如果是某个应用软件工作不正常，则要先检查与该软件相关的一些配置程序。

2．检查是否人为假故障

遇到任何故障应先重新启动一下计算机，看故障是否真的存在。操作人员疏忽大意或应用水平不高，操作者对于计算机的某些设置或特性不熟悉是造成假故障的主要原因。

常见的假故障有以下几种。

1）供电电压太低。

2）电源未接通，计算机的很多外部设备的电源开关和计算机主机之间是独立供电的，运行时只打开计算机主机的电源开关往往是不够的。

3）数据线脱落或接触不良。

4）设备设置或调整不当。比如，一台新购的彩色显示器在刚开始使用时，一般都需要调整一下场幅、行幅、场相位、行相位、亮度和对比度，否则，计算机可能出现显示的长度、宽度被压缩或拉长；图像的上下、左右位置不对；无任何显示等问题。

5）对硬件设备或软件系统的新特性不了解。

6）对基本操作的细节不了解。比如，对加了写保护的软盘进行写操作等。

7）对硬件设备的软件环境不了解，如果设置不当或软件环境不满足的话，就会导致设备无法工作。

8）硬件驱动程序的安装不完善，或硬盘上的垃圾文件太多，或操作系统损坏严重，造成某些设备不能正常工作，而被用户误认为硬件有问题。

3. 注意从可听、可视线索中找出潜在的故障原因

可听的线索主要有风扇速度、软/光驱读盘声、显示器或电源内部的异常声、自检警示音等；可视的线索主要有风扇速度、指示灯、电缆是否破裂或绝缘层是否良好、松动或丢失的螺钉及可能掉进电路中的物件及屏幕上的文字提示信息等。

4. 注意检查系统设置情况

比如，CMOS 参数设置、动态链接库（DLL）文件、常驻内存程序（TSR）或虚拟设备驱动程序（VXD）等。

5. 其他方面

要充分查杀计算机病毒，查看资源是否冲突，观察硬件接口插接是否正确等。

7.2.3 故障检测的常用方法

目前微机系统硬故障的维修，主要指板卡级的维修。也就是说，只要找出有故障的板卡，更换成好的板卡，就可以排除微机系统的硬故障。因此通常情况下，微机系统硬故障的维修重点在于故障的定位，只要发现故障点，更换成好的部件，就可以排除硬故障，使微机硬件系统恢复正常，下面介绍几种微机故障定位法。

1. 直接观察法

直接观察法是微机硬故障维修过程中最基本也是最重要的方法，通过看、听、摸、闻等方式检查比较典型或比较明显的故障。着重查找电路板是否有过热、火花、烧焦、变形等现象；是否有插头松动、电缆损坏、断线、声音异常、短路等现象；查看各种连接线是否接好、供电电压是否正常等。

2. 替换法

替换法是把相同的插件或器件互相交换，观察故障变化的情况，帮助判断、寻找故障原因的一种方法。一台计算机出现故障后，用另一台工作正常的计算机的部件加以替换，从而十分准确、迅速地查找到故障部件。在进行部件替换前，应首先检查故障机器的各工作电压是否正常，各部件界面是否有短路现象，只有在确认这两点都正常后，才能进行部件的替换。否则，当好部件换到坏的计算机上时，有可能造成好部件的损坏。

3. 最小系统法

所谓最小系统法是指保留系统运行的最小环境，把其他的适配器和输入/输出设备

（包括软、硬盘驱动器）从系统扩展槽中临时取下来，再加电观察最小系统能否运行，这样可以避免因外部电路故障而影响最小系统。一般在微机开机后系统没有任何反应的情况下，使用最小系统法。对微机来说，最小系统是由主板、CPU、内存、显示卡、显示器及电源组成的系统。将微机系统主机箱内的所有接口板都取出来，并去掉软盘驱动器和硬盘驱动器的电源插头、键盘连线，打开电源，系统仍没有任何反应，说明故障出在主板，或者在开关电源或内存芯片（内存条）上。打开电源，系统若有报警声，则说明上述 3 部分基本正常。然后再逐步加入其他部件扩大最小系统，在逐步扩大系统配置的过程中，若发现在加入某块电路板到主板扩展槽上后，微机系统由正常变为不正常，则说明刚刚加入的那一块接口卡或部件有故障，从而找到故障电路板，更换该电路板。

4. 减小系统配置法（又称插拔法）

这种方法和最小系统配置法正好相反，也是用于开机后系统没有反应时的故障处理。它是通过将插件板或芯片"拔出"来寻找故障原因的方法。比如，计算机出现"死机"现象后，依次拔出插件板，每拔下一块，测试一次计算机当前状态。一旦拔出某块插件板后，机器工作正常，那么故障原因就在这块插件板上。

5. 程序诊断测试法

对于一些出现非严重性故障且能引导操作系统的微机，则可以借助一些高级诊断测试程序来确定其故障点。诊断软件是专为检查、诊断计算机而编制的软件，比较流行的有 Sisoft、Sandra、Norton 等。高级诊断软件检测法实际上是系统原理和逻辑的集合，这类软件给计算机用户带来了极大的方便。

6. 升、降温法

有时，计算机工作较长时间或环境温度升高以后会出现故障，而关机检查却正常，工作一段时间又发现故障，这时可用本方法来解决。所谓"升温法"，就是人为地把环境温度升高，加速高温参数较差的元器件暴露出的问题，来帮助寻找故障原因的一种方法。而"降温法"是对怀疑有故障的部分元器件逐一蘸点无水酒精进行降温处理。当某一元器件在降温后故障消失，则说明这一元器件的热稳定性差，是引起故障的根源，更换这一元器件即可消除故障。

7. 根据系统提示判断故障

除了根据报警声判断计算机故障外，还可以根据系统提示的内容判断计算机的故障所在，见表 7.1。

表 7.1　系统提示信息

信　　息	出现的原因
Auxiliary device failure	集成触摸垫或外部 PS/2 鼠标可能出现故障
Bad command or file name	输入的命令不存在，或不在指定的路径中
Cache disabled due to failure	微处理器内部的主高速缓存出现故障

续表

信　息	出现的原因
Data error	软盘或硬盘驱动器无法读取数据
Decreasing available memory	一个或多个内存模块可能出现故障或插接不正确
Disk C：failed initialization	硬盘驱动器初始化失败
Diskette drive 0 seek failure	可能是连接线松动或系统配置信息与硬件配置不符
Diskette read failure	可能是连接线松动或软盘出现故障
Diskette subsystem reset failed	软盘驱动器控制器可能出现故障
Diskette write protected	由于软盘已被写保护，操作可能无法完成
Drive not ready	软盘驱动器中无软盘，或驱动器托盘中没有硬盘驱动器。在继续操作之前，请在软盘驱动器中装入软盘或在托盘中装入硬盘驱动器
Unexpected interrupt in protected mode	键盘控制器可能出现故障，或安装的某个内存模块松动
Timer chip counter 2 failed	主机板上的芯片可能出现故障
Error reading PCMCIA card	计算机无法识别 PC 卡
Warning! Battery is critically low	警告，电池电量不足
Extended memory size has changed	NVRAM 中记录的内存容量与计算机中安装的内存不符
Gate A20 failure	安装的某个内存模块可能松动
General failure	操作系统无法执行此命令
Hard-disk drive configuration error	计算机无法识别驱动器的类型
Hard-disk drive controller failure 0	硬盘驱动器无法对计算机发出的命令做出反应
Hard-disk drive controller failure 1	CD-ROM 驱动器无法对计算机发出的命令做出反应
Hard-disk drive failure	硬盘驱动器无法对计算机发出的命令做出反应
Hard-disk drive read failure	硬盘驱动器可能出现故障
Invalid configuration information-please run System Setup program	系统配置信息与硬件配置不符。此信息最有可能在安装内存模块之后出现
Keyboard clock line failure	可能是连接线或接口松动，或者键盘出现故障
Keyboard controller failure	可能是连接线或接口松动，或者键盘出现故障
Keyboard data line failure	可能是连接线或接口松动，或者键盘出现故障
Keyboard stuck key failure	如果正在使用外部键盘，则可能是连接线或接口松动，或者故障；如果正在使用内置键盘，则键盘可能出现故障
Memory address line failure at address, read value expecting value	安装的某个内存模块可能出现故障或插接不正确
Memory allocation error	尝试运行的软件与操作系统、另一个应用程序或公用程序发生冲突
Memory data line failure at address, read value expecting value	安装的某个内存模块可能出现故障或插接不正确
Memory double word logic failure at address, read value expecting value	安装的某个内存模块可能出现故障或插接不正确

续表

信　息	出现的原因
Memory odd/even logic failure at address, read value expecting value	安装的某个内存模块可能出现故障或插接不正确
Memory write/read failure at address, read value expecting value	安装的某个内存模块可能出现故障或插接不正确
NO boot device available	计算机无法找到软盘或硬盘驱动器
NO boot sector on hard-disk drive	操作系统可能损坏
No timer tick interrupt	主机板上的芯片可能出现故障
Non-system disk or disk error	A驱动器中没有软盘或硬盘驱动器中没有安装可引导操作系统
Not a boot diskette	软盘上无操作系统
Optional ROM bad checksum	可选ROM出现故障
Sector not found	操作系统无法找到软盘或硬盘驱动器上的某个扇区
Seek error	操作系统无法找到软盘或硬盘驱动器上的特定磁道
Shutdown failure	主机板上的芯片可能出现故障
Time-of-day clock lost power	存储在NVRAM中的数据已损坏
Time-of-day clock stopped	维持NVRAM中数据的备用电池的电能可能已用尽
Time-of-day not set-please run the System Setup program	存储在系统设置程序中的时间或日期与系统时钟不符

　　总之，在微机硬故障的实际维修过程中，应视具体情况采取相应的故障定位方法，而且大多数情况下也应该将多种故障定位方法结合起来使用，才便于准确、高效地查找出故障部件。一般情况下，应先使用直接观察法，然后结合具体情况使用其他故障定位法，查出故障部件，进行更换维修。

实训7.2　计算机检修步骤

实训目的

　　初学者往往面对五花八门的计算机故障感到无从下手。其实，在动手维修计算机前，只需对计算机进行全面细致的"体检"，即按照某一特定的步骤查出病因所在。常见的计算机故障是不难排除的。由于计算机是按一定顺序启动的，当某个步骤不能通过时，便会出现相应的故障，因此在学习计算机检修步骤前，有必要先熟悉计算机的启动顺序。

实训工具

　　一台计算机。

实训步骤

（1）观察计算机启动顺序

通常打开计算机后，要等待一会儿才能完成启动，然后系统才能在操作系统的管理和控制之下有条不紊地工作。启动过程中进行了以下工作。

1）打开计算机电源。此时会看到显示器、键盘、机箱面板上的指示灯闪烁。

2）检测显示卡。屏幕上会出现短暂的显示卡信息。

3）检测内存。屏幕上出现内存的容量信息。

4）执行 BIOS。屏幕上出现简略的 BIOS 信息。

5）检测其他设备。屏幕依次出现其他设备的信息，如 CPU、内存、硬盘、光驱等。在这个过程中，主板的 BIOS 监测硬件是否正常，包括各个硬件的检测、配置、初始化等。如果发生错误，则会提示错误或中断启动（即死机）。

6）执行操作系统的初始化文件。先将存储在 ROM（只读存储器）中的 Boot Strap Loader 程序和自诊断程序移动到 RAM（随机存储器）中去。

7）载入操作系统文件。随着 Boot Strap Loader 的运行，将系统文件送到 RAM 中。当启动时，计算机喇叭会发出声音，通过这个声音可以判断是何种错误。因为主板所采用的 BIOS 不同，所以，报警声音也有所不同。

（2）计算机检修步骤

检修时，先检查屏幕是否出现显示信息，接下来查看是否加载操作系统，最后检查外部存储器、板卡和外部设备是否正常。

具体的流程如下所述：

1）依次打开外设和主机的电源。

2）观察显示器上是否有画面信息。如果没有任何画面信息（称为黑屏），则可能是主板、CPU、内存、电源、显示卡或显示器出了故障，包括这些设备的电源线、数据线未连接好等假故障。

3）如果有画面信息显示，则查看是否显示自检出错信息。如有出错信息，只需根据所提示的信息加以处理。

4）观察是否载入操作系统文件，即是否出现开机画面。如果加载失败，可归结为硬盘引导故障，应重点从硬盘上考虑。

5）观察是否载入操作系统文件后死机，导致无法进入操作系统环境。如果载入后死机，则原因比较复杂，常见的有内存错误、设置错误等。

6）正常启动操作系统后，测试光驱和软驱是否工作正常。如果读写异常，可归结为驱动器故障。

7）观察板卡功能是否正常。常见的板卡有显示卡、声卡、网卡、内置调制解调器等，如果某方面的功能丧失，都可归结为板卡故障。

8）检查打印机、外置调制解调器、鼠标、键盘、音箱、扫描仪等外设是否正常。不正常时，都可称为外设故障。

9）运行有关应用软件，检查应用软件是否正常。某个或某些应用软件异常，都可归结为应用软件故障。

若经过上述"体检"，每一步骤都能正常通过，那么该计算机毫无故障；若某一步骤无法通过，只需对症下"药"，按下一节介绍的方法进行分析处理，处理完毕后再次进行检查，直到顺利通过"体检"为止。

7.3 计算机部件常见故障

7.3.1 主板故障

主板作为将计算机各部件连接在一起的"母体"，几乎所有的部件都要通过主板连接起来形成一台完整的计算机系统。一般来说，主板故障分为软故障和硬故障，所谓软故障是指各部件因接触不良或外界其他因素引起的故障，这类故障一般只要注意维修的技巧就可以解决。硬故障是指因部件本身质量问题引起的，这类故障一般要借用专用的仪器才能够解决。在这里只针对一般性的软故障进行分析解决。

1. 主板故障的原因

主板产生故障的原因，一般有以下3个方面。

（1）人为原因

有些用户，计算机操作方面的知识懂得较少，在操作时不注意操作规范及方法，这样对计算机的部分部件将会造成损伤。如带电插拔设备及板卡，安装设备及板卡时用力过度，造成设备接口、芯片、板卡等损伤或变形，从而引发故障。

（2）环境引发的故障

因外界环境引起的故障，一般是指人们在未知的情况下或不可预测、不可抗拒的情况下引起的。如雷击、市电供电不稳定，都可能会直接损坏主板，这种情况一般是无法预防的；外界环境引起的另一种情况是因温度、湿度、灰尘等引起的故障。这种情况表现出来的症状有：经常死机、重启或有时能开机有时又不能开机等，从而造成机器的性能不稳定。

（3）元器件质量引起的故障

这种情况是指主板的某个元器件因本身质量问题而损坏。这种故障一般会导致主板的某部分功能无法正常使用、系统无法正常启动、自检过程中出现报错等现象。

2. 主板故障的维修

主板故障往往表现为系统启动失败、屏幕无显示、有时能启动有时不能等难以直观判断的故障现象。在对主板的故障进行检查维修时，一般采用"一看、二听、三闻、四摸"的维修原则，就是观察故障现象、听报警声、闻是否有异味、用手摸某些部件是否发烫等。

下面介绍主板类故障维修的具体操作步骤和流程。

（1）开机无显示的故障处理

一般认为，开机无显示故障是硬件引起的，这种看法有一定的片面性。在检修这类故障时，应该先从软故障的角度入手解决问题。开机时，若电源指示灯不亮，应该检查外接电源是否接好或电源是否有问题。

若开机电源指示灯亮但无显示，这种情况应按以下的顺序去排查故障。

1）先用工具清除主板上的灰尘再开机。

2）通过主板的跳线（一般在CMOS的电池旁边，具体位置可以参看主板说明书）清除主板上CMOS原有的设置再开机。

3）重新安装CPU后再开机。

4）将计算机硬件组成最小系统后再开机。

5）在经过以上4个步骤后，若开机还是没有显示，这时可以在最小系统中拔掉内存。若开机报警，则说明主板应该没有太大的问题。故障的怀疑重点应该放在其他设备上，可以参考启动类故障的检修方法去确定故障点。若在拔掉内存后开机不报警，一般来说，故障可能出在主板上，这时只有把主板送到专业的维修点去维修。

（2）开机有显示但自检无法通过的故障处理

开机有显示但自检无法通过，这类故障一般都有错误提示信息。在排除这类故障时，主要是根据该提示信息，找出故障点。但这类故障一般是因为主板的某个部件损坏引起的，多数属于硬故障，但也不排除可能是软故障引起的。针对软故障的排查，可以依照以下的顺序进行。

1）部件的检查：主要是针对连接在主板上的所有板卡、连接线和其他连接设备的检查。检查是否有短路、接插方法是否正确、接触是否良好，可以通过重新插拔来解决一些故障。同时应检查部件的后挡板尺寸是否合适，这可通过去掉后挡板检查。对有些部件也可以换个插槽或连接头使用。

2）BIOS设置检查：主要是检查因BIOS设置不正确引起的故障。首先可以尝试清除CMOS，看故障是否消失。主板上一般都有清除CMOS的跳线，具体的位置可以参见主板说明书。同时也应该检查BIOS中的设置是否与实际的配置不相符（如：磁盘参数、内存类型、CPU参数、显示类型、温度设置、启动顺序等）。最后可以根据需要更新BIOS来检查故障是否消失。

7.3.2　CPU故障

CPU是计算机中非常重要的配件，由于其集成度很高，正常使用情况下出现故障的可能性并不大。但是一旦CPU出现质量问题或者安装使用不当，将导致系统无法正常运行的严重后果。

1.CPU本身质量问题导致的故障

在所有电脑配件中，可以说CPU本身的故障率是最低的，这是因为CPU有着严格的生产和检测制度，作为集成度非常高的高科技产品，因CPU本身有质量问题而导致故障的情况非常少见。但是任何事物都不是绝对的，由于 CPU 主频越来越高、内部集成的晶体管数越来越多、高速 Cache 容量越来越大，因 Cache 出现问题导致系统运行不稳定的情况在不断增多。尤其是部分 Cache 存在问题的产品，厂家会采用将其屏蔽后降级出售的策略，这就给不法商贩提供了造假的机会，如果不幸买到了将屏蔽 Cache 打开的产品，那么 CPU 出现故障的几率就会大大增加。因此，当系统存在运行大型程序不稳定的情况，在排除软件和其他配件的问题后，要考虑 CPU 自身的质量问题，可以进入主板 BIOS 设置，将 CPU 内部 Cache 暂时关闭，如果情况改善，那么 CPU 有质量问题的可能性就非常大了。

2. CPU 转接卡及插槽引起的故障

CPU 本身故障率不高，但是与其相关的配件出现问题导致系统出现故障的可能性还是较大的。比如现在不少用户使用转接卡在老主板上升级赛扬 CPU，如果转接卡存在质量问题，就会导致开机时无任何反应的毛病。计算机中耗电最大的配件就是 CPU，其工作电流可高达数十安培，转接卡提供 CPU 所需的电能，相关的接点长时间工作在大电流状态下，容易在接点部位发热氧化从而导致接触不良。有些廉价转接卡，接点处没有镀金处理，此问题更易出现。这时可以打开机箱，拔下转接卡，想法用无水酒精等清洗掉附在"金手指"等上面的氧化物，问题可能就得以解决。对于品质不佳的主板，其 CPU 插槽也可能出现类似问题，或者无法提供足够的电流，从而导致 CPU 不能正常使用。

另外在安装 Socket 类 CPU 时，一定要注意不要将针脚弄断了。尽管 CPU 插槽号称是"零插拔力"，但如果插槽质量不好，CPU 插入时的阻力还是很大，在拆卸或者安装时应注意保持 CPU 的平衡，尤其安装前要注意检查是否有针脚弯曲，不要一味地用蛮力压或拔，否则就有可能折断 CPU 针脚。CPU 的针脚弄断后，一般用户自己是很难处理的，而且这种故障经销商也不会负责更换，可以送到专业维修点，通过特殊的焊接处理，是有可能修复的。

3. CPU 工作温度及散热问题

CPU 是电脑中发热最大的配件，因此散热不好很容易导致其工作不稳定，甚至烧毁。这里首先谈谈 CPU 的工作温度问题，CPU 具体工作温度情况很复杂，和主频、生产工艺、工作电压、散热条件等很多因素都有关。一般而言，CPU 工作温度比环境温度高 40℃ 以内都是正常的。CPU 工作温度多通过主板监控功能获得，但这里要提醒大家注意的是主板测温的准确度并没有大家想象的那么高，在 BIOS 中查看到的 CPU 温度，只能供参考。其实并无法测量 CPU 核心的准确温度，只要计算机工作正常，无频繁死机等问题，就不必多虑。

CPU 散热情况不好是导致 CPU 出现故障的原因，这种故障多表现在开机运行一段时间后系统频繁死机，甚至重新启动。要解决好 CPU 散热问题，不仅要根据 CPU 的发热情况购买符合规定的散热风扇，比如纯铜涡轮风扇、高速滚珠液轴承风扇等，还要注意散热风扇的正确安装使用。由于 CPU 芯片的缩小化，导致热量更加集中，因此导热介质的使用与否对散热效果影响很大，擦与不擦合格的导热硅脂，其散热效果可以相差1倍以上。应经常检查 CPU 风扇的运行情况，最好定期清洁并添加润滑油。除了 CPU 本身的散热，对整个机箱的散热也不可忽视，应采用体积宽大、设计合理的机箱。

7.3.3 内存故障

内存的质量直接影响到计算机的正常运行状态，同时也是计算机中经常出现故障的部件。

1. 内存故障的判断及处理

如果内存安装不当或者有严重质量问题，那么在开机时系统会发出连续的鸣叫声。也可能在内存自检时在屏幕上给出错误提示，这类内存故障现象比较明显，也很容易通过重新安装或者替换另外的内存条加以确认并解决。重新安装内存时应注意仔细用无水酒精和橡皮擦清洁其"金手指"，并可多换几个安装插槽。同时请细心观察是否有芯片烧毁、电路板损坏等痕迹。其他某些老内存（如 EDO 内存），安装时必须成对使用，Rambus 内存必须要将主板上的内存插槽插满才能正常使用，如果没插满，需要用一个与 Rambus 形状类似的专用"串接器"插在空闲的插槽上。

但大多数内存故障表现在系统工作不稳定上。比如系统频繁出现"蓝屏死机"和"注册表损坏"错误或者 Windows 经常自动进入安全模式，通常是因为内存质量不佳导致工作不稳定造成的。对于这类故障，除了更换内存外，可以先尝试调整主板 BIOS 中内存的相关参数。如果内存品质达不到在 BIOS 中设置的各项指标要求，会使内存工作在非稳定状态下，建议在 BIOS 中逐项降低 CAS 等各项参数的设置值。如果内存并非名牌大厂优质产品，最好选择由 SPD 自行决定各项参数。

大多数时候内存工作速度与总线频率是一致的。但现在很多主板都支持"异步内存速度"，也就是说内存速度可以和主板总线速度不一致。在这种主板上，BIOS 设置里有 Host-Clock（总线频率同步），HCLK-33 MHz（总线频率减 33 MHz），HCLK + 33 MHz（总线频率加 33 MHz）等选项。如果内存工作不稳定可以将内存工作速度设定得低一些。

2. 内存兼容性故障的处理

内存是计算机中最容易升级的配件之一。但是如果升级不当，可能导致出现系统工作不稳定、内存容量不能完全识别，甚至不能开机等故障。

比如双面内存往往需要占用两个"BANK"，因此在某些主板上可能存在兼容性问题，导致只能识别一半的容量。不同厂家、不同型号、不同速度的内存条是可以一起使用的，但对系统的稳定性有一定的影响，尤其将会影响超频性能。使用时注意在主板 BIOS 中将有关内存的参数设置得保守一些，原则是"就低不就高"，比如 DDR 266 的内存和 DDR 400 内存混用，请将各项内存参数按 DDR 266 的要求来设定，同时应该将 SPD 功能禁用，以免引起混乱。

另外在 i865/i875 主板上要实现双通道内存技术必须使用规格及容量相同的两条或

者四条内存。只有严格按 DIMM 1 + 2（主板只有两条内存插槽），DIMM 1 + 3，DIMM 2 + 4,DIMM 1 + 2 + 3 + 4 这 4 种内存安装方式，才能建立双通道模式。

7.3.4　显示卡故障及维修

对于显示卡所发生的各种故障，无论是独立显示卡还是集成显示卡，其检查、维修的方法和步骤基本上都是相同的，只是集成显示卡有些特殊的地方。显示卡的故障多种多样，如果将故障类型做简单归纳，可分为以下两种。

1. 独立显示卡与插槽接触不良

此类故障一般是由主板的显示卡插槽和显示卡金手指之间及显示卡的接口和显示器 VGA 接口之间接触不良造成的。其故障表现为：前者开机后出现报警提示或者黑屏，后者则以开机屏幕显示不正常为主。

当计算机开机后出现报警提示或黑屏故障时，首先要检查一下显示卡插槽的接触情况，比如除尘、擦拭显示卡的金手指、检查显示卡的固定挡板是否弯曲变形、金手指与插槽接口处是否平稳、固定显卡挡板的螺钉是否过松或过紧等。对于使用集成显示卡的主板，如果出现黑屏、死机现象，还需要检查内存条是否插在了标注为 DIMM 1 的内存插槽上。因为一些主板的集成显示卡在共享系统内存时，往往只能共享插在第一条内存插槽上的内存。

当 VGA 接口出现接触不良时，显示器就会出现缺色、偏色、图像撕裂，甚至出现提示"没有视频信号输入"等故障现象。在采用"替换法"排除了显示器造成故障可能性的前提下，通过仔细检查显示卡的 VGA 插针及连接电缆的通断情况，就能很快找出故障原因并加以排除。

2. 显示卡与主板不兼容

此类显示卡故障的表现比较特殊，主要可分为硬件和软件两种类型。

（1）软件不兼容故障的主要特征是显示异常

造成这种情况的直接原因主要是显示卡的驱动程序安装不正确、驱动程序存在漏洞，或设置不正确而引发工作不正常。比如：能载入显示卡驱动程序，但在显示卡驱动程序载入后进入系统时死机。这种情况可采用先更换其他型号的显示卡，再载入其驱动程序后关机并插入该显示卡的方式即可解决。倘若仍然不能解决故障，则说明是注册表存在问题，此时可通过恢复注册表或重新安装操作系统来解决。

如果出现文字、画面显示不完全的情况，也可按上述方案尝试解决。倘若画面能够看清，一般只需要删除显示卡的驱动程序，重新安装正确的显示卡驱动程序即可解决问题。另外，如果在进入系统后出现花屏、字迹不清的情况，则可能是显示器、显示卡不支持该显示分辨率。此时，可在开机后切换到安全模式，然后在"桌面"上进入显示属性设置，进行相关的设置。

（2）硬件方面的主要表现为根本不能启动或黑屏报警

在排除了信号传输线路接触不良故障的可能性以后，多数为显示卡与主板存在着不兼容问题，而且这种不兼容问题也多产生于芯片之间或显示卡供电回电路的电流供给能力不足。例如：用高档显示卡替换原来的低档显示卡后启动计算机，却无论如何也不能成功启动。再把高档显示卡插在其他计算机的主板上，却能够顺利启动。另一方面，有些显示卡虽然可以正常启动，但当系统载入显示卡驱动程序并运行一段时间后，驱动程序会自动丢失。这是由于显示卡质量不佳或显示卡与主板不兼容、显示卡芯片散热不良造成显示卡温度太高，导致系统运行不稳定或死机、黑屏，这是不兼容现象的一种特殊表现。对于硬件不兼容的问题，在一般情况下，只能通过更换其他品牌、型号的显示卡来解决。

7.3.5 硬盘故障及维修

硬盘出现故障的几率比较多，目前微机系统的故障几乎 30% 是由于硬盘损坏引起的，其中有相当一部分是使用者未根据硬盘特点而采取切实可行的维护措施所致。因此硬盘在使用中必须正确维护，否则会出现故障或缩短使用寿命，甚至造成所存储的信息丢失，给工作带来不可挽回的损失。下面介绍几种比较常见的非致命性故障的现象和处理方法。

1. BIOS 检测不到硬盘

如果 BIOS 无法自动检测到硬盘，通常有下面四种原因。

（1）硬盘未正确安装

这时首先要检查硬盘的数据线是否安装正确，一般情况下可能是虽然已插入到相应位置，但却没有到位。

（2）主/从跳线未正确设置

如果安装了双硬盘，那么需要将其分别设置为主硬盘（Master）和从硬盘（Slsve）。如果两都设置为主硬盘或从硬盘，并将两个硬盘用一根数据线连接到主板的 IDE 插槽，这时 BIOS 无法正确检测到硬盘信息。最好是分别用两根数据线连接到主板的两个 IDE 插槽中，这样可以保证即使硬盘接口速率不一样，也可以稳定工作。

（3）硬盘与 CD-ROM 接在同一个 IDE 接口上

一般情况下，只要用户正确设置，将硬盘和 CD-ROM 接在同一个 IDE 接口上不会有问题，但有些新式 CD-ROM 与老式硬盘发生冲突，因此还是分开接比较保险。

（4）硬盘 IDE 接口发生物理损坏

如果硬盘已经正确安装，而且跳线设置正确，CD-ROM 也没有与硬盘接到到同一个 IDE 接口上，但 BIOS 仍然检测不到硬盘，那么最大的可能就是 IDE 接口发生故障。

2. BIOS 自检时报告

如果 BIOS 在自检时等待很长时间后出现错误提示 HDD Controller Failure，可能是因为 IDE 电缆线接触不良或接反。如果在自检时硬盘出现"咔咔咔"之类的周期性噪声，则表明硬盘的机械控制部分或传动臂有问题，或者盘片有严重损伤。

3. 开机自检内存后死机

这种故障通常是 CMOS 中硬盘参数设置不当或频繁开关机造成了硬盘物理损坏。进入 CMOS，检查硬盘设置参数值是否恰当，最好使用硬盘自动检测功能进行设置 (IDE HDD Auto Detection)。如果故障依旧，检查硬盘的数据连接线和供电端口状态是否正常，最好重新拔插一遍；如果仍然没有效果，可以使用硬盘附带的 DM 程序检查；如果没有物理损伤，应该可以修复；如果不能执行并出现 Hard Disk Drive Failure 提示，很可能是硬盘物理损坏。

4. 开机自检完成后，不能进入操作系统

此类故障产生的主要原因是误操作或者病毒破坏了引导扇区及系统启动文件或是零磁道损坏。处理的方法是用启动盘启动硬盘，然后用 SYS C：命令修复系统启动文件。如果无效，可以使用杀毒工具检查是否有病毒，杀毒软件可以解决病毒破坏引导扇区引起的故障否则用 Norton 工具修复引导扇区和零磁道。如果无法修复，则送修或是报废。

5. 使用过程中硬盘经常停转，出现死机的状态。

此类故障产生的原因多是市电电压不稳定、硬盘供电不足及硬盘马达问题，排除的方法是用万用表测量市电电压，如果发现电压过低或者不稳定，应该使用稳压器。

7.3.6 光驱故障

没有光驱计算机几乎没法正常工作，有时会遇到计算机光驱盘符丢失的情况。光驱的丢失多数是在安装了新的软件或者新的驱动程序后出现的，也可能是无意中修改了 CMOS 设置或者 CONFIG. SYS 配置，还有可能是计算机感染了病毒等，不过这些问题都比较好解决，只要执行普通的删除程序、修改参数以及杀毒等步骤就可以找回光驱；但是光驱丢失还有一些原因是因为硬件上的毛病，以下为一些硬件设备上可能出现的问题。

1. 数据线接反或者数据线损坏

有时候只是个小问题，修理起来会浪费很多时间，这要求解决问题必须心细，有敏锐的观察力。在找不到光驱时，应首先检查光驱的数据线是否接反了，是否有松动。如果在确定其他地方没有问题时，这时应该更换一条数据线试试。

2. 跳线设置与硬盘有冲突

跳线设置与硬盘有冲突就同时会出现找不到光驱（也可能找不到硬盘）的问题，比如说两者同为主盘（跳线为 Master）或者从盘（跳线为 Slave），这时只要将光驱的跳线设置和硬盘不一样即可。建议为了提高数据传输率，最好硬盘和光驱分开设在两个 IDE 接口上。

3. 激光头故障

故障现象表现为挑盘（有的盘能读，有的盘不能读）或者读盘能力差。

故障的主要原因是光驱使用时间长或常用它看 VCD 或听 CD，激光头物镜变脏或老化。用棉花蘸无水酒精清洗可改善读盘能力，对于激光头老化可调节激光电路上的可调电阻（或激光电流调整电位器）增大激光发射功率，对初学者不建议执行这个操作。

7.3.7 显示器常见故障

显示器作为必不可少的输出设备，正向更高的技术发展。显示器原理复杂，元器件太多，故障率也居高不下，很多故障需要专业人员修理。日常中，当显示器出现故障，如开机后不亮等情况时，首先查看显示器的电源线、信号线连接是否正确。如果正确，将显示器连接到其他能正常工作的主机上；如果仍有问题，证明显示器故障。下面将简要介绍显示器的基本故障的判断方法和维修思路。

1. 黑屏

黑屏的原因很多，发生率也最高。如果是显示卡损坏或显示器断线等原因造成没有信号传送到显示器，则显示器的指示灯会不停地闪烁提示没有接收到信号。如果将分辨率设得太高，超过显示器的最大分辨率也会造成黑屏。现在的显示器都有保护功能，当分辨率超出设置值时会自动保护，硬件冲突、屏幕保护、节能、病毒、CPU 超频和硬件发热造成性能不稳定都会引起黑屏。另外系统监视器设置不正确也会引起黑屏，必须正确配置。黑屏和死机一样，是计算机中极为复杂的故障，应该耐心检测。

2. 画面抖动

这种现象多发生在潮湿的天气，是显示器内部受潮的缘故，可用暖风机去潮气解决问题。

3. 显示器缺色

当显示器显示的颜色缺少红色、绿色和蓝色时，重点检查显示器的信号线，并确认引脚没有弯曲。信号线的插头很可能因松脱而导致接触不良。如果使用的是 BNC 连接线，应检查颜色连接头是否正确。另外，应检查信号线的插头是否符合显示器的信号连接头的配置方式。

4. 显示图像滚动

显示器有图形垂直滚动的现象，即有细线从上到下滚动。该故障可能是其他电器设备的干扰造成的，如来自电器设备或比较强的磁场的干扰可以使显示器出现这样的故障。最简单的方法就是把显示器接到其他房间的计算机上，如果还出现这样的现象就是显示器故障，需要修理；否则就是电器设备的影响。注意不要把计算机插座与电冰箱等大件电器共用，一些灯也可以使显示异常。

5. 显示器花屏

这类问题较多是显示卡引起的，也可能是显示器与显示卡的连线存在虚接。如果是新换的显示卡，则可能是显示卡质量不好或不兼容，或者是没有安装正确的驱动程序。如果是在旧显示卡上增加了显存，则有可能是新增加的显存和原来的显存型号和参数不一致。

6. 显示图像偏移

如果发现显示器屏幕发生左右偏移，调整显示器下面的按钮无效，说明有可能是旋钮失效或显示器的水平振荡器已经损坏。显示器内部存在高压，所以用户不要擅自修理，应该请专业人员修理。

7.3.8　机箱和电源的常见使用故障

如果机箱或电源的质量不好，比如电磁屏蔽不好，可能造成机箱带电。另外对于两相电源要注意插座应符合"左零右火"的接法，否则也可能造成机箱带电。机箱带电不仅可能造成设备损坏，甚至可能导致人身事故。因此在使用上，机箱最好能可靠接地。

有些计算机只要一插上电源插头，它就会立即启动，这与主板 BIOS 设置有关，BIOS 的电源管理设置中有一项 restore on ac/power loss 应该设为 Disabled。如果这一项设置没错，就可能是电源或主板有质量问题，可首先更换电源。

在使用机箱时，要特别注意前面板接口若连接不当容易烧坏 USB 设备或主板。USB 接线有正负极之分，如果接反了将导致 USB 接口无法工作，甚至烧坏设备。连接时应仔细观察 USB 连线和主板上 USB 针脚的连接情况，DATA +、VCC、DATA -、GND 等针脚要一一对应。由于不同主板和机箱 USB 接口的针脚定义不尽相同，一定要仔细阅读主板及机箱说明书，仔细连接。

电源是一台计算机的"动力核心"，也是容易出现故障的部件之一，且一旦出现故障，表现的形式也是多种多样的。例如，开机后内存出现奇偶校验错误常与电源有关，但用户一般易误认为是计算机内存故障，不会跟电源联系起来。通常情况下，计算机发生间歇性死机或不稳定现象均可能与电源有关。当出现上述故障时，最简单、直观的诊断和解决方法就是采用"替换法"，另找一个规格、型号相近的电源替换即可。

另外电源功率不足也很容易导致各种故障，比如 CPU、显示卡工作不稳定，硬盘出现读写错误，甚至坏道，刻录机无法正常刻盘等故障。现在市场上电源产品品牌繁多，质量也鱼目混珠。普遍存在的一个问题就是电源的实际功率达不到标称功率，有些标明 350W 的电源，实际功率也许还达不到 200W，因此，在选电源时，一定要选择品牌知名度较高、口碑较好的产品。

实训 7.3　典型案例分析

实训目的

掌握判断计算机常见故障的方法，能找出故障原因，并给出解决方法。

实训工具

一台存有故障的计算机（故障数目不限），相关修理工具。

实训步骤

（1）常见故障一：CMOS 设置不能保存

1）此类故障一般是由于主板电池电压不足造成，对此予以更换即可。

2）如果更换电池后仍不能解决问题，则查看主板 CMOS 跳线，有时候因为错误的将主板上的 CMOS 跳线设为清除选项，或者设置成外接电池，使得 CMOS 数据无法保存。

3）以上两种方法都不能排除故障，有可能是主板电路故障，对此要找专业人员维修。

（2）常见故障二：电脑频繁死机，在进行 CMOS 设置时也会出现死机现象

1）出现此类故障后可先触摸 CPU 周围的主板元件，如果发现其非常烫手说明是主板散热不良，更换大功率风扇之后，死机故障即可解决。

2）另外主板 Cache 有问题也会出现此类故障，我们可以进入 CMOS 设置，将 Cache 设置为禁用即可顺利解决问题，但是 Cache 设为禁用后系统运行速度肯定会受到影响。

如还不能解决故障，那就只有更换主板或 CPU 了。

（3）常见故障三：计算机在工作的时候有时会发生突然停顿的现象

暂时停顿是典型的 CPU 过热现象，即 CPU 散热不良。用手触摸散热片，如果不能坚持 2 秒钟，就应该通过更换或修理 CPU 风扇排除该故障。

（4）常见故障四：Windows 经常自动进入安全模式

此类故障一般是由于主板与内存条不兼容或内存条质量不佳引起，常见于高频率的内存用于某些不支持此频率内存条的主板上，可以尝试在 CMOS 设置内降低内存读取速度看能否解决问题，如若不行，那就只有更换内存条了。

（5）常见故障五：开机时屏幕显示"Memory test fail"

通常是因为内存不兼容或内存没有插好所导致，建议拔出内存条换其他插槽重新插好，就有可能没有问题了。如果还不好，就有可能是内存条坏了。

（6）常见故障六：随机性死机

1）此类故障一般是由于采用了几种不同芯片的内存条，由于各内存条速度不同产生一个时间差从而导致死机，可以在 CMOS 设置内降低内存速度予以解决，否则只能更换为同型号内存。

2）还有一种可能就是内存条与主板接触不良引起电脑随机性死机，将内存条金手指部分清洁干净后重新插好即可。

3）另外也有可能是内存条与主板不兼容，但此类现象一般少见。

（7）常见故障七：Windows 系统运行不稳定，经常产生非法错误，如"Windows protect error"

1）可能是由于内存芯片质量不好造成的，更换一条内存查看故障是否解决。

2）内存工作在超负荷的情况下引起的，如本来工作在 100MHz 频率下的内存条，让它强行工作在 124MHz 甚至 133MHz 频率下，就会出现故障，我们可以在 CMOS 里重新改到正常状态。

3）不同型号的内存条不兼容，拿掉其中的一种内存条，问题一般会解决。

（8）常见故障八：系统从硬盘无法启动，从 A 盘启动也无法进入 C 盘，使用 CMOS 中的自动监测功能也无法发现硬盘的存在。

1）这种现象硬盘本身故障的可能性不大，大都出现在连接电缆或 IDE 端口上，可通过重新插接硬盘电缆或者改换 IDE 口及电缆等进行替换试验，很快就会排除故障。

2）重新插接硬盘电缆或者改换 IDE 口后还不能解决，有可能是硬盘上的主从跳线设置错误，如果一条 IDE 硬盘线上接两个硬盘设备，就要分清楚主从关系。

（9）常见故障九：屏幕显示信息：Hard Disk Install Failure（硬盘安装失败）。

此故障可根据提示信息判断原因，"硬盘安装失败"与故障八的原因和解决方法类似，按照上面的方法排除故障即可。

（10）常见故障十：硬盘容量与标称值明显不符

1）一般来说，硬盘格式化后容量会小于标称值，但此差距绝不会超过 20%，如果两者差距很大，则应该在开机时进入 BIOS 设置。在其中根据你的硬盘作合理设置。

2）上述方法如果不能排除故障，说明可能是你的主板不支持大容量硬盘，此时可以尝试下载最新的主板 BIOS 并进行刷新来解决。此种故障多在大容量硬盘与较老的主板搭配时出现。

3）另外，突然断电等原因使 BIOS 设置产生混乱也可能导致这种故障的发生，可重新设置 BIOS 解决故障。

（11）常见故障十一：不能格式化硬盘，或安装系统时出错

这是因为 CPU 超频超得过高，使得硬盘的外频也相应变高，导致硬盘工作不正常，引起硬盘读写错误，解决方法是把 CPU 主频降下来，或主板跳线按说明书跳到 CPU 的正常工作频率。

（12）常见故障十二：光驱在读数据时，有时读不出，并且读盘的时间变长

光驱不读盘的硬件故障主要集中在激光头组件上，且可分为二种情况：一种是使用太久造成激光管老化；另一种是光电管表面太脏或激光管透镜太脏及位移变形。解

决方法是先调整激光管功率并对光电管和激光管透镜进行清洗。

（13）常见故障十三：颜色显示不正常

1）首先检查显示卡与显示器信号线是否接触不良，并重新插接。

2）显示器被磁化，此类现象一般是由于显示器与有磁性的物体过分接近所致，磁化后还可能会引起显示画面出现偏转的现象，有的显示器上带有消磁功能，按说明书操作即可。

3）显示器在运行某些软件时颜色不正常，在 BIOS 里有一项校验颜色的选项，将其开启即可，此故障一般常见于老式机。

4）如果以上三种方法都不能解决问题，则有可能是显示卡损坏，更换显示卡即可。

5）上述方法试过以后故障依然存在，可能是显示器自身故障，显示器内部结构复杂，此类故障要找专业人员维修。

（14）常见故障十四：显示器花屏

1）如果是新换的显示卡出现这种故障，可能是显示卡的质量不好或与主板不兼容，也有可能是还没有安装正确的驱动程序。

2）如果是旧显示卡新增加了显存后出现此故障，则有可能是新加进的显存和原来的显存型号参数不同不兼容所致。

（15）常见故障十五：显示器黑屏

1）如果是显示卡损坏或显示器信号线等原因造成没有信号传送到显示器，则显示器的指示灯会不停地闪烁提示没有接收到信号。

2）要是将显示器分辨率或刷新频率设得太高，超过显示器的负荷也会出现黑屏，严重的还有可能销毁显示器。现在的显示器一般都有保护功能，当分辨率、刷新频率超出设定值时会启用自动保护。

3）另外，硬件间的冲突也会引起黑屏。

（16）常见故障十六：声卡无声

1）驱动程序默认输出为"静音"。单击屏幕右下角的声音小图标（小喇叭），出现音量调节滑块，下方有"静音"选项，单击前边的复选框，清除框内的对号，即可正常发音。

2）检查声卡到音箱的音频线是否接触不良，重新插接后如果还没有声音，更换音箱或耳机测试。

3）如果安装了 Direct X 后声卡不能发声了，说明此声卡与 Direct X 兼容性不好，需要更新驱动程序。

4）声卡与其他插卡有冲突也会导致声卡无声，右击我的电脑选择属性，在硬件选项卡中打开"设备管理器"，如果有黄色的惊叹号（冲突标志），即是板卡冲突，有时虽然没有标志，但声卡就是不发声，其实也是存在冲突，只是系统没有检查出来。解决方法是进入 BIOS 后调整 PnP 卡所使用的系统资源，使各板卡互不干扰。

（17）常见故障十七：系统找不到鼠标

1）检查主机背部与鼠标相连的串口或 PS/2 口是否接触不良，仔细接好线后，重新启动即可。

　　2）如不能解决，有可能是鼠标线路损坏或鼠标彻底损坏，需要更换新鼠标。

　　3）以上两种方法都不能解决故障，有可能是主板上的串口或 PS/2 口损坏，可更换一个主板或使用多功能卡上的串口，这种情况很少见。

　　(18) 常见故障十八：电脑开机无任何显示

　　此故障非常常见，引起故障的原因有很多，我们一般按照下面的方法逐步排除故障：

　　1）首先检查主机电源线、显示器电源线、主机显示器信号线是否连接好，重新安装后，再次打开计算机看是否解决。

　　2）由于显示卡原因造成的开机无显示，开机后一般会发出一长两短的蜂鸣声（对于 Award BIOS 显示卡而言）。独立显示卡与主板接触不良，清洁金手指部位后重新插接，如还不行可更换显示卡测试。对于一些集成显示卡的主板，如果显存共用主内存，则需注意内存条的位置，一般在第一个内存条插槽上应插有内存条。

　　3）主板无法识别内存、内存损坏或者内存不匹配也会导致开机无显示的故障。

　　4）主板扩展槽或扩展卡有问题，导致插上诸如声卡等扩展卡后主板没有响应而无显示，可拔下可疑的板卡测试。

　　5）检查 BIOS，如果主板在 CMOS 里设置的 CPU 频率不对，也可能会引发不显示故障，对此，只要清除 CMOS 即可予以解决。

　　6）主板本身故障或主板 BIOS 被 CIH 病毒破坏后造成储存的重要硬件数据丢失会导致系统无法运行。一般 BIOS 被病毒破坏后硬盘里的数据将全部丢失，所以我们可以通过检测硬盘数据是否完好来判断 BIOS 是否被破坏，如果硬盘数据完好无损，则有可能是主板故障，更换主板测试即可。

思考与练习

一、单项选择题

1. 以下（　　）情况不会引起硬盘工作的失常。
　　A. 硬盘内部的某个磁头损坏　　　　B. 硬盘内部的某个盘片损坏
　　C. 外界的噪声过大　　　　　　　　D. 硬盘数据线破损

2. 要让计算机稳定运作，应该（　　）。
　　A. 良好散热环境　　B. 电源稳定　　C. 软硬件搭配恰当　　D. 以上皆是

3. 一台光盘驱动器，正常使用一段时间后出现严重挑盘现象，可能的故障原因是（　　）。
　　A. 光驱驱动程序损坏　　　　　　　B. 光驱与主机线缆连接不良
　　C. 光驱电源故障　　　　　　　　　D. 光驱光头灰尘污染

4. 某兼容机，原装 256MB 内存，现扩展为 512MB，按要求将内存条插入主板，开机自检测试内存时，有时出现故障中断，有时能正常启动，但运行某些程序时出现死机现象，判断故障原因可能是（　　）。

A. CPU 热稳定性不佳   B. 所运行的软件问题

C. 新增内存条性能不稳定   D. 主机电源性能不良

5. 用户计算机安装有 512MB 内存，计算机在启动时总对内存进行三次检测，耗费了大量的时间，这个问题应该如何解决（   ）。

     A. 主板故障，更换主板

     B. 更改 CMOS 设置中的 Quick Power On Self Test 选项值

     C. 更改 CMOS 设置中的内存参数

     D. 内存故障，更换内存

6. 一台计算机开机后既无报警声也无图像，电源指示灯不亮，应先从哪个方面入手检查计算机（   ）。

     A. 主板   B. 电源   C. 显示卡   D. 内存

7. 一台微机，在正常运行时突然显示器黑屏，主机电源指示灯熄灭，电源风扇停转，试判断故障在哪个部位（   ）。

     A. 显示器故障   B. 主机电源故障

     C. 硬盘驱动器故障   D. 软盘驱动器故障

8. 屏幕上显示 CMOS battery state low 错误信息，含义是（   ）。

     A. CMOS 电池电能不足   B. CMOS 内容校验有错误

     C. CMOS 系统选项未设置   D. CMOS 系统选项不稳

9. 分析并找出故障点应按着（   ）的原则进行。

     A. 先软后硬，先外后内   B. 先软后硬，先内后外

     C. 先硬后软，先外后内   D. 先硬后软，先内后外

10. 以下（   ）情况不会引起硬盘工作的失常。

     A. 硬盘内部的某个磁头损坏   B. 硬盘内部的某个盘片损坏

     C. 外界的噪声过大   D. 硬盘数据线破损

11. 计算机正常使用过程中，出现死机现象，很可能是（   ）。

     A. 存储器没有安装或检测不到硬件

     B. 计算机检测不到显示器或显示卡损坏

     C. 计算机的 CPU 温度过高，散热器工作不良

     D. 计算机声卡损坏

12. 计算机组装完毕后，加电开机，但是计算机不启动，不可能是因为（   ）。

     A. 内存安插不良   B. 主板有故障

     C. CPU 工作不良   D. 软驱连接不良

13. 计算机组装完毕后，加电开机，系统时间不对，经调试，关机后重启还是不对，最可能的原因是（   ）。

     A. 内存有故障   B. 主板 CMOS 的电池失效

     C. CPU 工作不良   D. 系统不正常

14. 计算机组装完毕后，加电开机，系统提示找不到引导盘，不可能是因为（   ）。

A. 显示器连接不良　　　　　　　　B. 主板的 CMOS 硬盘有关参数的设置有误

C. 硬盘自身有故障　　　　　　　　D. 硬盘连接不良

15. 硬盘属于精密仪器，在移动、安装、维修过程中，很容易受到物理损坏，但是下面描述的（　　）现象不能断定硬盘存在物理损伤。

　　A. 硬盘集成电路有烧坏迹象

　　B. 计算机找不到硬盘，硬盘没有流畅的转动

　　C. 硬盘内部发出"咔咔"生硬的声响

　　D. 硬盘被摔，外壳有严重变形

16. 计算机在使用过程中，光驱出现读盘不畅，甚至不读盘的现象，不宜采取的维修措施是（　　）

　　A. 使用专用清洗盘对光驱进行清洁处理

　　B. 适当调节激光头的输出功率

　　C. 高速激光头附近的电位器的阴值

　　D. 彻底拆装激光头、活动机构等内部部件

17. 计算机运行正常，但是电源风扇噪声很大，转速下降，甚至发展到不转，引发该故障的原因很可能是（　　）。

　　A. 风扇内积聚过多的灰尘污物　　　B. 市电供电不良

　　C. 计算机感染病毒　　　　　　　　D. 主板供电不良

18. 下面有关内存故障的论述，错误的是（　　）。

　　A. 内存故障会使计算机无法启动并不断报警

　　B. 内存故障会使计算机无法启动并不断报警

　　C. 内存故障会使计算机启动后，屏幕出现乱码或花屏

　　D. 内存故障基本不影响计算机的正常工作

19. 下面有关硬盘故障的论述，错误的是（　　）。

　　A. 硬盘故障会使计算机无法正常启动

　　B. 硬盘故障会使计算机找不到引导盘

　　C. 硬盘故障会使计算机的数据或文件丢失

　　D. 硬盘故障根本不影响计算机大型应用软件的使用

二、多项选择题

1. 内存的常见问题一般可分为（　　）。

　　A. 内存减少　　　　　　　　　　B. 内存不足

　　C. 内存条安装不到位　　　　　　D. 奇偶检验错误

2. CPU 故障大多是指由（　　）而引起的故障。

　　A. 散热不当　　　　　　　　　　B. CPU 在主板上使用不当

　　C. CPU 的跳线设置不当　　　　　D. 安装不当

3. 字符图形显示错误或者花屏故障，主要是由（　　）。

　　A. 显示卡的显存出现问题　　　　B. 显示卡安装不到位

    C. 显示卡与主板接触不良   D. 显示器有问题

  4. USB 接口的故障有 （　　）。

    A. 不能使用鼠标   B. 不能正常使用 USB 设备

    C. 不能识别大容量的设备   D. 前置的 USB 接口不能用

  5. 对软驱进行读写时，有读盘声音，但是屏幕上显示 Not Ready Reading Drive A，可能造成这类故障的原因有 （　　）。

    A. 系统被病毒感染   B. 在 COMS 中错误地设置了软驱的类型

    C. 软驱脏或者软驱有问题   D. 软驱的电源线或数据线有问题

  6. 当组装计算机或更新配件后发生黑屏故障时，应该检查 （　　）。

    A. 配件的安装

    B. 主板上的相关插槽和板卡上的 "金手指" 部位是否有异物或积尘

    C. 各配件在 BIOS 中的相关设置是否正确

    D. 主板上的跳线是否有问题

  7. 开机不能完成正常自检，则可以认定是 （　　）出了故障。

    A. 主板   B. 硬盘   C. 电源   D. 内存

  8. 显示器黑屏故障一般是由 （　　）引起的。

    A. 显示卡故障   B. 计算机主板故障

    C. 显示器本身故障   D. 显示卡安装不到位

  9. 进行 BIOS 设置过各中，出现 BIOS Battery Failed 的错误提示，分析很可能的原因有 （　　）。

    A. BIOS 程序代码在进行综合检查时发现错误，因此无法开机

    B. 无法驱动软驱

    C. 通常是因为 BIOS 电池电力不足造成

    D. 系统配置数据有错误

    E. 可能是 BIOS RAM 有问题

  10. 下面叙述正确的是 （　　）。

    A. 计算机最好不要长时间闲置不用

    B. 频繁开关机会减少计算机的使用寿命

    C. 应避免在强磁场干扰下使用计算机

    D. 外界噪声对计算机的使用一般不会产生影响

    E. 不要连续使用计算机，使用几小时后关一会儿计算机

  11. 进行 BIOS 设置过程中，出现 Hard Disk Install Failure 的错误提示，分析可能的原因有 （　　）

    A. 软驱数据线有接错或松脱现象

    B. 通常是因为 BIOS 电池电力不足造成

    C. 软驱电源线没有接好

    D. 通常代表硬盘本身故障

    E. 软驱本身故障

12. 计算机经常出现蓝屏死机故障，分析可能的原因有（　　　）。

    A. 计算机内存有故障

    B. 计算机感染病毒

    C. CPU 超频过高

    D. CPU 风扇出现故障，使 CPU 温度过高

    E. 显示器开关有故障

三、简答题

1. 简述硬盘驱动器日常维护的注意事项。

2. 一般情况下，主板会出现哪些故障？这些故障如何解决？

3. 有一个 40GB 硬盘分区，格式化后只剩下 37GB 了，请问如何找回丢失的 3GB 空间？

项目八

组建局域网

知识目标

● 了解网络的种类和拓扑结构

● 熟悉网络常见设备与选购知识

● 了解网络传输介质的种类及常用网络协议

● 掌握小型局域网的组建方法

技能目标

● 能够按照实际需求选购网卡、ADSL Modem、集线器、交换机和路由器等网络设备

● 掌握双绞线的结构、网线钳的使用并能根据网络情况制作交联线、直联线

● 能根据网络需求安装协议及设置 IP 地址

● 能够利用所学知识构建小型局域网，能够选择网络类型、拓扑结构、选择相关网络设备、进行布线等

8.1　计算机网络的基本知识

计算机网络（Computer Network）是分布在一定的地理区域内，并建立在计算机和通信技术基础之上，以实现计算机数据的实时传输和资源共享为目的，功能独立的计算机的集合。其中比较重要的是计算机有独立处理数据的能力，它能够通过通信技术进行互连，从而达到对资源的共享。

随着通信技术的发展和个人计算机运算能力的不断加强，人们不仅可以通过计算机网络实现简单的资源共享，而且可以使用两个或多个计算机（终端）共同协作完成处理任务。

8.1.1　计算机网络的种类

计算机网络通常根据技术特点、大小、距离或结构进行分类，尽管这些区分正在逐渐淡化，但目前仍然习惯根据网络的覆盖范围和互连距离将计算机网络分为对等网、局域网、广域网和网际网。

1. 对等网

对等网一般都是指小型的网络，网络中的每一台计算机都处于平等的地位，即没有特定的计算机专为其他计算机提供服务，每一台计算机都可以自行设定网络、共享网络资源。

通常对等网中的计算机数量不超过 10 台，每台计算机既是服务器又是客户机。这种网络组网简便，费用也很低，非常适合家庭或小型办公室环境。

2. 局域网

局域网就是指在一定的区域内，由一定数量的计算机、网络设备以及其他相关的计算机外部设备组成的计算机网络，简称 LAN。这种网络的覆盖范围一般在数公里之内。与对等网相比，局域网中的计算机数量可达到上百台，而且，与对等网不同的是，局域网中可以有特定的计算机为其他计算机提供资源共享、文件传输管理及网络安全等服务，这种计算机的性能要求较高，在局域网中被称为服务器（Server）。其他的计算机可以通过集线器、交换机等设备与服务器连接。企业、公司、机关、学校等使用的网络都是局域网。这种网络不仅传输速率高、误码低，而且由于具备专门的服务器，所以网络的功能、安全性也更强。

3. 广域网

广域网较局域网的覆盖范围更大，可达到一个城市、地区乃至国家。可以理解为它是由许多局域网构成的。例如，银行系统、医疗系统、邮电系统都属于广域网的范畴。

4. 网际网

网际网就是指横跨全球的网络，它的网络覆盖范围更广。Internet 就是典型的网际网，它也是全球最大、最开放的计算机网络。Internet 是通过网络互联设备将不同的多个网络或网络群体连接在一起形成的大型网络，通过 Internet 用户可以获取所需要的信息和服务。

8.1.2　计算机网络拓扑结构

网络拓扑结构是指用传输媒体将各种设备连接起来的物理布局。将参与 LAN 工作的各种设备用媒体互连在一起有多种方法，实际上只有几种方式能适合 LAN 的工作。目前大多数网络使用的拓扑结构有星形拓扑结构、环形拓扑结构和总线型拓扑结构三种。

1. 星形拓扑结构

星形拓扑结构是最古老的一种连接方式，人们每天都使用的电话线路就属于这种结构，如图 8.1 所示。

这种结构便于集中控制，因为端用户之间的通信必须经过中心站。由于这一特点，也带来了易于维护和安全等优点。即使某个端用户设备因为故障而停机时，也不会影响其他端用户间的通信。但这种结构非常不利的一点是，中心系统必须具有极高的可靠性，因为中心系统一旦损坏，整个系统便趋于瘫痪。对此，中心系统通常采用双机热备份，以提高系统的可靠性。

这种网络拓扑结构的一种扩充便是星形树，每个集线器（Hub）与端用户的连接仍为星形，集线器的级联形

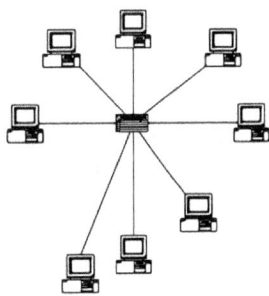

图 8.1　星形拓扑结构

成树。应当指出，集线器级联的个数是有限制的，并随厂商提供产品的不同而有变化。以集线器构成的网络结构，虽然呈星形布局，但它使用的访问媒体的机制却仍是共享媒体的总线方式。

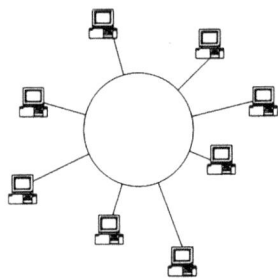

图 8.2　环形拓扑结构

2. 环形网络拓扑结构

环形结构在局域网中使用较多。这种结构中的传输媒体从一个端用户到另一个端用户，直到将所有端用户连成环形，如图 8.2 所示。这种结构显而易见消除了端用户通信时对中心系统的依赖性。环形结构的特点是，每个端用户都与两个相临的端用户相连，因而存在着点对点链路，但总是以单向方式操作。于是，便有上游端用户和下游端用户之称。

3. 总线型拓扑结构

总线结构是使用同一媒体或电缆连接所有端用户的一种方式，也就是说，连接端用户的物理媒体由所有设备共享，如图 8.3 所示。

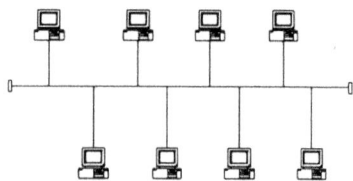

使用这种结构必须解决的一个问题是，确保端用户使用媒体发送数据时不能出现冲突。标准化组织设计了一种在总线共享型网络上使用的媒体访问方法，即带有碰撞检测的载波侦听多路访问，英文缩写为 CSMA/CD。

图 8.3　总线型拓扑结构

这种结构具有费用低、数据端用户入网灵活、站点或某个端用户失效不影响其他站点 或端用户通信的优点。缺点是一次仅能使一个端用户发送数据，其他端用户必须等待，直到获得发送权，媒体访问获取机制较复杂。尽管有上述一些缺点，但由于总线型拓扑结构布线要求简单，扩充容易，端用户失效、增删不影响全网工作，所以是网络技术中使用最普遍的一种。

8.1.3　网络协议

1. 网络协议概述

在计算机网络产生之初，每个计算机厂商都有一套自己的网络体系结构的概念，它们之间互不相容。为此，国际标准化组织（ISO）在 1979 年建立了一个分委员会来专门研究一种用于开放系统互连的体系结构（Open Systems Interconnection，OSI）。OSI 参考模型是构建和设计网络的核心，共分为 7 层，通过每一层规定的任务来进行数据通信，每层分别表示不同的网络功能。

目前，局域网中最常用的是 TCP/IP 协议。TCP（Transmission Control Protocol，传输控制协议）可以保证命令或数据能够正确无误地达到目的端。IP（Interconnection Protocol，互连）协议负责完成网络中无法完成的数据连接报传送、数据报路由和差错控制。

2. IP 地址

在网络中，所有的计算机都以独立的身份出现，每台机器都必须有唯一的一个网络地址。TCP/IP 协议使用 IP 地址和子网掩码来唯一表示网络节点的地址。其中源 IP 地址是发送端地址，目的 IP 地址则是 IP 分组接收端的地址。根据协议，IP 地址是由 32 位二进制组成的。

为了便于记忆，将它们分成 4 段，每 8 位为 1 段，每段（8 位）的二进制数以十进制表示，中间用小数点隔开，例如，某台计算机的 IP 地址为 11001010 01100110 10000100 01000100，经过转换，该机的 IP 地址可书写为 202.102.132.68。通常人们按照网络规模的大小，相应地把 32 位地址信息分成 A、B、C、D、E 五类。

（1）A 类地址

A 类地址最高位为"0"，第一个字节段为网络 ID，后三个字节段为主机 ID。网络编址范围为 1.0.0.1 ~ 126.255.255.254，允许有 126 个网络，每个网络中包含 165 777 216 个主机位，因此，A 类地址一般用于超大规模的网络。

（2）B 类地址

B 类地址最高端的前两位为"10"，前两个字节段为网络 ID，后两个字节段为主机 ID。网络编址范围为 128.0.0.1 ~ 191.255.255.254，允许有 16 384 个网络，每个网络中包含 65536 个主机位，因此，B 类地址主要用于大、中型网络。

（3）C 类地址

C 类地址最高端的前两位为"110"，前三个字节段为网络 ID，后一个字节段为主机 ID。网络编址范围为 192.0.0.1 ~ 223.255.255.254，允许有 2 097 152 个网络，每个网络中包含 254 个主机位，因此，C 类地址主要适用于小规模局域网络。

（4）其他类型地址

除 A、B、C 类地址外，D 类地址和 E 类地址都是特殊用途的地址。

3. 子网掩码

当一个网络中计算机过多时就会给网络设置和管理带来麻烦，因此常常将一个较大的网络划分为几个部分，每个部分称为一个子网。在 TCP/IP 体系结构中，区分子网的方法是使用子网掩码，子网掩码的表示形式与 IP 地址相同，也是用 32 位二进制数表示。

如果网络还没有划分子网时，使用默认的子网掩码，即 4 个字节中，对应网络 ID 的位设为 1，而对应主机的 ID 设为 0。例如，A 类地址的默认子网掩码为 255.0.0.0，B 类地址的子网掩码为 255.255.0.0，C 类地址的子网掩码为 255.255.255.0。而如果网络被划分成为若干个子网时，就要使用自定义的子网掩码，在 TCP/IP 协议中规定，划分子网采用借位方式，即从 IP 地址中主机 ID 的最高位开始借位，并将所借的位变为子网 ID，剩余的位数作为主机 ID，而所借的位数取决于所要划分的子网的数目和每个子网中的主机数。

8.2　网络设备简介

网络设备主要包括网卡、集线器、交换机、路由器、服务器及网络传输介质等，下面将逐一介绍。

8.2.1　网卡

网卡也叫"网络适配器"，通常插在计算机主板扩展槽中，通过网络传输介质与

图 8.4　普通 PCI 网卡

计算机网络中的其他网络设备相连，现在已经成为计算机的标准配置设备之一。网卡在网络中主要是将计算机的数据进行包装，通过连接到网卡上的网线将数据发送到网络上去，接收从网络上传来的数据，并进行处理和重新组合，送到所在的计算机中。每块网卡都有唯一的一个网络节点地址，它是网卡生产厂家在生产时烧入 ROM（只读存储芯片）中的，把它叫做 MAC 地址（物理地址），且保证绝对不会重复。典型网卡的外观如图 8.4 所示。

网卡种类有很多种，按总线类型的不同划分，可以将网卡分为 ISA 网卡、PCI 网卡专门用于笔记本电脑的 PCMCIA 网卡（如图 8.5 所示）及 ALL-in-One 型集成网卡；按工作带宽分，有 10Mb/s 网卡、100Mb/s 网卡、10/100Mb/s 自适应网卡和 10/100/1000Mb/s 自适应网卡；按照网络接口的不同可以将网卡分为粗缆网卡（AUI 接口网卡）、细缆网卡（BNC 接口网卡）和双绞线网卡（如图 8.6 所示为 RJ-45 网卡接口）；按照网络类型的不同可以将网卡分为以太网卡（最常见的网卡）、FDDI 网卡、ATM 网卡等。

图 8.5　PCMCIA 接口的网卡

图 8.6　RJ-45 网卡的接口

8.2.2　调制解调器

1. 调制解调器

调制解调器是将调制器（Modulator）和解调器（Demodulator）的功能合二为一的设备。将二者两个英文的字头合起来作为它的简称：MODEM，常被广大用户昵称为"猫"。MODEM 是一种利用电话线路传输数据的设备。计算机的数据信号经调制变成模拟信号再送到电话线路，电话线路上所传输的模拟信号经过解调变为数字信号传输给计算机。

根据安装方式不同分为内置式 MODEM、外置式 MODEM、PCMCIA MODEM 三种：内置式 MODEM 和普通的计算机插卡一样，如图 8.7 所示，有两个接口，一个标设为"Line"用来接电话线，另一个标设为"Phone"用来接电话机。

外置式 MODEM 通常有串口和 USB 接口之分，通常带有一个变压器，为其提供直流电源，如图 8.8 所示；PCMCIA 卡式 MODEM 是笔记本电脑专用产品，功能与普通

图 8.7　内置式 MODEM

图 8.8　外置式 MODEM

MODEM 相同。

2. ADSL 调制解调器

随着网络技术的迅猛发展，传统的电话＋普通调制解调器拨号上网方式因受其速度的限制逐步被淘汰，ADSL 宽带上网采用了 DMT（离散多音频）技术利用现有的铜线资源在电话业务不受任何影响的情况下提供上行 640kb/s（理论上行 1Mb/s）下行 8Mb/s 的带宽，从而克服了传统用户在"最后一公里"的"瓶颈"，实现了真正意义上的宽带接入。要采用 ADSL 方式上网，ADSL MODEM 就是终端用户必不可少的选择。如图 8.9 所示，为 ADSL 调制解调器。

在选购 ADSL 调制解调器时要注意以下几点。

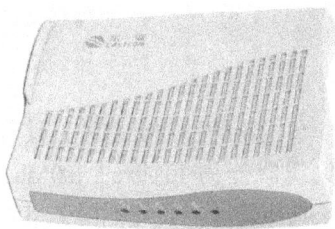

图 8.9　ADSL MODEM

（1）选择接口

现在 ADSL MODEM 的接口方式主要有以太网、USB 和 PCI 三种。USB、PCI 接口适用于家庭用户，性价比好，方便实用，以太网接口的 ADSL MODEM 更适用于企业和办公室的局域网，它可以带多台机器上网。有的以太网接口的 ADSL MODEM 同时具有桥接和路由的功能，这样就可以省掉一个路由器。

（2）是否附带分离器

由于 ADSL 使用的信道与普通 MODEM 不同，利用电话介质但不占用电话线，因此需要一个分离器。分离器由低通滤波器和高通滤波器组成。它接在申请了 ADSL 业务的普通电话线的用户端，这样就能分离在 4kHz 以下的普通电话信号和 ADSL 需要的高频带。有的厂家为了追求低价，把分离器单独拿出来卖，这样 ADSL MODEM 就会相对便宜，在购买时请用户一定注意。

（3）支持何种协议

ADSL MODEM 上网拨号方式有三种：专线方式（静态 IP）、PPPOA 方式和 PPPOE 方式。专线方式价格较高，适合企业用户使用，而一般普通用户多是使用 PPPOA 和 PPPOE 虚拟拨号的方式来上网。用户购买时可以考虑一些具有内置 PPPOA、PPPOE 的拨号器的 ADSL MODEM，只要把用户名和密码添加到里面，就会自动拨号，操作起来很方便。

（4）售后服务和技术支持

售后服务和技术支持是不能指望经销商的，由厂商提供的服务是最保险的，很多好的厂商提供了 ADSL MODEM 深层应用的专业技术支持，24 小时反馈的网上服务，提供 3 年的质保，让用户没有后顾之忧。

8.2.3　集线器

集线器（Hub）是计算机网络中连接多个计算机或其他设备的连接设备，是对网络进行集中管理的最小单元，其实质是一个中继器，主要提供信号放大和中转的功能，它把一个端口接收的全部信号向所有端口分发出去。如图 8.10 所示，为 TP-LINK 集线器。

图 8.10　TP-LINK 集线器

集线器的种类有多种，其分类方法随分类依据不同而不同，依据带宽的不同，可以将集线器分为 10Mb/s、100Mb/s、10/100Mb/s 自适应型双速集线器和 1 000Mb/s 集线器等；按照管理方式的不同，集线器可以分为亚集线器和智能集线器两种，亚集线器只起信号放大和复制的作用，智能型集线器增加了网络交换功能；按照配置形式集线器可以分为独立集线器、模块化集线器和可堆叠式集线器等；按每个集线器的连接端口可以将集线器分为 8 口、16 口、24 口集线器；也可以按集线器的外形进行分类，可以将集线器分为机架式和桌面式两种。每种分类方法各有其特点，并不需要进行严格区别。

集线器主要用于星形以太网，它是解决从服务器直接到桌面的最经济的方案。使用集线器组网灵活，对相连的工作站进行集中管理，不让出问题的工作站影响整个网络的正常运行，并且用户的加入和退出也很自由。然而随着网络技术的发展，集线器的缺点越来越突出：用户带宽共享，带宽受限；广播方式，易造成网络风暴；非双工传输，网络通信效率低。后来发展起来的一种技术更先进的数据交换设备——交换机逐渐取代了部分集线器在高端的应用。

8.2.4　交换机

交换机也称作交换式集线器，是一种比集线器效率更高的网络连接设备，能够给终端用户提供独占的、点对点的连接，能够隔离冲突域和有效地抑制广播风暴的产生。如图 8.11 所示，为 D-Link DES-1005D 交换机。

图 8.11　D-Link DES-1005D 交换机

从广义上讲，交换机分为两种：广域网交换机和局域网交换机。广域网交换机主要应用于电信领域，提供通信用的基础平台。而局域网交换机则应用于局域网络，用于连接中断设备。从传输介质和传输速度上可以分为以太网交换机、快速以太网交换机、千兆以太网交换机、FDDI 交换机、ATM 交换机和令牌环交换机等。按照最广泛的普通分类方法，局域网交换机可以分为工作组交换机、部门级交换机和企业级交换机三类。工作组交换机主要用于办公室、小型机房、多媒体制作中心、网站管理中心和业务受理较为集中的业务部门等，大都提供多个具有 10/100Mb/s 自适应能力的端口；部门级交换机主要用于小型企业、大型机关，端口速率基本上为 100Mb/s；企业级交换机仅用于大型网络，且一般作为网络的骨干交换机。

交换机在网络中处于核心的地位，交换机功能的强弱决定了网络的整体性能，用户在选择局域网交换机时要结合实际需要，选择合适的端口带宽及类型；根据综合布线情况，考虑光纤解决方案；如果网络工程较大，或已完成楼宇级的综合布线，工程要求网络设备上机架管理，应选择机架式交换机，否则固定配置式交换机具有更高的性能价格比；对于局域网交换机来说，在运行和管理方面所付出的代价，远远超过购买成本，基于这方面考虑，局域网交换机的可管理性（流量控制、带宽分配及配置和操作的难易程度）已开始成为评定交换机的另一个关键要素。

8.2.5　路由器

所谓"路由"是指把数据从一个地方传送到另一个地方的行为和动作，而路由器正是执行这种行为动作的机器，它的英文名称为 Router。路由器是一种连接多个网络或网段的设备，集网关、网桥、交换技术于一体，能将不同网络或网段之间的数据进行阅读和译码，以使它们能够相互识别对方的数据，从而构成一个更大的网络。路由器与集线器和交换机不同的是它是应用于不同的网络之间的设备，它具有判断网络地址和选择路径的功能。它的主要工作就是为经过路由器的每个数据帧寻找一条最佳的传输路径，并能够将该数据有效地传送到目的站点，如图 8.12 所示，为 TP-LINK TL-R490T + 路由器。

路由器的种类很多，从功能上划分，可将路由器分为骨干级路由器、企业级路由器和接入级路由器。骨干级路由器数据吞吐量较大、速度快、可靠性高用于实现企业级网络互连；企业级路由器连接对象较多、数据流量较小用来连接终端系统；接入级路由器主要应用于连接家庭或 ISP 内的小型企业客户群体。从所处网络位置上划分，可

图 8.12　TP-LINK TL-R490T＋路由器

将其分为内部路由器和边界路由器。内部路由器处于网络的中间，通常用于连接不同网络；边界路由器处于由多个互连的 LAN 所组成的网络与外界广域网相连的位置。按协议的支持情况可分为单协议路由器和多协议路由器。单协议路由器只能针对单一的协议进行传输，比如 IP 路由器只接受 IP 协议，不支持 IPX 协议；多协议路由器即路由器可完成多个协议的传输。

8.2.6　服务器

从广义上讲，服务器是指网络中能对其他计算机提供某些服务的计算机系统（如果一个 PC 对外提供 FTP 服务，也可以叫服务器）。从狭义上讲，服务器是专指某些高性能计算机，能通过网络，对外提供服务，在网络操作系统的控制下，将与其相连的硬盘、磁带、打印机、MODEM 及各种专用通信设备提供给网络上的客户站点共享，也能为网络用户提供集中计算、信息发表及数据管理等服务。它的高性能主要体现在高速度的运算能力、长时间的可靠运行、强大的外部数据吞吐能力等方面。

图 8.13　Sun Fire V480 服务器

服务器的构成与微机基本相似，有处理器、硬盘、内存、系统总线等，它们是针对具体的网络应用特别制定的，因而服务器与微机在处理能力、稳定性、可靠性、安全性、可扩展性、可管理性等方面存在的差异很大，如图 8.13 所示，为 Sun Fire V480 服务器。

按照不同的划分标准，可以将服务器分为多种。如按用途可以分为网络服务器、数据服务器、文件服务器等。从用户的应用角度划分，通常把服务器分为：低档服务器、工作组级服务器、部门级服务器、高档服务器。

低档服务器所具备的服务器性能并不是很多，内存容量也不会很大，一般在 1GB 以内，但通常会采用带 ECC 纠错技术的服务器专用内存。这类服务器主要采用 Windows或者 NetWare 网络操作系统，可以充分满足办公室型的中小型网络用户的文件共享、数据处理、Internet 接入及简单数据库应用的需求。

工作组级服务器相对低档服务器来说，功能较全面、可管理性强，且易于维护，但仍属于低档服务器。它只能连接一个工作组（50 台左右），网络规模较小。采用 Intel 服务器 CPU 和 Windows/NetWare 网络操作系统，但也有一部分是采用 UNIX 操作系统的。可以满足中小型网络用户的数据处理、文件共享、Internet 接入及简单数据库应用的需求。

部门级服务器属于中档服务器,一般都是支持双 CPU 以上的对称处理器结构,具备比较完全的硬件配置,如磁盘阵列、存储托架等。部门级服务器集成了大量的监测及管理电路,具有全面的服务器管理能力,可监测如温度、电压、风扇、机箱等状态参数,结合标准服务器管理软件,使管理人员及时了解服务器的工作状况。同时,大多数部门级服务器具有优良的系统扩展性,能够满足用户在业务量迅速增大时及时在线升级系统的要求。

高档服务器一般采用 4 个以上 CPU 的对称处理器结构,有的服务器使用的 CPU 数量甚至更多。另外,它还具有独立的双 PCI 通道和内存扩展板设计,具有高速和大容量内存、大容量热插拔硬盘和高可靠电源和超强的数据处理能力等。它还具有高度的容错能力、优良的扩展性能、故障预报警功能、在线诊断功能,其 RAM、PCI、CPU 等具有热插拔性能。

8.3 网络传输介质

网络的传输介质主要有同轴电缆、双绞线、光纤三种。在广域网和局域网中使用的介质稍有不同,但基本上属于这三个类别。现在局域网中最常用的是双绞线,双绞线具有价格便宜、传输率高、可靠性好、安装简单方便等优点,在广域网中主要使用光纤作为传输介质。除了有线的网络传输介质外,无线传输的方式也是目前网络中主要的数据通信手段,微波传输和卫星传输在广域网中也有广泛应用。

8.3.1 同轴电缆

同轴电缆以单根铜导线为内芯,外裹一层绝缘材料,再覆盖密集的网状导体作为屏蔽层,最外面是一层保护性塑料。金属屏蔽层能将磁场反射回中心导体,同时也使中心导体免受外界干扰,故同轴电缆比双绞线具有更高的带宽和更好的噪声抑制功能,如图 8.14 所示。

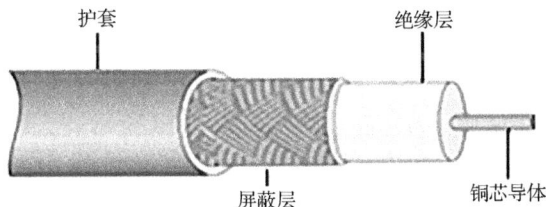

图 8.14 同轴电缆的结构

同轴电缆可以分为粗缆和细缆。粗缆也称 RG-11,它采用凿孔接头接法,要求符合 10Base5 介质标准。粗缆在使用时需要一个外接收发器和收发器电缆。一段粗缆的最大长度为500m，最多可以接100台计算机，两台计算机的最小间距为2.5m。细缆也称RG-58，它采用T形头接法，要求符合10Base2介质标准。细缆可以直接连到网卡的T形头上，一段细缆最大长度为185m，最多可以接30个工作站，最小站间距为0.5m。

8.3.2　双绞线

双绞线是综合布线工程中最常用的一种传输介质，如图8.15所示。

双绞线采用了一对互相绝缘的金属导线以互相绞合的方式来抵御一部分外界电磁波的干扰。把两根绝缘的铜导线按一定密度互相绞在一起，可以降低信号干扰的程度，每一根导线在传输中辐射的电波会被另一根线上发出的电波抵消，"双绞线"的名字也是由此而来。

与其他传输介质相比，双绞线在传输距离、信道宽度和数据传输速度等方面均受到一定限制，但价格较为低廉。现行的5类双绞线电缆中包含4个双绞线对，使用1～2、3～6两组线可以分别发送和接收数据。

目前，双绞线可分为非屏蔽双绞线和屏蔽双绞线。

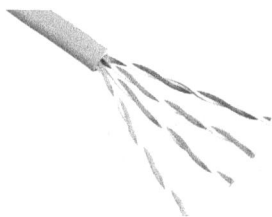

屏蔽双绞线电缆的外层由铝铂包裹以减小辐射，但并不能完全消除辐射。屏蔽双绞线价格相对较高，安装时要比非屏蔽双绞线电缆困难，对电磁干扰具有较强的抵抗能力，适用于流量较大的高速网络。

非屏蔽双绞线电缆具有以下优点：

1）无屏蔽外套，直径小，节省所占用的空间。

2）重量轻，易弯曲，易安装，具有独立性和灵活性，

图8.15　RJ-45双绞线

适用于结构化综合布线。

3）将串扰减至最小或加以消除。

4）具有阻燃性。

双绞线大多应用在基于CSMA/CD（Carrier Sense Multiple Access with Collision Detection，载波侦听多路访问/冲突检测）技术的网络中，并且要遵循10Mb/s、100Mb/s以太网的技术规范，即10BaseT、100BaseT。一段双绞线的最大长度为100m，只能连接一台计算机，双绞线的每端需要一个RJ-45插头，各段双绞线通过集线器互连。

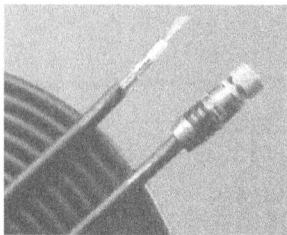

8.3.3　光纤

光纤是软而细的、利用内部全反射原理来传导光束的传输介质，如图8.16所示。光纤为圆柱状，由纤芯、包层和护套3个同心部分组成。每一路光纤有两根，一根接收，一根发送。光纤有单模和多模之分，单模光纤多用于通信业，多模光纤多用于计算机网络。

图8.16　光纤

用光纤作为网络介质的LAN技术主要是光纤分布式数据接口，与双绞线、同轴电缆比较，光纤可以提供极宽的频带且功率损耗小，传输距离长，通常可以超过2km；而且传输率高，可达数千Mb/s；抗干扰性强，不能对

其进行电子监听，是构建安全性网络的理想选择。由于光纤具备以上优点，从 20 世纪 80 年代开始，光纤正逐渐代替金属电缆。光纤也有缺点，如质地较脆、机械强度低、安装和配置技术都比较复杂，施工人员要有比较好的切断、连接、分路和耦合技术，另外光纤网络接口设备和光纤价格也比较昂贵。

光纤不但支持 FDDI 主干、1000BaseFX 主干、100BaseFX 到桌面、ATM 主干和 ATM 到桌面，还可以支持 CATV/CCTV 及光纤到桌面（FTTD），它和双绞线是结构化布线中的主角。

实训 8.1 双绞线的制作

实训目的

掌握网线的制作方法。

实训工具

每小组一把网钳，网线若干，制作、测试网线还需要一些工具，包括网线钳和测线器。

实训步骤

（1）剥开网线外皮

利用斜口钳剪下所需要的双绞线长度，至少 0.6m，最多不超过 100m。然后再利用双绞线剥线器将双绞线的外皮除去 2~3cm。有一些双绞线电缆上含有一条柔软的尼龙绳，如果在剥除双绞线的外皮时，觉得裸露出的部分太短，不利于制作 RJ-45 接头时，可以紧握双绞线外皮，再捏住尼龙线往外皮的下方剥开，就可以得到较长的裸露线，如图 8.17 所示。

图 8.17 剥除双绞线的外皮

（2）排列线序

通常所使用的的双绞线是 5 类非屏蔽双绞线，EIA/TIA 的布线标准中规定了两种双绞线的线序，即 568B 与 568A。

EIA/TIA568B 线序标准：

白橙——1，橙——2，白绿——3，蓝——4，白蓝——5，绿——6，白棕——7，棕——8。

EIA/TIA568A 线序标准：

白绿——1，绿——2，白橙——3，蓝——4，白蓝——5，橙——6，白棕——7，

棕——8。

　　另外，根据网线两端连接网络设备的不同，网线又分为直通线（正线）和交叉线（反线）两种。直通线（正线）就是按前面介绍的 568B 标准或 568A 标准制作的网线，网线两端的线序完全相同。而交叉线的线序在直通线的基础上做了一点改变，在线缆的一端把 1 和 3 对调，2 和 6 对调，即网线两端的线序不同，一端为 568B，一端为 568A。

　　各种网络设备之间连接所使用的网线是有要求的。如果网络中只有两台计算机，那么只需将两台计算机用反线直接连起来即可，无需使用集线器。表 8.1 为各种设备的连接情况下，正线和反线的正确选择。在实践中，一般可以这样理解：同种类型设备之间使用交叉线连接，不同类型设备之间使用直通线连接。

表 8.1　各种设备的连接情况下，正线和反线的正确选择

连接设备	连接线
计算机与计算机连接	反线
计算机与集线器连接	正线
集线器（普通口）与集线器（普通口）连接	反线
集线器（级连口）与集线器（级连口）连接	反线
集线器（普通口）与集线器（级连口）连接	正线
计算机与交换机连接	正线
集线器（普通口）与交换机连接	反线
集线器（级连口）与交换机连接	正线
交换机与交换机连接	反线
交换机与路由器连接	正线
路由器与路由器连接	反线
计算机与路由器连接	正线

　　双绞线要和 RJ-45 插头配合，RJ-45 插头是一种只能沿固定方向插入并自动防止脱落的塑料接头，俗称"水晶头"，如图 8.18 所示。

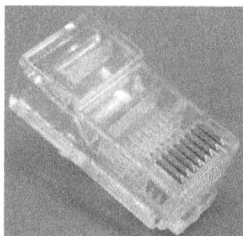

图 8.18　水晶头

　　双绞线的两端必须都安装这种 RJ-45 插头，以便插接在网卡（NIC）、集线器（Hub）或交换机（Switch）的 RJ-45 接口上，进行网络数据传输。水晶头虽小，但在网络中的重要性不能忽视，在许多网络故障中就有相当一部分是因为水晶头质量不好而造成的。水晶头也分为几种档次，应选购质量有保证的产品。质量不好的接触探针是镀铜的，容易生锈，造成接触不良，网络不通。如果塑料扣位不紧（通常是变形所致），也很容易造成接触不良，网络中断。

　　通常把双绞线按照白橙、橙、白绿、蓝、白蓝、绿、白棕、棕或白绿、绿、白橙、蓝、白蓝、橙、白棕、棕的顺序排好，用网线钳把线剪齐，白橙线对应水晶头的第一个引脚把线插入水晶头，如图 8.19 所示。

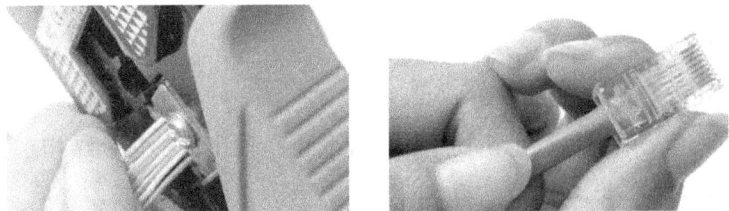

图 8.19 整理线序并用网线钳把线剪齐后插入水晶头

（3）压制网线接头

确认所有芯线都插到水晶头底部后，即可将插入网线的水晶头直接放入网线钳压线缺口中，因缺口结构与水晶头结构一样，一定要正确放入才能使后面压下网线钳手柄的时候所压位置正确。水晶头放好后即可使劲压下网线钳手柄，使水晶头的插针都能插入到网线芯线之中，与之接触良好，如图 8.20 所示。然后再用手轻轻拉一下网线与水晶头，看是否压紧，最好多压一次，最重要的是要注意所压位置一定要正确。

（4）测试

把做好的网线两头分别插在测线器上，打开测线器检测网线是否可用，如图 8.21 所示。

图 8.20 压线

图 8.21 使用测线器检测网线是否畅通

若网线是正线，测线器依次闪烁，则表示网线连通；若网线是反线，测线器 1——3，2——6 相对应闪烁，其余依次闪烁，则表示网线连通。

实训 8.2 组建小型对等网

实训目的

用两台计算机建立小型对等网实现两台计算机之间通信的目的。

实训工具

每小组双绞线一根、RJ-45 水晶头一盒、网钳一把、测线器一台、计算机两台。

实训步骤

（1）设计网络拓扑结构

小型局域网通常采用总线型拓扑结构，在此也是采用这种拓扑结构。

（2）网络设备的连接

1）网线制作。通常使用 RJ-45 插头连接各网络设备，在整个网络布线中应该只采用一种网线标准。几个人共同工作时如果标准不统一，就会出现信号传输错误，更为严重的是施工过程中一旦出现线缆差错，在成捆的线缆中是很难查找和剔除的。

为了保持最佳的兼容性，普遍采用 EIA/TIA568B 标准来制作网线。本次实训为两台计算机的互联，所以需要制作反线，制作方法参照本章实训一中的相关内容。

2）布线。把各台计算机的网卡通过双绞线连到集线器上后，网络的物理结构就构建完成了，非常简单，这也是小型局域网流行的原因之一。怎么布线要看实际情况而定，对于小规模网络而言，布线只要安全、美观即可。对于最常用的 5 类非屏蔽双绞线要求在网上与集线器之间的长度不能超过 100m；但对于大规模网络来说，布线要按照一定的规范进行，称之为综合布线。

（3）构建 Windows 局域网

对等网是最简单的一种网络，被广泛地用于小型办公场所。所谓对等网是指在网络中所有计算机的地位相等，即没有服务器（Sever）和工作站（Workstation）之分，也无需专门的网络操作系统。组建其他带有服务器的网络，如 Windows 2000 网络，在网络设备安装上和对等网没有任何区别，只是需要在网络服务器上安装网络操作系统并进行相应设置。

当所需的硬件设备购齐且安装到位后，就可以运行 Windows XP 的"网络安装向导"构建对等网，具体操作步骤如下：

1）选择"开始"菜单中的"控制面板"→"网络连接"命令，然后单击"设备家庭或小型办公网络"超链接，打开"网络安装向导"对话框，如图 8.22 所示。

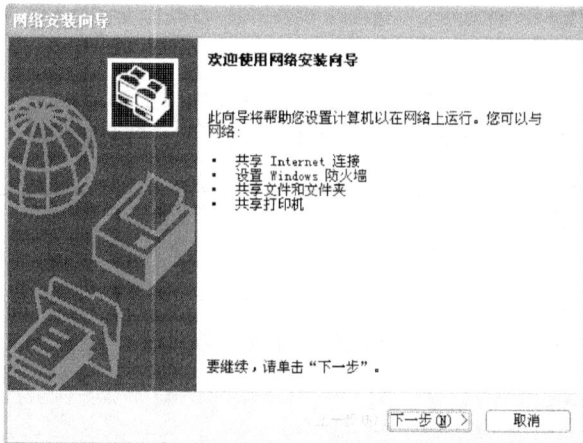

图 8.22　"网络安装向导"的欢迎界面

2）单击"下一步"按钮，安装向导提示在安装之前检查调制解调器、网卡等硬件设备，打开计算机和调制解调器，连接到 Internet，如图 8.23 所示。

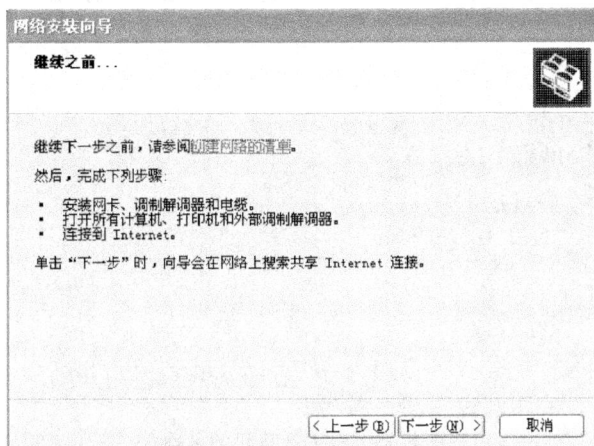

图 8.23　检查安装上网设备

3）单击"下一步"按钮，选择连接方法。如果是在作为网络主机的计算机上运行该向导，选择第 1 项"这台计算机直接连接到 Internet"；如果是作为客户机，单击第 2 项"此计算机通过居民区的网关或网络上的其他计算机连接到 Internet"，如图 8.24 所示。

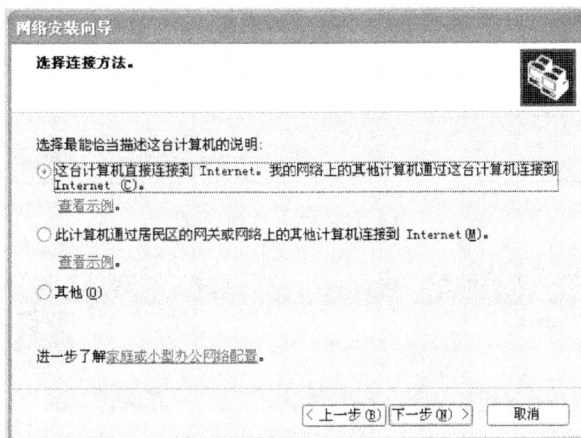

图 8.24　"选择连接方法"对话框

4）单击"下一步"按钮，输入用于在网络上标识本台机器的名称及计算机说明，如图 8.25 所示。

5）单击"下一步"按钮，输入工作组名。如果作为主机，将新建一个工作组，如果作为客户机，输入主机所在的工作组名称，如图 8.26 所示。

6）单击"下一步"按钮，查看网络设置清单。

7）单击"下一步"按钮，网络安装向导开始运行，并设置网络，如图8.27所示。

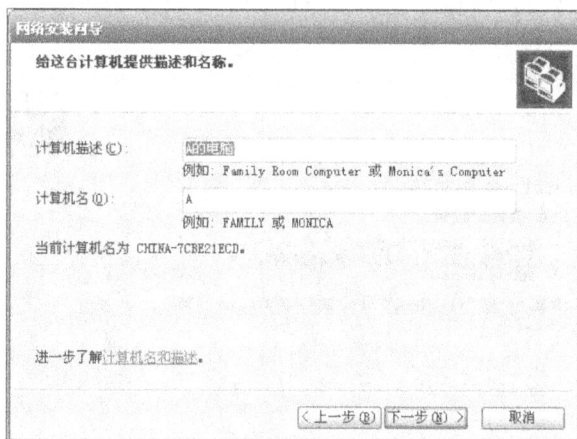

图 8.25　输入计算机的名称

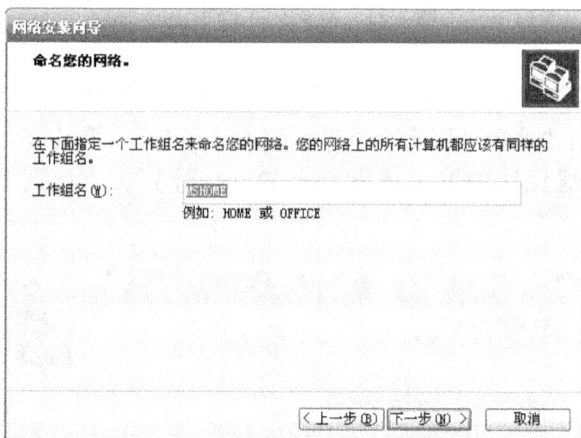

图 8.26　输入工作组名

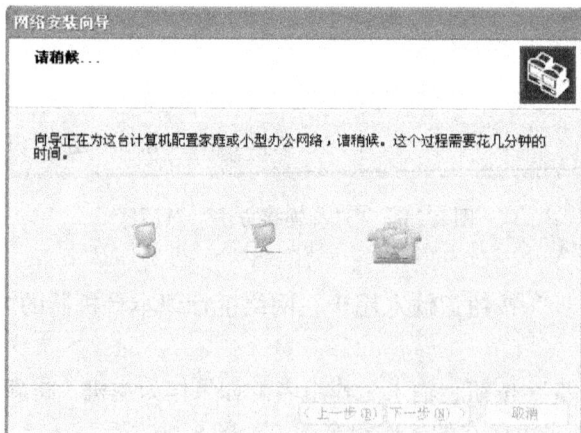

图 8.27　设置网络

8）网络安装向导在运行过程中，会提示是否创建网络安装磁盘，用于在没有Windows XP的计算机上运行网络安装向导，连入该局域网。如果不需要创建，则选择"完成该向导"单选按钮，然后单击"下一步"按钮，完成该向导，结束安装。

9）重启计算机，设置生效。在每台计算机上运行网络安装向导完毕后，将创建好一个小型局域网。

10）在"开始"菜单中选择"网上邻居"命令，然后在"网络任务"选项组中单击"查看工作组计算机"超级链接，可以在右边显示内容区域看到名称为"MS-HOME"的工作组客户名，双击该名称，可以看到局域网上和该机共享的内容。

（4）设置局域网

使用"网络安装向导"建成局域网后，有时还需手工进行一定的设置，使之适应各人不同的网络硬件情况。

1）设置 IP 地址。传输控制协议/网际协议（TCP/IP）是最流行的协议，也是Internet的基础。在 TCP/IP 网络上，必须给客户提供 IP 地址。在 Windows XP 网络上提供了 4 个名称解析选项，在实际应用中，最常用的是 DNS 解析。DNS 可以把用户在地址栏中输入的域名解析为 IP 地址。

① 在"开始"菜单中选择"控制面板"命令，然后单击"网络连接"图标，打开"网络连接"窗口。

② 通过单击选中指定的连接，然后在"网络任务"选项组中，单击"更改此连接的设置"超链接。如果是局域网连接，打开连接的"属性"对话框中的"常规"选项卡，如图 8.28 所示；如果是拨号、VPN 连接，打开"网络"选项卡。

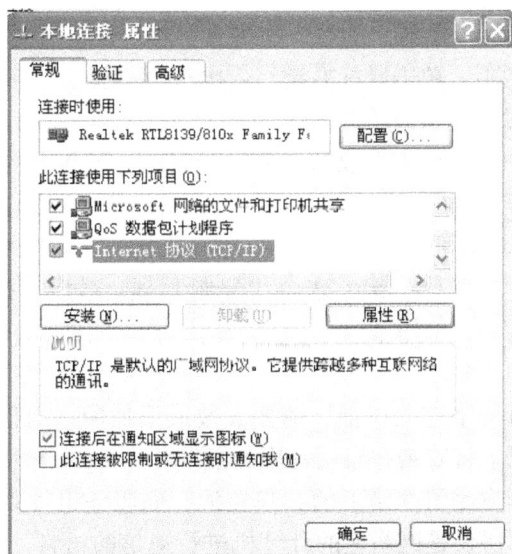

图 8.28　网络连接属性对话框

③ 选中"Internet 协议（TCP/IP）"复选框，然后单击"属性"按钮，打开属性对话框，在此对话框中设置 IP 地址和 DNS 服务器的 IP 地址，如图 8.29 所示。

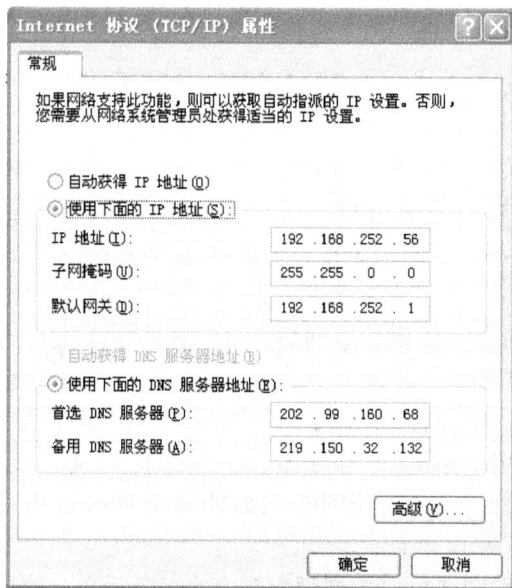

图 8.29 "Internet 协议（TCP/IP）属性"对话框

将计算机 A 的 IP 地址设为 192.168.0.10，默认网关为 192.168.0.1；计算机 B 的 IP 地址为 192.168.0.11，默认网关为 192.168.0.1。

2）利用计算机 A 查找计算机 B。

首先，打开计算机 B，找到"学习"文件夹，将它设置为共享文件夹。方法如下：

选中"学习"文件夹，单击鼠标右键，依次选中"属性"→"共享"→"共享此文件夹"→"应用"项单击"确定"按钮。

此时，计算机 B 中的"学习"文件夹就被设置成为了共享文件夹。

之后，打开计算机 A 的"网上邻居"，在地址栏里输入计算机 B 的 IP 地址，如"\192.168.0.11"，回车即可找到计算机 B。随之查找"学习"文件夹所在的位置，选中"学习"文件夹，单击鼠标右键，选中"复制"项。最后，打开计算机 A 的桌面，将"学习"粘贴在计算机 A 的桌面上。

3）添加网络组件。

在使用计算机进行网络连接以前，需要安装或添加网络组件，包括服务、协议和网络客户等，默认情况下将安装并启用常用的组件。

客户组件可以使用户使用网络下的共享资源；而服务组件则可以使网络上其他用户使用本地共享资源；协议是网络上的计算机进行通信的语言，常用协议有 TCP/IP 协议、NetBEUI 协议和 IPX/SPX 协议等。

① 在"开始"菜单中选择"控制面板"，然后单击"网络连接"图标，打开"网络连接"窗口。

② 单击选中指定的连接，然后在"网络任务"选项组中，单击"更改此连接的设置"超链接。如果是局域网连接，打开连接的"属性"对话框的"常规"选项卡，如果是拨号、VPN 连接，打开"网络"选项卡。

③ 单击"安装"按钮，出现"选择网络组件类型"对话框，如图 8.30 所示。

④ 在"选择网络组件类型"对话框中，选择"客户端"、"服务"或"协议"选项后，再单击"添加"按钮。如果选择"服务"，单击"添加"按钮后会出现"选择网络服务"对话框，如图 8.31 所示。在该对话框中，只列出了本机未安装的服务。

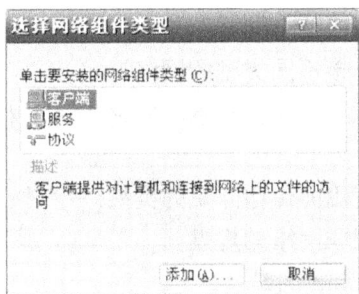

图 8.30　"选择网络组件类型"对话框　　　图 8.31　"选择网络服务"对话框

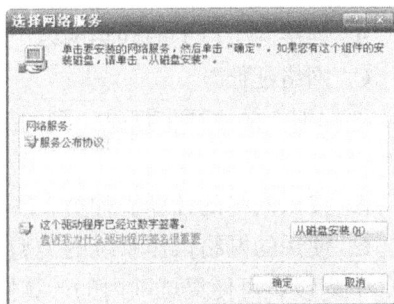

⑤ 如果没有组件的安装盘，可以选择适当的客户端、服务或协议，然后单击"确定"按钮。如果有组件的安装盘，则在选择适当的客户端、服务或协议后，单击"从磁盘安装"按钮，将安装盘插入选定的驱动器，然后单击"确定"按钮。

需要注意的是：应只安装需要的网络组件。当只安装需要的协议和客户端时，网络性能将会增强且网络通信将减少。如果 Windows XP 遇到网络或拨号连接的问题，它将尝试使用每一个已安装并启用的网络协议建立连接。仅安装和启用系统能够使用的协议，Windows XP 系统就不会尝试用它不能使用的协议进行连接，并且能更有效地返回状态信息。此外，安装过多的服务会影响本地计算机的性能。

思考与练习

一、单项选择题

1. 将收到的模拟化电子信号先还原成数字化的电子信号后再送入计算机中，这个过程称之为（　　）。

A. 调制　　　　　B. 解调　　　　　C. 压缩　　　　　D. 解压缩

2. （　　）是实现数字信号和模拟信号转换的设备。

A. 网卡　　　　　B. 调制解调器　　C. 双绞线　　　　D. B 和 C 都正确

3. （　　）是指接入网络的不同档次、不同型号的计算机，它是网络中用户操作的平台，它通过插在计算机上的网卡和连接电缆与网络服务器相连。

A. 工作站　　　　B. 路由器　　　　C. 网桥　　　　　D. 文件服务器

4. （　　）是计算机接入网络的接口设备。

A. 网卡　　　　　B. 路由器　　　　C. 网桥　　　　　D. 网关

5. 网卡的主要功能不包括（　　）。

　　A. 将计算机连接到通信介质上　　　B. 进行电信号匹配

　　C. 实现数据传输　　　　　　　　　D. 网络互连

6. （　　）是网络的心脏，它提供了网络最基本的核心功能，如网络文件系统、存储器的管理和调度等。

　　A. 服务器　　　　B. 工作站　　　　C. 服务器操作系统D. 通信协议

7. 网络互联中，路由器的主要用途是（　　）。

　　A. 连接两个以上的同类网络　　　　B. 连接两个同类网络

　　C. 网络延伸　　　　　　　　　　　D. 连接不同类型的网络

8. 选择网卡的主要依据是组网的拓扑结构、（　　）、网络段的最大长度和节点的距离。

　　A. 接入网络的计算机种类　　　　　B. 使用的传输介质的类型

　　C. 使用的网络操作系统的类型　　　D. 互联网络的规模

9. 下列设备可使局域网内的计算机连接到 Internet 的是（　　）。

　　A. 路由器　　　　B. 交换机　　　　C. 集线器　　　　D. 网卡

10. MODEM 是（　　）。

　　A. 模数转换器　　B. 显示适配器　　C. 调制解调器　　D. 网络适配器

11. 在网络连接设备中，以下具备流量过滤功能的是（　　）。

　　A. 网卡　　　　　B. 中继器　　　　C. 集线器　　　　D. 交换机

12. ISO/OSI 参考模型将计算机网络分为（　　）层。

　　A. 4　　　　　　　B. 5　　　　　　　C. 7　　　　　　　D. 8

13. 常用于测试双绞线两端接头连通性的测试仪器是（　　）。

　　A. 万用电表　　　B. 防静电手套　　C. 测线仪　　　　D. 螺钉旋具

14. TCP/IP 协议的含义是（　　）。

　　A. 局域网传输协议　　　　　　　　B. 简单邮件传输协议

　　C. 拨号入网的传输协议　　　　　　D. 传输控制协议和网际协议

15. 以下不属于网络防火墙的基本功能的是（　　）。

　　A. 防止网络病毒的侵入　　　　　　B. 防止计算机发生火灾

　　C. 防止网络黑客的入侵　　　　　　D. 扫描并提示用户关闭可能带来不安全问题的端口

16. 计算机网络能够提供共享的资源有（　　）。

　　A. 硬件资源和软件资源　　　　　　B. 软件资源和信息

　　C. 信息　　　　　　　　　　　　　D. 硬件资源、软件资源和信息

17. 计算机网络拓扑结构中包含中央节点的是（　　）。

　　A. 总线拓扑　　　B. 星形拓扑　　　C. 环形拓扑　　　D. 网格拓扑

18. 国际标准组织（ISO）公布的开放系统互连参考模型（OSI）将计算机网络从功能上划分为若干层，其中最低层是（　　）。

　　A. 物理层　　　　　B. 数据链路层　　C. 网络层　　　　　D. 传输层

19. 国际标准组织（ISO）公布的开放系统互连参考模型（OSI）将计算机网络从功能上划分为若干层，其中最高层是（　　　）。

　　A. 物理层　　　　　B. 数据链路层　　C. 网络层　　　　　D. 应用层

20. 按照网络规模大小定义计算机网络，其中（　　　）的规模最小。

　　A. 因特网　　　　　B. 广域网　　　　C. 城域网　　　　　D. 局域网

21. 局域网的英文缩写是（　　　）。

　　A. WAN　　　　　　B. LAN　　　　　C. MAN　　　　　　D. IP

22. 路由器是一个网络互连设备，它工作在（　　　）。

　　A. 物理层　　　　　B. 数据链路层　　C. 网络层　　　　　D. 传输层

23. 因特网所采用的主要协议是（　　　）。

　　A. IPX/SPX　　　　B. TCP/IP　　　　C. NetBIOS　　　　D. OSI/RM

24. 下面的选择中，正确的 IP 地址是（　　　）。

　　A. 166.　　　　　　B. 166. 111.　　　C. 166. 111. 8. 348　D. 166. 111. 8. 51

25. 关于域名系统（DNS），下列叙述正确的是（　　　）。

　　A. 域名和 IP 地址是一一对应的

　　B. 域名和 IP 地址并非是一一对应的

　　C. 域名和 IP 地址之间没有联系

　　D. 域名和 IP 地址的表示方法相同

26. 因特网中目前用户是通过（　　　）程序来阅读页面文件的。

　　A. Windows　　　　B. Word　　　　　C. Excel　　　　　　D. Internet Explorer

27. Internet 的前身是（　　　）。

　　A. ARPAnet　　　　B. APAnet　　　　C. ARPEnet　　　　D. APPAnet

28. TCP/IP 协议规定，每个 IP 地址的长度为（　　　）。

　　A. 16 位　　　　　　B. 32 位　　　　　C. 48 位　　　　　　D. 64 位

29. HTTP 是（　　　）。

　　A. 描述语言　　　　B. 编程语言　　　　C. 协议　　　　　　D. 浏览器

30. Windows NT 是（　　　）。

　　A. 网络操作系统　　B. 数据库管理系统　C. 服务器程序　　　D. 防火墙

二、多项选择题

1. 以下（　　　）是对交换机工作特点描述。

　　A. 可以过滤短帧、碎片等

　　B. 可以工作在半双工模式下，也可以工作在全双工模式下

　　C. 每个端口都有一条独占的带宽，不影响其他端口的工作

　　D. 能够隔离冲突域和有效地抑制广播风暴的产生

2. 路由器的基本功能有（　　　）。

　　A. 维护路由表，并与其他路由器交换路由信息

B. 子网隔离，抑制广播风暴

C. IP 数据包的转发、差错处理及简单的拥塞控制

D. 实现对 IP 数据包的过滤和记账

3. 要建立一个对等网所需的基本硬件有（　　　）。

A. 网线　　　　　　B. 网卡　　　　　　C. 交换机　　　　　　D. Hub

三、简答题

1. 计算机没有安装网卡可以正常运行吗？为什么？

2. 调制解调器的功能是什么？

3. 路由器有几种分类方法？分别是什么？

4. 服务器的功能是什么？可以分为哪几类？

5. 简述网络拓扑结构有哪三种？分别有什么特点？

参 考 文 献

李福，黄芳 . 2006. 计算机组装与维护技能教程 . 北京：电子工业出版社

孙平，张军安 . 2005. 新编电脑组装与维护综合教程 . 西安：西北工业大学出版社